DIANXING NONGCHANPIN GANZAO JISHU
YU ZHINENGHUA ZHUANGBEI

典型农产品干燥技术 与智能化装备

车 刚 吴春升 著

化学工业出版社

·北京·

本书共 10 章，第一章概论，主要介绍农产品干燥的目的和意义、国内外农产品干燥技术现状分析、典型农产品干燥设备、干燥机械新技术的应用研究；第二章典型农产品的特性分析，结合谷物的生理特性、热物理特性、空气动力特性和物理机械性质，进行典型谷物的干燥条件分析和籽粒应力分析；第三章介绍了谷物水分及测量原理；第四章介绍了干燥介质的特性分析；第五章介绍了谷物干燥过程的机理研究；第六章介绍了智能谷物干燥机的设计；第七章介绍谷物干燥过程智能控制；第八章介绍了现代谷物干燥机的应用；第九章介绍了白瓜子干燥技术与机型设计；第十章介绍了典型农产品干燥中心设计与应用。

本书既可作为农产品加工工程、粮食工程、农业机械化及其自动化、机械设计与制造等专业的学生教学辅导书，也可供现代化农场、粮食加工企业相关人员参考。

图书在版编目（CIP）数据

典型农产品干燥技术与智能化装备/车刚，吴春升著. —北京：化学工业出版社，2017.9
ISBN 978-7-122-30109-3

Ⅰ.①典… Ⅱ.①车…②吴… Ⅲ.①农产品-干燥②农产品-智能控制-干燥设备 Ⅳ.①S375

中国版本图书馆 CIP 数据核字（2017）第 156202 号

责任编辑：戴燕红　　　　　　　　　　　文字编辑：向　东
责任校对：王素芹　　　　　　　　　　　装帧设计：史利平

出版发行：化学工业出版社（北京市东城区青年湖南街 13 号　邮政编码 100011）
印　　刷：三河市航远印刷有限公司
装　　订：三河市瞰发装订厂
710mm×1000mm　1/16　印张 18　字数 358 千字　2017 年 11 月北京第 1 版第 1 次印刷

购书咨询：010-64518888（传真：010-64519686）　售后服务：010-64518899
网　　址：http://www.cip.com.cn
凡购买本书，如有缺损质量问题，本社销售中心负责调换。

定　　价：85.00 元　　　　　　　　　　　　　　　版权所有　违者必究

前言
FOREWORD

　　农产品生产问题是关乎国家粮食安全和国计民生的大问题。 随着我国农业供给侧结构性改革与调整的深入实施，国家大力推动土地流转，到 2016 年全国土地流转面积4.5 亿亩。 土地流转率达到 30％以上。 加速了农业领域的规模化种植，随着大宗农产品总产量的提高，势必导致典型农产品收储的难题，尤其是高水分玉米和水稻的烘储质量与粮食品质、烘干能力与能耗的矛盾问题日渐突出。 据有关部门统计，国内每年粮食产量约 5 亿吨，常年库存近一半，理论上都需要烘干处理。 但是我国粮食烘干水平过低，粮食烘干机技术参差不齐，无法与欧美国家相比。 如何提高我国烘干机械工业的水平已成为保证我国大农业持续发展的关键，农产品收获时间紧、任务重，如果干燥处理不当，将严重影响农产品的品质。 本书涉及工程热物理、植物生理学、机械设计、传热传质学、图形学、自动控制理论等多个领域，结合国家科技部的"十三五"发展规划以及国家工信部颁布的农机装备发展行动方案（2016—2025）的重点内容，提出研发粮食智能干燥机械，重点突破在线水分测量、真空低温干燥、热风真空双效干燥、红外真空组合干燥、太阳能谷物干燥、PLC 控制、多燃料系统开发、成型生物质燃料热风炉热效率提升等关键技术，优化谷物烘干过程模型、特色农副产品烘干工艺模型，开发高效能、多燃料烘干组合、智能型烘干机，提高粮食、特色农副产品烘干的生产率和质量。 尤其黑龙江省是地处高寒地区的农业大省，也是国家重点商品粮生产基地。 系统提升典型农产品（玉米、水稻）的高效、节能、保质干燥工艺和自动控制技术，显得尤为重要。

　　《典型农产品干燥技术与智能化装备》是贯彻落实科学发展观、构建社会主义和谐社会，实现智能农业机械化和保障粮食安全不可或缺的应用性学术著作，农产品干燥环节不仅关系到丰产丰收问题，而且是降低一次能源的消耗和提高粮食干燥品质和产能的关键。 本书结合国内外农产品干燥技术发展概况、谷物干燥机的种类和特点、干燥特性，系统地分析了谷物干燥机原理、干燥过程的机理及影响因素。 重点探讨了寒区玉米、水稻、白瓜子等典型农产品的干燥特性和规律，以典型顺流和混流干燥机和循环干燥机为例，结合现有 5H 系列谷物干燥机械的实际应用，给出了谷物干燥机及供热设备的设计过程，着重研究分析了谷物干燥过程检测与智能控制部分，应用多传感器实时采集在线工作参数，配合自适应调控系统，实现大宗粮食的智能保质干燥生产。同时对白瓜子等高附加值农产品的干燥特性及装备机型进行了研究，最后整体阐述了谷物干燥中心的设计与应用情况。

近年来，国内外干燥机通过计算机、PLC、智能化仪表、常规电器和组态软件组成的控制系统，实现水稻和玉米等干燥生产过程的实时数据采集、中央控制、在线测试、数据库管理是发展的主流。能够在干燥工作流程中实现智能化监控，在全程干燥中实现自动化和智能化操作，是到 2020 年的发展规划。智能干燥技术的应用前景非常广阔。

为了推进典型农产品先进干燥技术的发展，笔者结合近年来所做的博士阶段的研究和相关科研项目，撰著此书。该项目研究与国内同行有着广泛的学术联系，解析和把握干燥领域的理论发展前沿，并且有干燥环节的创新性构想，在其前沿领域赶超国际先进水平。采用理论分析与试验研究相结合的方法，系统地研究了粮食干燥的强化传热和传质机理。用生产和试验结果结合理论分析进行对比验证。建立了严密的干燥评价体系和规律，对相关学科的理论研究具有较高的指导性和参考价值。

本书适用于农产品加工工程、粮食工程、农业机械化及其自动化、机械设计与制造等专业的学生，现代化农场、粮食加工企业相关人员。

本书得到了黑龙江省应用技术研究与开发项目（GA15B402）、黑龙江省农垦总局重点攻关项目（HNK125B-05-08）和黑龙江省普通高等学校新世纪优秀人才培养计划项目（1155-NCET-012）的技术支持和资助。

本书由黑龙江八一农垦大学工程学院车刚教授与黑龙江省农副产品加工机械化研究所吴春升高级工程师合著。车刚教授独立完成第三、六～十章的内容，吴春升高级工程师完成第一、二、四、五章的内容。由于著者水平有限，书中难免有不足之处，恳请广大读者提出宝贵意见。

著　者
2017 年 2 月

目录
CONTENTS

第一章

概　论

▶▶

第一节　农产品干燥的目的和意义

一、干燥的内涵

干燥就是利用热能将湿物料中湿分（水分或其他溶剂）去除，以获得固体成品的操作。按方式分，干燥有烘干和晾干。所谓烘干，就是用燃料烘烤方法蒸发物料中的水分。所谓晾干，就是利用自然风来去掉物料中的水分。对于典型农产品而言，大宗粮食作物和经济作物隶属此范畴。按干燥方法分，自然干燥利用太阳能和自然风来去掉谷物中的水分；人工干燥是利用干燥机去掉谷物中的水分，人工干燥必须有热量和风。干燥的主要目的是防止谷物在贮藏中，由于水分过多而发生霉烂、变质的问题，此外干燥还可以减少重量便于运输、贮存，改善谷物性状，提高品质和加工性，以利于下一步作业等。

二、干燥的应用

广义讲：干燥过程是去湿过程，即农产品物料中除去湿分。去湿方法很多。

$$
去湿方法
\begin{cases}
①机械方法 & 沉降、过滤、离心分离等。\\
②热物理法 & 加热空气。\\
③物理化学法 & 如醇类＋氧化钙（分子筛）。\\
④吸附去湿 & 如 CaCl_2、硅胶。
\end{cases}
$$

干燥本质：被除去的湿分从固相转移到气相中。固相为被干燥的物质，气相为干燥介质。

三、干燥的分类

(1) 按操作压强
$$
\begin{cases}
常压干燥\\
真空干燥
\end{cases}
$$
（真空干燥适于热敏性及易氧化的物料）

(2) 按操作方法
$$
\begin{cases}
连续操作\\
间歇操作
\end{cases}
$$

$$
(3)\ 按传热方式
\begin{cases}
\text{传导干燥} & \text{如焙药（金属板下有火、板上置药）。}\\
\text{对流干燥} & \text{如用热空气干燥。}\\
\text{辐射干燥} & \text{如空气：煤气＝（3.5～3.7）：1 放置在白色陶瓷}\\
& \text{板，无焰燃烧到 450℃，陶瓷板发出红外线。}\\
\text{介电加热干燥} & \text{如将需要干燥的物料置于高频电场内，依}\\
& \text{靠电能加热物料，并使湿分汽化。}\\
\text{联合干燥}
\end{cases}
$$

四、干燥对象

干燥对象除了粮食外，还有木材、牧草、药材、蘑菇、刺老芽、蕨菜、烟叶、食品、奶粉、纸浆、布匹、染料、渔副产品、金属粉末、鸡类等，涉及农林、牧、副、渔、化工、轻工、机电、食品工业各领域。

农产品干燥是农业生产中重要的步骤，也是农业生产中的关键环节，是实现粮食生产全程机械化的重要组成部分。农产品干燥机械化技术是以机械为主要手段，采用相应的工艺和技术措施，人为地控制温度、湿度等因素，在不损害谷物品质的前提下，降低谷物中含水量，使其达到国家安全贮存标准的干燥技术。

我国是世界上最大的粮食生产国和消费国，国家粮食局最新抽样调查显示，因自然晾晒及储粮设施简陋，粮食在晾晒、储藏过程中损失量高达 150 亿～200 亿千克，年损耗率北方为 3%～5%、南方为 5%～8%。因此，迫切需要高效的机械化干燥方式，谷物干燥机的出现解决了这一难题，缩短了干燥时间，保证了农民和国家的利益。谷物干燥机干燥方式具有不受气候限制、减少谷物损耗、节省劳动力和效率高等优点，使得谷物干燥机普遍受到欢迎。

我国各地的农产品干燥对象有所不同，南方省份主要是干燥水稻，中原省份主要是干燥小麦和水稻，而北方省份则主要是干燥玉米、小麦和水稻。

北方省份由于气候寒冷，除考虑一般谷物干燥外，还要注意种子水分大时不能安全越冬问题，因为水分大时种子将遭受冻害，严重地降低发芽率，因此北方的种子（主要指玉米和水稻）要求在外界环境温度下降到 5℃之前必须干燥到安全水分（13.5%～14.5%），以保证其旺盛的生命力。

据调查我国几种主要谷物在收获时的水分及其安全贮存的水分如表 1-1 所列。

表 1-1　几种谷物收获水分及其安全贮存的水分　　　　　　　单位：%

谷物	最高水分	适时收获水分	一般水分	安全贮藏水分
小麦	38	18～20	9～17	13～14
大豆	20～22	16～20	14～17	13
玉米	35	28～32	14～30	13～14
水稻	30	25～27	16～25	13～14
高粱	35	30～35	10～20	12～13
白瓜子	80	60～72.3	12～20	13～14

从表中数字可看出，各种谷物干燥中的要求降水幅度一般为 $5\%\sim10\%$，个别的要求降水 $10\%\sim20\%$。

五、农产品干燥机械化的优点

我国自然干燥已有几千年的历史，因自然干燥是利用太阳的热能和自然风来干燥的，它受气候影响很大。收获季节阴雨天较多，谷物常常得不到及时干燥而产生霉烂、变质的问题，另外谷物量大，晾晒空间不好找也很不方便，因此，无论在国外还是国内，都大力提倡谷物干燥机械化，其优点如下。

1. 适时收获的重要保证

成熟后的作物留在田间时间越长，则产量越低。此时，田间作物还会因风吹雨淋而容易倒伏，尤其玉米，如表 1-2 所示，如用机械化干燥就可避免田间损失。

表 1-2 不同时期收获损失表

收获期	谷物中水分/%	备 注
早期	30～40	机械损失大
晚期	15～20	田间,机械损失大
适时	20～30	高产损失小,但时间短

2. 谷物收获中的重要环节

收获后粮食的水分一般在 $20\%\sim40\%$ 之间，安全存贮水分 $13.5\%\sim14.5\%$，高出的水分必须进行干燥才能存贮，否则出现发芽、霉烂、品质下降。

3. 提前收获，合理安排人力、物力和提高土地利用率

我国不少地区是一年两熟，也有一年三熟，就以南方来说，一般是一年两熟，收了早稻后就要立即种晚稻。由于收早稻季节常逢阴雨，应集中绝大部分劳力去抢收粮食。这样影响了晚稻的插秧进度，结果影响晚稻的产量，如有机械干燥则可提前收获，这样既保证了晚稻的收成，又不影响其他作物的田间管理。

4. 减少场院晒谷的损失

自然干燥谷物必须占用一定的晒场面积进行摊晒。我国人口多，可耕地越来越珍贵。粮食总产量虽有了大幅度提高，但场院面积很难增加。因而造成在场院上谷物堆积成山，不能及时干燥，致使谷物等农产品霉变。

第二节 国内外农产品干燥技术现状分析

目前我国生产和应用的干燥设备与先进国家相比，在制造质量、应用数量、自

动控制水平、干燥工艺以及干燥机的通用化、标准化、系列化等方面还存在着较大差距，典型农产品干燥技术以粮食干燥为主，我国粮食干燥机械化程度还很低，研究、分析和借鉴国外先进干燥技术对干燥设备的发展具有重要意义。

一、国外谷物干燥技术发展现状

（一）国外谷物干燥技术发展现状

国外谷物干燥研究起步较早。在 20 世纪 50 年代以前，国外谷物干燥，仅根据收获水分的不同，去控制热风的温度和一次降水率、粮温等条件，干燥以后谷物的爆腰率增加。60 年代以后，国外注意干燥机理的研究，对谷物的缓苏过程进行深入的研究，认为增加谷物的受烘次数，使用顺流干燥，提高热风温度，采用缓苏处理，可以大大提高干燥后谷物的品质，并且随着电子计算机的普及和应用，计算机模拟干燥过程和干燥结果给研究带来许多方便，理论与实践联系也越来越密切。1990 年以后谷物干燥设备已经达到系列化、标准化。但是，各国的自然条件和经济条件等的差异，干燥理论的研究、应用、发展也存在着差异。

（1）美国　美国的谷物干燥技术是伴随着谷物联合收割机的推广使用而发展起来的，在全国应用比较普遍，主要的机型有中、小型低温干燥仓及大、中型号高温干燥机，这些机器以干燥玉米和小麦为主要对象，以柴油（煤油）和液化石油气为热源，采用直接加热干燥。设备中一般具有：料位控制、风温控制及出粮水分控制系统。太阳能干燥机也在美国开始应用。

（2）加拿大　加拿大主要粮食作物是玉米和小麦，其收获水分较高（35%～40%），习惯干燥到 15%～16% 才出售，因此各种类型的干燥机应运而生。

由于要求干燥的品种越来越多，产量也逐渐增加，收获的时间越来越短，这些都推动了加拿大干燥技术的发展，其发展趋势是通过自动调节设备的完善来改善干燥机的使用状况，提高烘干质量，增加热量利用率，节约能源，减少损失。

（3）日本　日本是世界上唯一的以谷物生产为主并实现了农业机械化的发达国家。人工干燥谷物的开发研究起步较早，1952 年以前，为提高产后优质米的品质，研制了人工干燥器；1956 年研制出了静置式常温通风干燥机，1966 年全国推广107 万台，建立起了称为干燥中心（RC）的大型干燥处理设施。由于这一期间联合收割机的普及速度很快，带动了粮食处理业的发展，开发了高效循环式缓苏干燥机并建立大型干燥储藏设施，使谷物在长时间连续循环过程中实现缓苏，提高干燥温度，减少干燥部分的体积，加大风速，能在较短的干燥时间内较大幅度地降低含水率，并可避免谷物在急速干燥过程中出现爆腰、破裂等质量问题。

日本的谷物干燥设备按规模可分为大型干燥储藏设备和中小型干燥设备两大类，如佐竹生产的 LDR 系列和 ADR 系列，日本生产的 NCD 系列。大型设备主要用于大型烘干加工中心和国家储备库，中小型设备主要用于农户加工烘干，几乎所有干燥设备均采用燃油加热式，其显著特点是机内装有水分自动检测、控制装置及谷温自动控制装置并通过微计算机进行调整控制，防止干燥过度、米粒爆腰和变质。

(二) 国外干燥机发展现状

国外现在使用的干燥机按结构及干燥原理进行分类，主要有横流、顺流、逆流、混流和循环式干燥机，现将其发展趋势归纳如下。

1. 横流式谷物干燥机

横流式谷物干燥机是目前美国最流行的一种干燥机，具有结构简单、制造方便及使用可靠等优点，国外生产横流式干燥机的主要厂家有 Berico、Zimmerman、Airstream、Superb、Behlen、FF、GSI、M-C 等公司。目前横流式谷物干燥机的发展主要放在提高干燥后粮食水分均匀性上，各国研究机构进行了大量的研究，归纳起来有以下几种措施。

(1) 谷物换位 为克服横流式干燥机的干燥不均匀性，可在干燥机网柱中部安装谷物换流器，使网柱内侧的粮食流到外侧，外侧的粮食流到内侧，可降低干燥后粮食水分不均匀性。美国 Thompson 的研究表明，采用谷物流换位，不仅可大大减少粮食的水分梯度，而且可以降低粮温。

(2) 差速排粮 为改善干燥均匀性，美国 Blount 公司在横流式干燥机的粮食出口处设置了两个转速不同的排粮轮（进风侧的排粮轮转速高，排风侧的排粮轮转速低），这就使得高温侧粮食受热时间缩短，可使干燥后的粮食水分均匀一致。

(3) 热风换向 采用热风改变方向方法，可使粮食干燥均匀，即沿横流干燥机网柱方向分成两段或多段，使热风先由内向外吹送，再从外向内吹送，粮食在向下流动的过程中受热比较均匀，干燥质量得以改善。

(4) 多级横流干燥 利用多级或多塔结构，采用不同的风温和风向，可大大改善横流干燥机的干燥不均匀性。

2. 顺流式谷物干燥机

在顺流式谷物干燥机中，热风与粮食的流动方向相同，粮食靠重力向下流动（粮层厚度一般为 0.6～0.9m），最热的空气先与最湿的粮食接触，故可使用较高热风温度。干燥机内没有网筛，一个单级的顺流干燥机一般均有一个热风机和一个冷风机，废气直接排入大气。干燥段风量一般为 30～45m³/(min·m²)，冷却段风量为 15～23m³/(min·m²)；由于粮层较厚，气流阻力大，静压一般为 1.8～3.8kPa。大多数顺流干燥机设有一级或二级顺流干燥段和一级逆流冷却段，并在两个干燥段间设有缓苏段。国外生产顺流式谷物干燥的厂家有美国的 York、Farrell-Rose、Bird 公司和加拿大的 Westlaken 公司。目前国外顺流式谷物干燥机的发展有以下几方面。

① 因顺流干燥机粮层较厚，气流阻力大，热风入口位置高，热损失大，故能耗较高，应在结构参数上进行优化，研究其降低能耗的措施；

② 对多级顺流干燥机的级数进行优选，并研究顺流干燥机的自动控制；

③ 进行缓苏段参数选择和效益分析的研究；

④ 顺流干燥机采用热风温度很高，安全防火是一个关键性的问题。

3. 逆流仓式谷物干燥机

在逆流仓式谷物干燥机中，热风与粮食的流动方向相反，最热的空气首先与最干的粮食接触。粮温接近热风温度，故使用的热风温度不可太高。而低温潮湿的粮食则与温度较低的湿空气接触，因而易产生饱和现象。逆流式干燥机一般由一个圆仓和多孔底板组成。国外生产逆流仓式干燥机的公司有美国的 Shivvers、Sukup、Stormore、Behlen 等公司和日本的金子、山本制机株式会社等。目前国外逆流仓式干燥机的发展有以下几方面。

① 采用多段变螺距变直径的扫仓螺旋，以使粮层表面保持平整、透风均匀；

② 增设粮食搅拌装置，提高生产效率，降低风阻，提高干燥的均匀性，促进上下层粮食的混合；

③ 改进通风底板结构设计，如提高有效通风面积、增加支撑板强度、利用特殊材料等。

4. 混流式谷物干燥机

混流式谷物干燥机是目前国外应用最广泛的一种干燥设备。其内部设有排进、排气角状盒，且进、排气角状盒上下交错排列。谷物靠重力向下流动，受到以顺流、逆流、横流方式的热风加热。由于混流式干燥机的通用强、电耗低、干燥质量好，而日益得到发展。国外生产大型混流式干燥机的厂家很多，主要有丹麦的 Cimbria、加拿大的 Vertec、法国的 Law 和 Fao、英国的 Carier、德国的 Stela 和 Sirocco、瑞典的 Svegma、意大利的 Mulmix、美国芦州大学的 Lsu 和 Neco 等，俄罗斯生产的干燥机几乎全是混流式的。目前国外混流式干燥机的发展有以下几方面。

（1）采用脉动排粮机构　为使通过干燥机的粮食均匀等速向下流动，排粮机构起着决定性作用。传统干燥机的排粮部分为锥形底仓和叶板式排粮轮。造成中心部位粮食流速过快，边缘部位流速过慢而引起粮食干燥不均匀。新型的混流式干燥机如 Cimbria、Law-denis、Svegma 等均采用了脉动排粮机构。

（2）采用变温干燥工艺　欧洲一些国家如法国的混流式干燥机采用了变风温干燥工艺，气流温度自上而下逐渐降低，粮食由高温区逐渐向低温区流动，粮食不易因受热而降低品质且降低能耗。

（3）采用可变冷却段　Svegma、Cimbria、Law 等公司生产的干燥机都具有可变的冷却段，通过调节板可改变冷却段长度，提高干燥冷却效率。

（4）设有余热回收装置 欧美国家生产的一些混流式干燥机设置了余热回收装置，使热能得到充分利用，如 Svegma、Stela、Law 等公司生产的干燥机。

（5）在原有理论分析的基础上（一维模拟模型）开发一维混流式干燥机模型，使混流干燥模拟技术提高一步。

（6）对角状盒的设计进行深入分析研究，开展角状盒形状、尺寸、配置和干燥性能关系的研究，如粮食品质、干燥效率。

5. 循环式谷物干燥机

循环式谷物干燥机具有生产率高、干燥速度快、使用方便、谷物循环速度快等特点。一个直径 2.4m、高度仅 5m、重 1.5t 的圆筒内循环式干燥机就可干燥玉米 2t（降水 5 个百分点），15min 就完成一个循环，循环 20 次就可降水 10 个百分点，用 29.4kW 拖拉机，既可牵引又可驱动，方便进行流动作业；粮食循环速度快，比混流、横流式干燥机的谷物流速快 3～5 倍，可使用较高的风温，而不致使粮温过高，且干燥均匀。国外生产的圆筒内循环式干燥机有美国的 GT-380、Moridge8330、GSI620-B，英国的 Master、Opico380、Lely550 等。

近年来国外许多干燥公司对内循环移动式干燥机进行了大量研究和改进，使干燥机的效率、干燥质量、操作方便性以及对不同粮食的适应性大大提高，且出现了不少新结构和新设计，归纳起来有以下几个方面。

① 为提高粮食的干燥质量，在机内立式螺旋上方设置清粮部件，可在粮食循环过程中清除细杂物、草籽和颖糠，干燥后的粮食清洁整齐，如美国 Moridge 干燥机。

② 采用伸缩式外筛筒和绞盘式传动装置，以适应不同批量的粮食，改变干燥谷物时的缓苏比，如英国 Master 和 Meana 干燥机。

③ 采用大风量、低噪声双轴流风机，以提高干燥速率，改善机内气流的均匀性。

④ 采用折叠式卸粮螺旋，改进粮食通过性能。

⑤ 在热风室设置导流板，使热风室内风量分布均匀，温度一致；在粮道内设置导粮板，可保证粮食均匀向下流动，各处的粮食均能受到相同温度热风的作用，如英国 Lely 公司的干燥机。

二、国内谷物干燥技术发展现状

（一）国内谷物干燥技术现状

我国的谷物干燥（主要指机械干燥）始于 20 世纪 50 年代，它的发展大致经历了这样几个阶段：①引进阶段；②仿造阶段；③研制阶段。近些年来，我国在引进先进技术的基础上，不断进行技术改进和理论研究，研究适合我国国情的干燥机械。具体如下：50 年代初引进了苏联的高温干燥机应用于生产，后参照该机型结构和原理自行设计了大型高温干燥塔，逐步应用在北方的粮食系统中。60～70 年代各地自行设计了多种中、小型谷物干燥机，由定点干燥机厂生产，逐步推广到全国。从 70 年代以后在较大范围内开展了谷物干燥的试验研究和设计研制工作。例如，中国农业大学工程学院先后试验研究了玉米、水稻、小麦、高粱等谷物的横流、顺流、逆流、混流等干燥工艺；黑龙江八一农垦大学研究了干湿粮混合干燥工艺和多级顺流干燥工艺；南京农机化所、广东省农机所研究了横向通风等干燥工艺；中国农机院、中国农工院、四川农机所、黑龙江农副产品加工研究所等均在干燥工艺技术上做了大量的研究工作。黑龙江农垦科学院在"产地谷物处理工厂化"研究中消化吸收了国外技术，建立了一批横流、顺流、混流及高低温组合等干燥工艺流程。另外，在谷物干燥机理、应用基础研究方面中国农大、东北农学院、华南农大、江苏理工大学等院校做了大量的研究工作，分别建立了谷物热特性、水分扩散特性、干燥速率等试验测定装置，研制了固定床、换向通风、循环干燥、流动干燥等试验台，并培养出一批水平较高的博士、硕士。中国农大在国内率先开展了谷物干燥计算机模拟的研究，使国内的干燥技术研究接近和达到国际先进水平。20 世纪 90 年代起，人们对高品位食品的需求增加，加之外商在我国食品工业的投资力度和广度加大，国外先进的食品干燥机械不断地被引进国内，以及我国食品科技人员的开发创新，相继出现了许多型式的食品干燥机械，如空气干燥设备、滚筒干燥设备、真空干燥设备、加压式干燥设备和组合干燥设备等。20 世纪 90 年代后期，我国谷物干燥机械工作者对电磁辐射干燥设备开展了大量的研究，如天津市包装食品机械研究所吸收国外最先进的技术，开发研制出的WTJ 系列微波能干燥设备，具有干燥速度快、热效率高、加热均匀、无污染和不破坏谷物的营养成分等特点，可广泛应用于谷物干燥领域。此外，还有利用远红外辐射元件发出的远红外转变成热能进行干燥食品，其特点是设备简单、节约能源、干燥速度快；再有根据太阳能可转变为热能的原理，开发研制的系列太阳能干燥设备可用于干燥谷物。同时，结合我国国情采用价廉的蒸汽喷射真空泵系统的冷冻升华干燥设备也开始在我国用于谷物的干燥。

近年来，在谷物干燥领域开展了一系列的国际合作。我国与美国、英国、日本、加拿大、法国等国家科研机构、学校和干燥机公司就有关谷物干燥技术和设备进行了广泛的技术交流，部分院校、科研和生产单位与国外建立了合作关系。国外干燥机近几年也通过合资、合作方式在国内有所生产，如江苏和上海的三九和金子干燥机等。最近，中国农大还通过技术合作，将国外先进的干燥机核心部件与国内产品配套，组成比较先进的干燥系统提供给用户。

（二）我国谷物干燥方面存在的问题

我国谷物干燥存在的主要问题是：烘干能力不足，烘干机型庞杂，烘干工艺落后，土建工程量大，专业化的生产厂家少，通用化、标准化、系列化程度较低，热效率低，单位能耗高，与国外的差距有以下几点：

① 干燥机械化水平低，自动化水平低，烘干能力不足。在干燥机械化程度最

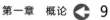

高的黑龙江垦区，干燥能力和水平仍显不足。

② 各省的谷物干燥机发展不均衡。目前谷物干燥机主要在大型农场使用，比较发达的地区干燥机拥有量比较多，而欠发达地区干燥机拥有量比较少，因此有很多推广工作可做。

③ 干燥机生产厂家规模小，自主开发的产品少，模仿的多。很多厂家只是几十人的小厂，缺乏研发能力和驾驭市场风险的能力。

④ 同国外的干燥机相比，我国干燥机明显的差距是制造质量差。一部分生产厂不具备相应的技术和设备条件，干燥机的使用寿命和可靠性不高。

⑤ 干燥机型号多、类型杂。有些产品未经任何形式的技术鉴定就进入市场，性能不能可靠保证，给用户造成很大损失。

⑥ 干燥机的自动控制水平低，缺少水分在线检测装置，干燥机出口的谷物水分不能准确控制，造成粮食品质低劣。

⑦ 我国谷物干燥绝大多数以煤作为热源，很难满足环境保护和供粮不受污染的要求。采用机械燃煤炉和换热器相结合的热源虽满足不污染的要求，但热风炉的可靠性差，换热效率低，成本高，寿命短。除此之外，我国干燥机生产厂和热风炉生产厂相脱离，造成干燥机和热源不配套。

（三）国内干燥机发展现状

目前国内所使用的干燥机种类较多，以常压干燥为主流，按干燥工艺原理分类与国际机型相同，北方地区以大中型连续式干燥机为主，南方以循环式干燥机为主。粮食真空干燥机正在推广，现对国内干燥机进行如下介绍。

1. 横流式谷物干燥机

横流式谷物干燥机是一种谷物流动方向垂直于干燥热风的连续流动干燥机。经典的横流式谷物干燥机，拥有的竖箱横截面是呈矩形，在竖箱内部设有冷、热空气分配室，谷物在通道两侧下落后进入排量段。在干燥机烘干的过程中，在重力作用下湿粮从储粮段流入到干燥段，配风室配送干燥热风，使得热风横向穿过正在下落的谷物，从而达到干燥的目的，冷却段干燥之后，再由排量段排出。

横流式粮食烘干机又可分为两类，即横流循环式和横流缓苏式。其中前者是中小型的干燥机，该干燥机结构简单、容易制造、加工成本低、干燥速度相对较快，因此该干燥方式在目前干燥领域中应用广泛。但也存在着很多不足，如靠近进风口的粮食过于干燥，出风口的粮食没有充分干燥，产生了湿度差距，从而导致干燥后谷物质量变差；能量方面，有相对比较耗能、热能利用率低等缺点。

小型横流循环稻谷干燥机，由广东南海和中国农大生产，拥有 0.75~3t 的装机容量，其工艺流程为：干燥—缓苏—干燥—缓苏。上海三久烘干机与无锡金子烘干机都同属于横流循环式低温谷物干燥机，该干燥机上部是缓苏段，下面部分是干燥段，而且在干燥段中是进行多循环干燥过程。型号众多，装机量在 1～30t 之间，小时降水率为 0.4%～1%，干燥时可以自动检测谷物的水分，当达到安全水分时，将自动停机完成卸粮。

黑龙江生产的 SHL-15 横流缓苏型干燥机，生产率在 10t 以上。粮食柱厚度为 0.15～0.23m 和热风温度控制在 43～49℃ 的范围内，风量 112～262m³/(t·min)。横流干燥机孔隙结构方面是圆柱形筛孔或方形塔筛孔式结构，国内仍有大量生产。横流式谷物干燥机优点：实用，制造工艺简单，安装方便，成本低，生产率高。缺点：粮食干燥均匀性差，单位热耗过高，难以实现一机烘干多种粮食，干燥粮食质量难以满足要求，需要定期清洗筛等。但小循环干燥机可以避免上述缺点。

2. 顺流式谷物干燥

顺流干燥的干燥过程中热介质的流动方向与谷物的流动方向一致。相对高湿度的热风首先接触高水分和低温的谷物，可以迅速蒸发谷物表面水分，达到干燥谷物的作用，而不会使谷物本身的温度过高；热风通过物料过程中的含水率增加，而降低温度，这可以避免谷物干燥过程中的大幅升温，保证谷物干燥的质量。

以黑龙江八一农垦大学生产的 5GSH 系列干燥机为代表的顺流工艺，针对实现多级顺流谷物干燥机结构和使用上的缺陷，根据内部水分扩散的相关理论，提出了利用缓苏降温与顺流过程中加热干燥相结合的降温缓苏多级顺流的干燥工艺。多阶段双流干燥过程模拟试验表明，这种新的干燥过程更容易保证粮食质量，节能高效率的优越性。

3. 逆流式谷物干燥

在逆流谷物干燥机中，热空气流的运动方向与谷物的运动方向相反。低温和高含水量的谷物进入干燥段，首先与含水量高的热空气接触，然后逐渐通过较高温度且较低含水量的热风作用，最后逐渐接近热风的温度。逆流谷物干燥机具有更高的干燥效率和更高的谷物温度。

以平仓式逆流干燥机为代表，具有以下特点：其干燥过程一般采用的是低温慢速干燥。考察热风的上升过程，温度逐渐降低，湿度逐步升高。根据谷物含水率越低保水性越好、允许的受热温度越高的特性，发现逆流工艺能够满足谷物的这一特性。其次逆流式干燥机的热效率高。逆流干燥后的谷物含水率比较均匀，减少了谷物因过度干燥而浪费的热量。再次干燥后的粮食质量好。采用逆流工艺，避免了粮食因为过热而爆腰的现象。良好的逆流低温使粮食表面含水率达到标准便进入缓苏，在缓苏阶段刚好使粮食的内部得到了热风由干燥仓底部向上排出，从干燥仓底部到谷物的表层，谷物的温度和湿度有明显的梯度分布，排出的粮食即为仓底干燥较好的部分，因此可以实现较为准确的水分控制。

4. 混流式谷物干燥机

混流式谷物干燥机是目前在世界上应用最为广泛一种粮食烘干设备，由于其通用性好、功耗低、干燥效果好从而得到良好的发展。早在 20 世纪 50 年代，我国便引入了苏联的塔式烘干机，80 年代以来发展起来了 5HX、5HG、5HF、5GSH 等一系列混流式粮食干燥机。目前，已有 20 多家厂家生产此类机型。国内厂家研制的干燥机同时也被很多因素所限制，在混流式谷物干燥机的设计制造和推广维修中存在如下几个问题：

国内的多数混流干燥机都是引进国外设备后，根据当前国内实际情况再加以改进而来的。虽然这样发展快，但是普遍突出了一些根本性的问题，在干燥基础理论方面的研究还是相对落后于先进国家。

国内的干燥系统的自动化控制程度仍需要改进和加强，无论是在水分测试装置、温度传感装置，还是计算机模拟控制装置的等温度电气控制技术的应用，都还没有发挥得最广，有时工作结果可信度不高，误差很大，让干燥后的粮食水分和温度不能够准确地控制，极大程度上影响了干燥的品质。

我国国内干燥机型号多，种类复杂，不够规范。改造的干燥机未经任何形式技术测量就进入市场，这些情况从根本上导致了干燥性能的下降，影响了谷物干燥的质量，也带来了较大的损失。

我国混流式谷物干燥机主要以燃煤为热源，但是西方国家以燃油和天然气为热源。我国的热风炉因其占地面积大，热效率低，温度不容易控制，使用寿命短，造成了成本的流失，同时，以燃煤为热源，对环境容易造成污染。

第三节　典型农产品干燥设备

典型农产品主要指大宗粮食作物，如水稻、玉米和小麦等谷物，根据干燥基本方法，谷物干燥设备的种类很多，其分类方式主要有按换热方式、作业方式等。不同的粮食干燥机型有不同的特色。

一、按换热方式分类

根据工程热物理基本传热理论，谷物干燥设备按其换热方式可分为以空气为介质的对流干燥机；辐射式干燥设备（远红外干燥机、高频干燥机、微波干燥机等）；导热式干燥设备。

（一）对流干燥设备

所谓对流干燥是指干燥介质流过谷物表面，从而使谷物达到干燥的目的。若干燥介质采用未加热的自然空气，则称为自然通风干燥。此时，干燥介质流过谷物表面的任务不是对谷物加热，而是将谷物蒸发出来的水蒸气及时带走，起着载湿体的作用。这种干燥方法的干燥速度很低，而且只有当空气较干燥时才能使用。若干燥介质采用热气流（热空气或炉气），则称为对流加热干燥。此时，干燥介质不但以对流方式将热量传给谷物，起着载热体的作用，而且把谷物蒸发出来的水蒸气及时带走，又起了载湿体的作用。显然，对流加热干燥的干燥速度比自然通风干燥快，因此，对流加热干燥法目前仍是谷物干燥的主要方法。

对流干燥过程的特点：

物料表面温度低于气流温度，气流传热给固体。气流中的水汽分压低于固体表面水的分压，物料表面的水得以汽化并进入气相主体，湿物料内部的水分与表面间存在水分浓度的差别，内部水分就以液态或气态形式扩散至表面。因此，对流干燥是热质反向传递过程。

对流干燥需要解决的问题：

① 含水分的空气称为湿空气，湿空气的性质有湿度、比体积、比热容、焓、干球温度和湿球温度。

② 湿物料中含水量的表示方法（湿基含水量、干基含水量）。

③ 干燥系统的物料衡算（水分蒸发量、空气消耗量、干燥产品流量）。

④ 干燥系统（包括预热器、干燥器）的热量衡算。　　　　　　（干燥静力学）

⑤ 讨论从物料中除去水分的数量与干燥时间关系（干燥动力学）。

⑥ 干燥机类型与选型。

对流干燥设备就是通过加热的空气把热量传给谷物，再由空气把从谷物蒸发出来的水分带走，以进行干燥（图 1-1）。根据所采取介质温度的高低，该干燥设备又分为高温干燥机和低温干燥机两种。

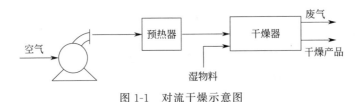

图 1-1　对流干燥示意图

1. 高温干燥机

高温干燥机介质温度较高（为 80～300℃），干燥速度较快（小时降水率为 2.5% 左右），又称高温、快速干燥机。该类机型具有以下不同结构形式。

（1）流化床式干燥机　该机（图 1-2）由倾斜 3°～5°的孔板下面向上吹热风，将谷层吹成流化状态，谷物沿孔板向低处缓缓流动并逐步得到干燥。干燥后的谷物从一侧流出。穿过谷层的潮气由机器上方的排气口 1 排出。由于谷层较薄气流围绕

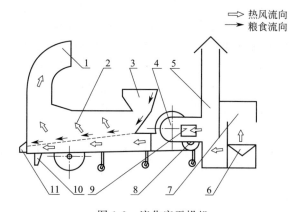

图 1-2 流化床干燥机

1—排气口；2—烘干室；3—喂料斗；4—风机；5—烟囱；6—炉条；
7—炉膛；8—电机；9—冷风机；10—集尘器；11—排粮口

谷粒分布比较均匀，其干燥均匀度较好，但因干燥时间较短（40～50s），其降水幅度较小（1%～1.5%）。该机没有冷却装置，干燥后的热粮需由人工摊晾，使其温度下降到不高于环境温度5℃的程度，以防谷层表面结露。该机适于小规模生产使用。流化床干燥降水幅度小，生产效率低。为了提高效能，通过机械振动等形式，增加热风与粮食的接触面积，应运而生振动流化床干燥机，如图1-3所示。振动流化床干燥机是由振动给料器、振动流化床、风机、空气加热器、空气过滤器和集尘器等组成。流化床的机壳安装在弹簧上，可以通过电机使其振动。流化床的前半段

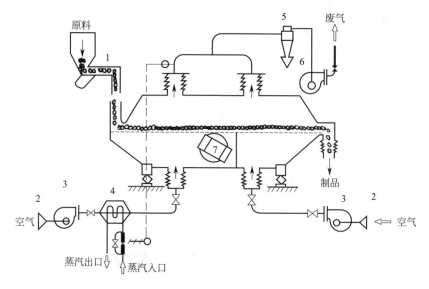

图 1-3 振动流化床干燥机

1—输送机；2—空气；3—风机；4—换热器；5—旋风分离筒；6—引风机；7—激振器

为干燥段，空气用蒸汽加热后，从床底部进入床内，后半段为冷却段，空气经过滤器、用风机送入床内。工作时物料从给料器进入流化床前端，通过振动和床下气流的作用，使物料以均匀的速度在床面上向前移动，同时进行干燥，而后冷却，最后卸出产品。带粉尘的气体，经集尘器回收物料并排出废气。根据需要整个床内可变成全送热风或全送冷风，以达到物料干燥或冷却的目的。在食品干燥行业应用广泛，如制作速溶乳粉时，流化床与喷雾干燥室的底部装置相接，进行联合生产作业。

（2）滚筒式干燥机　滚筒式干燥机有简易型和复式型两种。前者只有加热滚筒，后者除有加热滚筒外还设有冷却滚筒，现以图 1-4 所示的复式滚筒式干燥机为例介绍它的工作过程。湿谷物由加热滚筒的一端随同热空气（或炉气）一道进入滚筒，由于滚筒旋转（26～30r/min）并与其轴线有 1°～3.5°的倾斜，则谷粒不断被筒内的抄板带起而又滚落，逐步向滚筒的低处端移动由出口流出，继而进入冷却滚筒，经冷却后流出。进入热滚筒的介质温度为 150～200℃，谷物受热 1～2min，可降水 1%～1.5%。

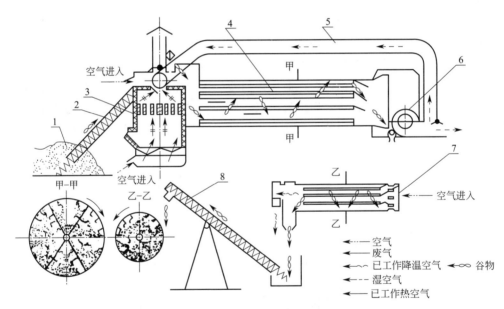

图 1-4　滚筒式谷物干燥机整体布置示意
1—待干谷物；2—螺旋升运器；3—燃烧；4—干燥滚筒；5—废气管道；
6—通风机；7—降温滚筒；8—螺旋升运器（卸谷）

（3）气流式干燥机　该机是在谷粒被气流输送过程中进行加热和干燥的，有的还设有缓苏段和余热加热段。其典型的工作过程如图 1-5 所示。该机由热风管 2、导粮管 7、缓苏室 10、余热回收管 6、余热干燥室 5、排风管 8、废气出口 11 等组成。

谷粒在导粮管中一方面随着高温气流（80～90℃）上升，一方面被加热，吸收一定的热量，热量一部分使谷粒表面的水分蒸发，一部分使谷粒的温度升高。温度升高的谷粒出管后碰到挡帽（反射弧形），使其落入缓苏室。在缓苏过程中，继续向谷粒的内部传递热量，使谷粒内部的水分不断地向其表面转移扩散，谷粒靠自重进入余热干燥室再次被回收的余热空气加热干燥，其废气由废气出口排出机外。该机结构较简单，使用较方便，适于小规模批量生产。

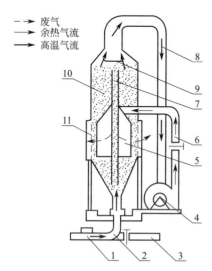

图 1-5　5HP-2.5 立筒气流式干燥机原理

1—进粮口；2—热风管；3—出粮管；4—离心风机；
5—余热干燥室；6—余热回收管；7—导粮管；
8—排风管；9—挡帽；10—缓苏室；11—废气出口

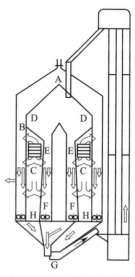

图 1-6　柱式横流干燥机

A—湿粮入口；B—外粮粒；C—热风室；
D—缓苏段；E—内粮粒；F—差速轮；
G—排粮口；H—冷却段

（4）竖箱式干燥机　该机为竖立的箱子，谷物从箱的上端流至箱的下端，由于箱内有热空气通过，使谷物得到加热和干燥。根据气流方向不同和结构上的差异，竖箱式干燥机主要干燥工艺有横流式、顺流式和逆流式、混流式等，各工艺的特点如下。

① 横流式干燥工艺与设备　横流干燥机的主体由一个或几个立式柱构成，亦叫柱式横流干燥机（图 1-6）。粮食靠自重从顶部湿粮箱内连续向下运动，进入干燥室。干燥室由筛网围成柱形，热空气由位于干燥室一侧的热风室穿过网柱粮食层，从干燥室另一侧的废气室排出，热风的流向与机内谷物的流向垂直，故称横流式干燥机。由于谷层有一定的厚度，其靠近进热风一侧的谷物总是与热介质接触，因此其谷物温度上升较快，谷物水分下降迅速。由于一般多采用高温干燥便形成了该部位谷物水分"过干"。而靠近出风口（排出废气）一侧的谷物总是与温度较低的介质接触，其谷物温度上升很慢，谷物水分下降也较慢。中间层的谷物由于温度与水分变化都介于两者之间（其三种位置不同的谷物温度及谷物水的变化曲线如

图 1-7 所示）。为此，横流干燥机械在设计中进行了一定的改进。横流式谷物干燥机的改进：

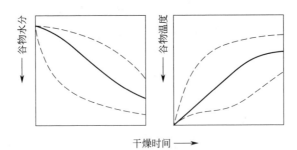

图 1-7　横流干燥谷物温度、水分示意图

　　a. 谷物层换位：为了克服横流式干燥机的干燥不均匀性，可在横流式干燥机网柱中部安装谷物换层器，使网柱内侧的粮食流到外侧，外侧的粮食流到内侧。这样就能减少前后粮食水分不均匀性。

　　b. 差速排粮：为了改善干燥的不均匀性，美国 Blount 公司在横流式干燥机的粮食出口处，设置了两个排粮轮。两轮的转速不同，进风侧的排粮轮转速较快，而排风侧的排粮轮转速较慢，这就使高温侧的粮食受热时间缩短，因而可使粮食的水分保持均匀。

　　c. 热风换向：采用热风改变方向的方法，可使干燥均匀，即沿横流式干燥机网柱方向分成两段或多段，使热风先由内向外吹送，再从外向内吹送，粮食在向下流动的过程中受热比较均匀，干燥质量可以改善。

　　横流式谷物干燥机的特点：

　　a. 结构简单，制造方便，成本低。

　　b. 谷物流向与热风流向垂直。

　　c. 谷层薄（200～400mm），热风温度较低，一般不超过 90℃。

　　d. 存在的主要问题是：干燥不均匀，靠近热风室一侧的谷物过干，排气一侧则干燥不足，使谷物存在着水分与温度差。其次是单位能耗较高，一般单位热耗直接加热为 4.5～5.0MJ/kg 水，热能没有充分利用。

　　e. 适合干燥多种谷物。

　　f. 适于批量生产。

　　② 顺流干燥工艺与干燥机　顺流干燥工艺是最新发展起来的一种干燥工艺（图 1-8），顺流干燥是指热介质与谷物的运动方向相同（自上而下），顺流干燥过程中热介质首先与温度最低、水分最大的湿谷物接触，由于两者的温差较大，谷物温度迅速上升并达到湿球温度，而介质温度随着谷温的升高它本身的温度迅速下降，直到两者温度趋近一致后，两者（介质温度与谷物温度）一道随谷物水分的下降而继续缓慢地下降，直到谷物流出为止。在干燥过程中（图 1-9），谷

物受高温加热的时间较短，而受中温加热时间较长，故其干燥质量较好。为了提高干燥能力，常采用温度达 200℃ 以上的高温介质进行干燥，但其谷物温度仍不过热。

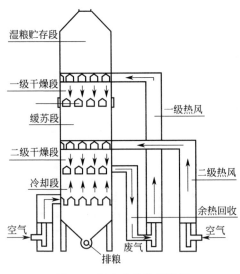

图 1-8 顺流式谷物干燥机

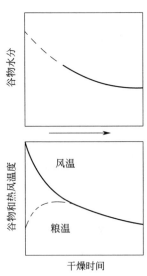

图 1-9 顺流干燥特性

顺流式谷物干燥机的特点：

a. 热风与谷物运动方向相同；

b. 可以使用很高的热风温度，100～300℃，因此干燥速度快，单位热耗低，一般单位热耗直接加热为 3.0～4.0MJ/kg 水，效率较高；

c. 高温介质首先与最湿、最冷的谷物接触；

d. 热风和粮食平行流动，干燥质量较好；

e. 干燥均匀，无水分梯度；

f. 粮层较厚，粮食对气流的阻力大，风机功率较大；

g. 适合于干燥多种谷物；

h. 适于批量生产。

③ 混流式干燥工艺与干燥机 混流式干燥是指热介质与谷物流向是多向的，既有横向、逆向，又有顺向及混合状态。干燥段交替布置着一排排的进气和排气角状盒，谷粒按照 S 形曲线向下流动，交替受到高温和低温气流的作用进行干燥（结构如图 1-10 所示）。谷物在干燥段呈同期性与最高温度的热风相遇，谷物水分呈阶梯型下降，温度逐渐上升，干燥特性曲线如图 1-11 所示。

混流式谷物干燥机的特点如下：

a. 结构较横流式粮食干燥机复杂，每单位处理量的制造成本较横流式干燥机高 15%～20%；

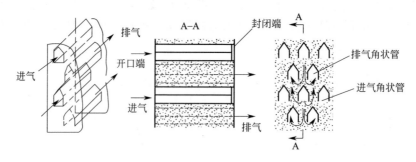

图 1-10　混流干燥机角状管的配置

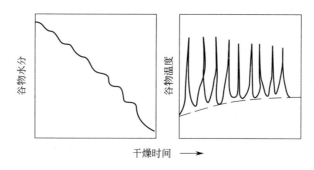

图 1-11　混流干燥谷物温度、水分示意图

  b. 干燥介质单位消耗量较横流干燥机低，风机动力较小；

  c. 单位热耗较横流式干燥机低 5％～15％；

  d. 烘后粮食的温度比较均匀，含水率不均匀度较横流式干燥机小；

  e. 适应性强，可干燥玉米、水稻、小麦等多种作物；

  f. 适于批量生产。

  ④ 逆流式干燥工艺与干燥机　逆流式干燥是指热介质流动的方向与谷物（从上向下）的流动方向相反。其热介质首先与已经干燥的、温度较高、水分较低的谷物接触，而后逐渐与温度较低、水分较大的谷物接触，最后与湿粮接触后排出。其干燥过程中（图 1-12），由干燥特性曲线（图 1-13）可见谷物水分先期下降甚微，后来逐步加快；而谷物温度先期上升缓慢，后期则升温迅速。由于干燥后的出粮温度与热介质温度较接近，故该干燥的热介质温度不能采用较高温度，一般为 60℃左右，因而干燥速率较慢。

  逆流式谷物干燥机的特点：

  a. 热介质温度不能过高；

  b. 热效率较高；

  c. 粮食温度较高，接近热空气温度；

  d. 热风所携带的热能可以充分利用。

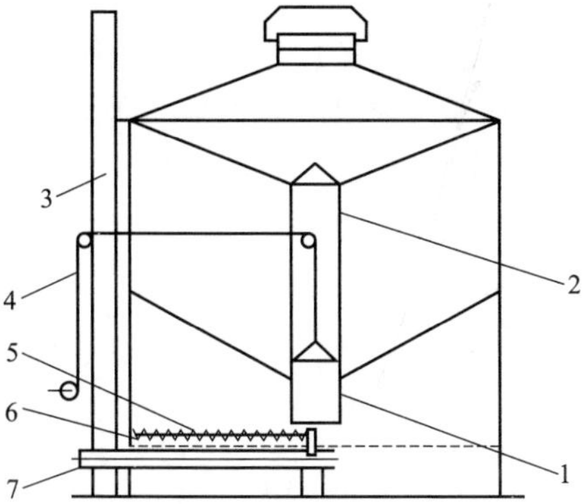

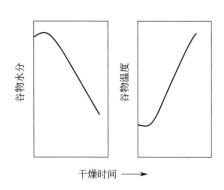

图 1-12　逆流式干燥机
1—活塞；2—风筒；3—提升机；4—绳索；
5—扫仓螺旋；6—透风板；7—输送螺旋

图 1-13　逆流干燥机干燥特性曲线

（5）循环式谷物干燥机　循环式谷物干燥机是比较先进的批量式干燥机。作业时，先将一批待干燥谷物全部装入干燥机内，然后启动干燥机进行干燥。谷物在干燥机内不断流动，流经干燥段时受热干燥，流经缓苏段时则使内部水分向外表扩散，以便再次干燥。经多次循环后，全部干燥到要求的终了水分时，再排出机外。

循环式干燥机干燥、缓苏同时进行。高温干燥后的谷物用立式螺旋送到上锥体上方，进行短时间的缓苏，便于谷粒内部水分向外扩散，符合粮食干燥的规律，有利于保证粮食品质。因干燥过程中粮食始终处于不断地混合与流动状态中，因此干燥均匀。干燥受原粮水分影响，水分高时循环时间长。

根据循环提升装置的布置，循环式干燥机可分为内循环和外循环两种。

① 圆筒内循环干燥机　GT 380 移动式干燥机是一种圆筒内循环干燥机（图 1-14），谷物通过中心螺旋升运器输送到上部，靠重力下移，经过干燥段时与热风接触蒸发水分，运动到底部时再由中心螺旋升运器输送上去，不断循环进行干燥。它设计为内外圆筒形，机器结构紧凑，占地面积小，热空气分布均匀，粮食受热一致，而且制造容易。由于采用谷物内循环省掉了提升装置，因此在相同的生产率和降水幅度条件下，机器的重量轻、体型小、节约钢材。这种干燥机可以移动，用 30kW 拖拉机不仅可以牵引还可以传动。

它有以下几个特点：a. 生产率高，干燥速度快。一个直径 24m，高度 5m 左右，重量 1500kg 的干燥机每小时可干燥玉米 2t（降水 5%），一天（20h）可干燥40t 粮食。b. 谷物循环速度快。每 10~15min 完成一次循环，循环 20 次就可以降水 20% 以上。比混流式干燥机的谷物流速高 7 倍，比普通横流式快 3 倍。因此可以使用高的风温，而不致使粮温过高，且干燥均匀，混合好。c. 干燥机设计为内外圆筒形，机器结构紧凑，占地面积小，热空气分布均匀，粮食受热一致，而且制造容易。d. 干燥、缓苏同时进行，高温干燥后的谷物用立式螺旋送到上锥体上方，进行短时间的缓苏，便于谷粒内部水分向外扩散，符合粮食干燥的规律，有利于保证粮食品质。e. 本机利用较短的干燥段和谷物高速循环流动，代替高塔慢速流动，机身高度大大减小。另外，由于采用谷物内循环，省掉了庞大的提升机，因此在相同的生产率和降水幅度条件下，机器的重量轻、体型小，可大大节约钢材。f. 谷物始终处于不断地混合与流动状态中，因此干燥均匀，水分蒸发速度快。g. 干燥受原粮水分影响，水分高时多循环一些时间。不需要因安装烘干机而花费土建费用。

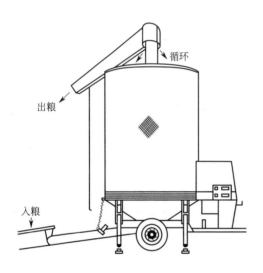

图 1-14　圆筒内循环干燥机

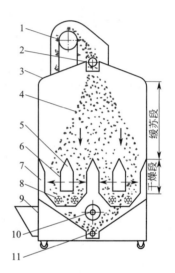

图 1-15　横流式外循环干燥机

1—提升机；2—均分搅龙；3—干燥箱；4—谷物；
5—热风室；6—孔板；7—废气室；8—排气阀；
9—进粮斗；10—轴流风机；11—输送搅龙

② 横流式外循环干燥机　横流式外循环干燥机是常见的批量式干燥机之一，其主机一般由干燥箱（缓苏段、干燥段）、排粮机构、上下纵向螺旋输送器、提升装置和热源组成（图 1-15）。它与内循环干燥机不同之处在于谷物是由排粮机构从干燥段下部排出，然后由下螺旋输送器推送到干燥机一侧，经外部的斗式提升器输送到干燥箱顶部的上螺旋输送器，再均匀地由上螺旋输送器散布到缓苏段内，经缓苏、干燥后，再进入下一循环。该类型干燥机采用较低风温（50～60℃）、大缓苏对谷物进行干燥，降水速度较慢，干燥均匀，烘后质量有保证，能提高谷物的食用品质，不影响发芽率。

（6）仓式干燥机

① 仓内贮存干燥机　仓内贮存干燥机又名干贮仓，它由金属仓、透风板、抛撒器、风机、加热器、扫仓螺旋和卸粮螺旋组成，其结构如图 1-16 所示。湿谷装

入干贮仓后，立刻启动风机和加热器，将低温热风送入仓内，继续运转风机一直到粮食水分达到要求的含水率为止。随着收获作业的进展，湿谷不断地加入仓内，达到一定的谷层厚度后停止加粮，仓内的粮食量由干贮仓的生产率和湿谷的水分确定，每一批谷物的干燥时间为 12～24h 不等。

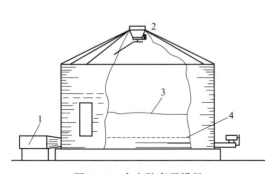 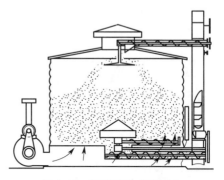

图 1-16　仓内贮存干燥机　　　　　图 1-17　循环流动式干燥仓
1—风机和热源；2—抛撒器；3—粮食；4—透风板

② 循环流动式干燥圆仓　图 1-17 表示一个循环流动式干燥仓，其结构也与仓内贮存干燥机相同，谷物从进料斗进入，经提升器、上输送搅龙送到均布器均匀地撒到透风板面上，达到所要求的谷层厚度为止，然后开动风机，把经加热的空气压入热风室，热风从下而上穿过谷层，由排气窗排出室外。需要翻动谷物时，开动扫仓搅龙、下输送搅龙、提升器、上输送搅龙、均布器。下层的谷物由扫仓搅龙送到下输送搅龙，经提升器、上输送搅龙到均布器，均匀地抛撒在粮食表面上，依次不断地间歇翻动，使上下层谷物调换位置，达到干燥均匀的目的。此种类型机械化程度较高，但设备投资大。

③ 仓顶式干燥仓　有些仓式干燥机在顶部下方1m处安装锥形透风板，加热器和风机即装在孔板下（图 1-18）。当谷物被干燥后，利用绳索拉动活门，可使谷物落至下面的多孔底板上，在底部设有通风机用于冷却撒落的热粮，与此同时顶部又装入新的湿粮进行干燥。此批干燥后又落到已冷却的干粮上，如此重复进行，直到仓内粮面到达加热器平面为止。此种干燥仓的优点是干燥、冷却同时进行，卸粮不影响干燥，此外，粮食从顶部下落时对粮食有混合作用，可改善干燥的均匀性。

④ 立式螺旋搅拌干燥仓　为了增加谷层厚度和保证干燥后粮食水分均匀，可在圆仓式干燥机中加装立式螺旋（图 1-19），对粮食进行搅拌，搅拌螺旋用电机驱动，螺旋除自转外还可绕圆仓中心公转，同时还可以沿半径方向移动。立式螺旋搅拌器的优点是：疏松谷层，增加孔隙率，减少谷粒对气流的阻力，因而增大了风量；使上下层的粮食混合，减少干燥不均匀性；提高干燥速率，减少干燥时间。

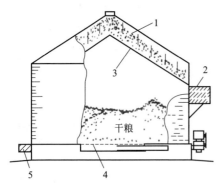

图 1-18　仓顶式干燥仓
1—湿粮；2—风机和热源；
3，4—透风板；5—冷风板

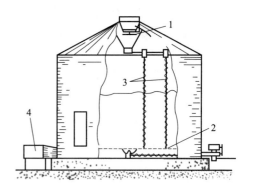

图 1-19　立式螺旋搅拌干燥仓
1—抛撒器；2—透风板；
3—搅拌螺旋；4—风机和热源

（7）平床干燥机　该机把谷物平整地堆放在干燥机平床筛网的上部；筛网下部是通风道，由热风炉产生的热风在风机的作用下通过通风道，然后穿透谷层对稻谷进行干燥。由于谷层是静止不动的，因此谷层下部的谷物受到的热风温度高，干燥速度快，上层则反之。因此，在干燥过程中要经常翻动谷物。

2. 低温干燥机

该机以常温或比常温高 2～8℃的热空气为介质对谷物进行通风干燥。为批量干燥作业，每批干燥的时间较长为 11～12d，小时降水率为 0.5% 左右。该机具有耗能少和干燥质量好的优点，但占地面积较大，受大气状态的影响也较大，有时因空气湿度大而干燥时间拖长使谷物霉烂。该机适于要求降水幅度小和气候干燥的地区，低温干燥机的结构形式有以下几种。

（1）地板通风式干燥仓　该机为圆仓或方仓式（图 1-20），仓的地板为多孔结构，地板下方为空气道，由风机吸入并吹出的常温空气或经少许加热的热空气穿过地板孔及谷层对谷物进行干燥，废气由上方通气孔排出，该机为干燥机与贮存仓通

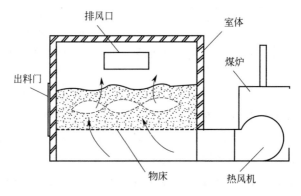

图 1-20　方形底板通风仓

用设备，干燥谷物时堆积的谷层为 1m 左右；贮藏谷物时可将其堆积到仓顶，并可根据谷物温度状况不定时地通风。

圆仓式低温干燥仓，其干燥的谷层厚度不可过大，一般仅为 0.5~1m，否则由于谷层过厚将使上下谷层的水分差太大，气流阻力也显著地增加。为了缓解这个问题，有的在仓内设有垂直自转并可移动位置的松粮搅龙，该搅龙将谷物从下方掘起并运至上方，起到上下翻动谷层的作用，同时也改善了谷层的透气性，减小了谷层阻力，采用这种措施的低温干燥仓，可将谷层增加到 2~3m，但该仓的机构增加了复杂程度，提高了成本。

（2）径向通风移动式干燥机　意大利 Agrex SPA 生产的 PRT250/ME 径向通风移动式干燥机用于水稻低温烘干。该机（图 1-21）由上料器、均料盘、外网筒、内网筒、换热器、燃油炉、热风管及其移动底盘灯辅助件组成。工作时由燃油炉换热成低温热风，经过热风管向圆筒仓体中心位置的热风室供给热风，热风径向穿过内外网筒间的谷层进行加热和干燥，废气穿过外网筒后散失在大气之中。该机为批量作业式，上料时先切

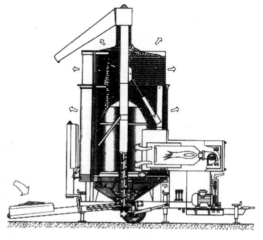

图 1-21　PRT250/ME 径向通风移动式干燥机

断风机的热源，并关闭通向热风管的闸阀，用螺旋输料器经输送管向仓内上料，待上料完毕后开始干燥。

径向通风干燥仓谷层厚度不宜过大，一般为 0.4~0.6m。该仓的直径 2~2.5m，但高度适中，一般 6m 左右。适于优质水稻批量干燥作业。

（3）斜床式干燥机　该机（图 1-22）为方仓式，一般由若干个并列的方仓组成，仓的底部为倾斜式通气孔板，下部为通风道。该机的地板倾角是根据略小于谷物自然堆角而确定（一般取其为 20°左右），作业时需注意使谷层表面的坡度角与

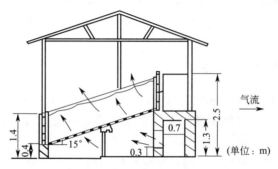

图 1-22　斜床式干燥机

地板角相一致，以保持谷层厚度相同。

3. 高低温组合干燥设备

为了吸取高温和低温干燥两方面的优点，同时又避免或者减少这两方面的不足，国内外提倡一种高低温组合式干燥。这种干燥工艺首先用高温干燥先去掉谷物中的较高水分（20%～30%），然后转入低温干燥将谷物干燥到底（水分降至14%）。这样既达到了快速干燥目的，同时又减轻了能耗大的不足，同时也保证了谷物干燥质量。如图 1-23 所示，高低温组合干燥机由分粮段、预热段、两级高温顺流干燥段和缓苏段组成，这种干燥方法及设备在加拿大应用较多，但其设备投资较大，目前我国在高湿水稻和玉米的烘干方面应用较广范。

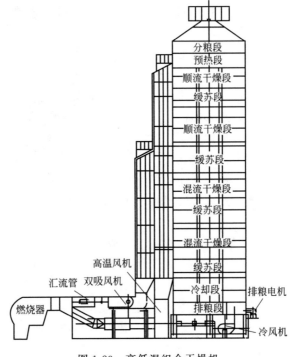

图 1-23　高低温组合干燥机

（二）辐射式干燥设备

辐射干燥技术是指辐射源的射线（如红外线等）将其电磁能量传给与辐射源没有直接接触的谷物，使谷物中的水分子运动加剧，升温蒸发，以达到谷物干燥的目的。

利用可见光和不可见光的光波传递能量使谷物升温干燥的设备称为辐射式谷物干燥机。这种干燥机目前有：太阳能干燥机、远红外干燥机、高频与微波干燥机。

1. 太阳能干燥机

太阳能干燥技术是指利用太阳能干燥器对物质进行干燥的作业。与自然晾晒相比，其具有干燥时间短、效果好、品质优良等优点，并可避免自然晾晒造成的物料污染和变质。

太阳能干燥的原理是：利用太阳热能使待干燥物料中的水分汽化，并扩散到空气中，从而使物料得到干燥。干燥农产品时，使太阳光直接照射待干燥物料，直接利用太阳能或者太阳能空气集热器所加热的空气进行热传导，使待干燥物料获得热量，内部水分通过物料表面，扩散到热气流中。

因为太阳能干燥的温度一般在 60℃ 以下，不会破坏食品的营养价值，因此比较适合农副产品的干燥。关于太阳能干燥技术的试验研究，早在 20 世纪 50 年代就开始了，但大量研究则是在 20 世纪 70 年代世界能源危机发生后进行的。目前，有70 多个国家都在研究太阳能利用问题。

该机利用太阳能集热器（平板式及弧面集交式）将太阳辐射的热量转换给空气，并将热空气引入低温干燥机进行通风干燥，其典型配置和工作过程如图 1-24所示。

太阳能干燥机为了白天蓄热以备晚间之用，一般其基础都采用蓄热量大的石块筑成，基础内部设通风道。有的太阳能干燥机还设有辅助供热炉，以备阴天时或特殊情况下使用。

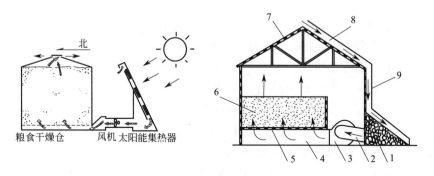

图 1-24　太阳能干燥机

1—蓄热石料；2—热风管；3—风机；4—通风室；5—通风板；
6—谷物；7—屋顶；8—吸热板；9—透光板

太阳能干燥机具有节能、生产运行成本低和干燥质量好的优点，优势明显，但其固定资产投入较大，占地面积也较大，推广应用的速度不快。太阳能干燥机主要有以下几个优势。

（1）节省生产投资，降低运行成本　如总投资为 120 万元，其中车间建设成本约为 100 万元，设备投资 20 万元，较同规模循环干燥机投资可节省 100 多万元，而且运行成本亦可节约 20 多万元。

（2）效率明显，操作方便　太阳能干燥机，结构简单，操作方便，只要有太阳即可使用，而粮食在干燥过程中升温平稳缓和，爆腰增加量几乎为零；而循环烘干机由于受热突然、温升快，粮食爆腰增加量达 5%～10%。同样白天 12h，循环烘干机只能干燥出 100t 稻谷，而逆流太阳能干燥机干燥出了 300t 稻谷，效能是循环烘干机的 3 倍以上。

（3）干净卫生，绿色环保　循环烘干机使用的燃料为煤或油，燃烧后用有毒烟道气直接作用于稻谷不卫生；而太阳能干燥机使用的是自然界的洁净空气，符合食品安全法的要求，也符合节能减排、绿色环保的理念。

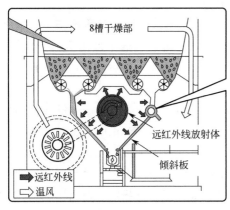

图 1-25　远红外干燥段

2. 远红外干燥机

远红外干燥机是由发射器发出的波长为 5.6～1000μm 的远红外不可见光波对谷物进行照射，使谷物的水分子产生剧烈的振动而升温，从而达到干燥目的的设备。干燥中谷粒的内部和表面同时升温，谷粒水分散发时其内部水分与温度均高于谷粒表面，因而形成这两种梯度具有同向性，促使谷粒水分迅速蒸发，有利于谷物迅速干燥。这是红外干燥的突出特点。由于水分在远红外线区有较宽的吸收带，故可利用远红外线来干燥谷物，远红外干燥段如图 1-25 所示。

远红外干燥机特点如下。

（1）温度升高迅速　红外线有一定的穿透能力（进热深度约等于波长），当谷物被红外线照射时，其表面及内部同时加热，此时，处于谷物表面的水分不断蒸发吸热，表面温度降低，使谷物内部温度比表面温度高，因而造成谷物的热扩散方向由内往外。另外，谷物在干燥过程中，水分的扩散方向总是由内向外的，因此，当谷物接受红外线辐射时，谷物内部水分的湿扩散与热扩散的方向一致加速了水分的汽化，提高了干燥速度。

（2）缩短干燥时间　图 1-26 为在相同的空气温度条件下，用红外线辐射干燥的谷物与

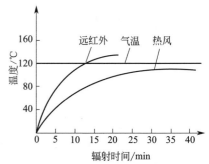

图 1-26　玉米加热升温曲线

用热风干燥的谷物对比图。由图 1-26 可知，用红外线辐射的谷物比用热风干燥的谷物要快。图 1-27 是电功率相同的三种热源对谷物干燥效果的比较。根据实验，

在相同条件下，用碳化硅远红外线加热器干燥物料比一般金属加热器缩短 30%～40% 的干燥时间。

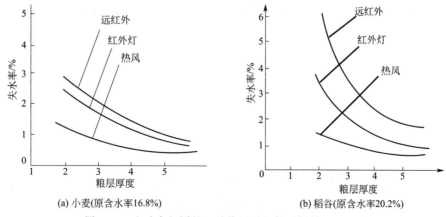

(a) 小麦(原含水率16.8%)　(b) 稻谷(原含水率20.2%)

图 1-27　电功率相同的三种热源对谷物干燥效果的比较

3. 高频与微波干燥机

高频干燥机（图 1-28）及微波干燥机工作原理基本相同，只是两者所用的电磁波的频率不同而已。它们的原理都是利用频率为几兆赫兹高频电场或几亿赫兹的微波电场所产生的电磁波对谷物进行照射，高频电磁波或微波电磁波使谷粒中的水分子产生快速极性变换从而产生热效应，使谷粒水分发散以达到干燥的目的。这类干燥机都有干燥速度快和干燥质量好的优点，但由于以电能为热源其干燥成本较高，目前在农业物料的干燥中尚应用甚少。

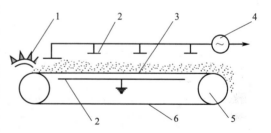

图 1-28　带式高频干燥装置

1—进料斗；2—电极；3—谷物；
4—高频发生器；5—转动轮；6—传送带

（三）导热式干燥技术及设备

这种干燥机是靠导热进行热交换的，在谷物干燥中应用甚少，在工业产品的纸张和布匹干燥中应用较多。

图 1-29 为一典型干燥纸张用的导热式干燥机，该机由一对蒸汽供热的滚筒（内通蒸汽）及上、下输送带等组成。薄层物料由上输送带送至一对轧辊的间隙中，轧辊旋转中将物料轧制成型并逐步进行干燥，干后的物料由下输送带运走。

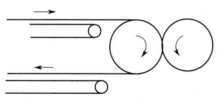

图 1-29　导热式干燥机

（四）固体介质加热干燥机

固体介质加热干燥机使用循环热沙为固体加热介质，被干燥的物料通过料斗进入滚筒的内筒体，与通过内、外筒体夹层中被加热的固体介质混合；固体介质把热传导给物料，物料吸热使水分蒸发，水汽排出滚筒外，并通过抄板和滚筒斜度的作用，把物料从滚筒的入口端送向出口端；经过孔筛使物料与介质分离，物料排出机外，而固体介质自动进入加热区，循环加热。该机可实现连续生产，可用于雨季抢收高湿稻谷。

（五）干燥机效能比较

本节对谷物干燥机按换热方式分类的几种干燥机即以热空气加热干燥机、电炉加热干燥机、红外线加热干燥机、高频加热干燥机、微波加热干燥机进行了性能比较，见表1-3。从表1-3可看出，热能利用率、加热均匀性的好坏，产品率的高低等方面最好的是微波加热干燥，其次是高频加热干燥，最差的是电炉加热干燥和热空气加热干燥。但从固定投资和生产费用来看，则以电炉加热干燥和热空气干燥最低，微波加热干燥和高频加热干燥为最高，远红外加热干燥为中等。因此，要根据具体情况和要求，去选择适用的干燥机。

表 1-3　几种类型干燥机效果比较

项目名称	微波加热干燥	高频加热干燥	红外线加热干燥	电炉加热干燥	热空气加热干燥
电热转换效率	中等	中等	较高	高	
热能利用率	很高	较高	较低	低	低
加热区域及均匀性	内部,均匀	内部,均匀	表面,不均匀	表面,不均匀	表面,不均匀
加热时间	极短	较短	中等	较长	较长
控制性能	好	好	中等	较差	较差
选择性加热	有	有	无	无	无
产品质量问题	防止过热	需防止过热	表面易焦	易焦	易焦
产品率	很高	较高	中等	较低	较低
固定投资	高	高	较高	中等	低
生产费用	高	高	较高	中等	低
公害	微量辐射	高频强场	环境高温	环境高温	高温、烟尘

二、按作业方式分类

谷物干燥机按作业方式可分为：批量干燥机、连续干燥机及循环干燥机三种，各种干燥机的结构有如下几种。

（一）批量作业式

现以低温干燥仓（图1-30）为例来说明它的不同作业方式。因为谷物干燥是从最低的谷层开始逐步向上发展的，干燥中形成了三种层次，即已达到平衡水分的已干燥层（称为已干燥层），其上方是正在干燥但还未达到平衡水分的谷层（正在干燥层），最上层的是保持原水分的谷层（未干燥层）。随着干燥时间的延续，这三个层次的位置逐步向上推移。对于使用者来说可根据自己的条件采用不同的方式进行作业。

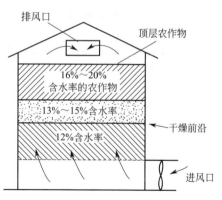

图 1-30　低温干燥仓干燥过程

（二）连续作业式

前边谈到的高温干燥机，一般都采用连续作业方式。连续作业不需要辅助上料和卸料的时间，生产有效时间利用率较高，干燥质量也比较稳定。我国粮食部门（粮库和粮油加工厂）和国营农场多采用这种方式作业。

（三）循环作业式

循环式干燥机目前有两种形式，即封闭循环式干燥机（简称循环式干燥机）和分流循环式干燥机（干、湿粮混合式干燥机），如图 1-31 和图 1-32 所示。

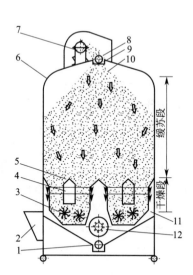

图 1-31　5HZ-5.0 循环式干燥机

1—下搅龙；2—喂入斗；3—吸风扇；

4—透气孔板；5—废气室；6—箱体；

7—斗式升运器；8—均分器；9—上搅龙；

10—粮食；11—热风室；12—排粮器

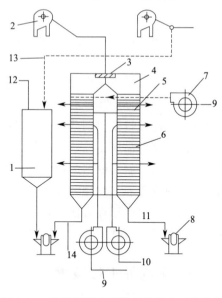

图 1-32　分流循环式干燥机的基本工艺流程

1—作业粮柜；2—循环粮食用的提升机；

3—盘式混料器；4—塔顶粮柜；5—中间冷却塔；

6—最终冷却塔；7—输送干燥介质用的热风机；

8—输送干粮用的提升机；9—从炉灶引出来的

干燥介质；10—外界空气；11—干粮；12—潮粮；

13—回粮；14—循环粮食

1. 封闭循环式干燥机

为了提高干燥谷物的降水幅度和缩小设备体积及重量，出现了封闭循环式干燥机，该机作业时将谷物先装满全机，然后把它封闭起来让谷物在机中进行循环流动和干燥，直到谷物水分达到要求时为止，然后将干粮放出。这种干燥机我国有定型产品，如图 1-31 所示。

该机除属封闭循环式干燥机外，上部还有一个较大容积的缓苏段。每一循环干燥的加热时间为 5～6min，而缓苏时间为 70～80min。说明该机每次干燥后的缓苏时间较长。由于这个缘故，该机干燥质量较好，谷物无爆腰现象，并有显著的节能效果。该机用 50～60℃热介质干燥，既可干燥种子又可干燥商品粮，该机容量为 5.0t，能在 8～10h 完成一批干燥作业，属于小型循环式干燥机。

2. 分流循环式干燥机

分流循环式干燥机实际是干、湿粮混合式干燥机。其工作过程如图 1-32 所示。该机由顶部两层缓苏段（起到一定的缓苏作用）、烘干段、缓苏段、冷却段、排粮段、热风机、冷风机及提升机等组成。

第四节　干燥机械新技术的应用研究

我国粮食干燥机械发展已有四五十年的历史，成熟机型较多，但是综合自动化技术含量低，粮食产品种类少，普遍耗能较高。节能减排是目前粮食干燥行业的发展目标。节能减排是贯彻落实科学发展观、构建社会主义和谐社会的重大举措。同时，干燥产品的品质是绿色生产的关键所在，以加工果蔬为代表的绿色农产品越来越受喜欢。其干制品的国内市场需求量较大，导致脱水果蔬加工产业发展较快。因此，一些热物理和光物理方面的技术逐渐被渗透到干燥领域。目前，在干燥机械新技术方面，主要的干燥方法有热风组合干燥、微波干燥、真空干燥、真空冷冻干燥及远红外干燥等新技术。

一、远红外干燥技术

红外线属于横波波向热射线，分为近、中、远红外线。红外辐射干燥技术的基本概念是利用红外发生器，对干燥物料辐射横向的红外线，使物料内的粒子、晶格分子和束缚电子等吸收电磁能量，从而促进粒子的快速运动与振荡。当物料中各粒子的固有振动频率与辐射源红外线的振频相一致的时候，物料中的粒子吸收的红外能量转化成粒子自身的动能，粒子的热度瞬间提高，从而进行红外干燥。红外线的归属依据国标划分红外波段，如图 1-33 所示。

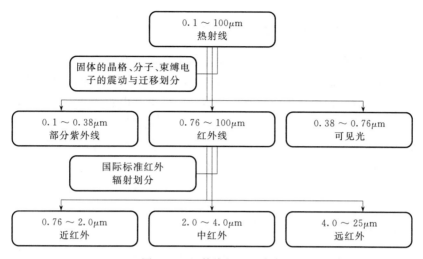

图 1-33 红外线归属和分类

远红外干燥是利用远红外辐射元件发出的远红外线被物料吸收直接转变成热能而达到加热干燥目的的一种干燥方法。在远红外辐射干燥的过程中，因为远红外线具有一定的穿透作用，可以直接在物料内部产生热量，再加上被干燥物料外表面因为水分的不断蒸发吸热，所以物料表面温度会有所降低，这样就造成了物料外部温度低于内部，形成了温度梯度，促使物料由内部向外部进行热扩散；同时，由于物料内部水分大于表面水分，水分的运动方向是由内部向外部的，这样就形成了湿度梯度，所以这与物料内部水分热扩散的方向是一致的，有利于水分扩散进程，从而加快干燥速率。谷物干燥所需的加热温度范围内，80%以上的总辐射能量正好集中在 2.5～15μm 的波长范围内。当湿物料吸收远红外线之后，由于共振而引起原子、分子的振动和转动，从而产生热量使物料温度升高。另外，远红外线具有较强的穿透能力，因此远红外加热实际上是对物料内部直接加热，大大减小了温度梯度对水分外移的阻碍作用，缩短了干燥时间。

二、高低温顺逆流组合干燥技术

高低温顺逆流干燥工艺是一种新发展的干燥工艺，适合干燥高水分的粮食，具有高温、快速、低能耗等优点，并可以使用高风温而不使粮温过高并配以逆流冷却，是一种理想的干燥机型。顺逆流粮食干燥机在进行顺流干燥作业时，干燥介质流向与粮食流向一致。逆流干燥时，干燥介质流向与粮食流向相反。干燥机根据降水要求又分为多个干燥段和 1 个冷却段。在干燥段，干燥介质（冷空气与烟道气进行热量交换）进入干燥机内部直接与粮食接触，在接触的整个过程，粮粒升温、水分减少；同时，热干燥介质温度降低、湿含量增加，变为废气被排出。将包含 1kg 干空气的湿气体中的水蒸气数量称为湿空气的湿含量。在冷却段，干燥介质向上运行，在向上运行的过程中吸收粮食的热量，干燥介质温度逐渐升高，由下层到上层粮食温度逐渐升高，避免了热粮的急剧冷却。

三、PLC自动控制应用技术

近年来，谷物种子干燥机和商品粮干燥机上普遍装有谷物自动水分计，由测定部和水分传感器等两部分组成。测定部是由单片机或 PLC 作为控制单元，可设置在主控制箱内，也可设置成独立的单元。水分传感器有电容式和电阻式两种，一般应用电容式的较多。自动水分计用来自动测定、显示干燥过程中谷物种子的水分。当谷物水分达到设定值时，自动停止干燥过程。电阻式水分传感器一般装在提升机下部，从提升机飞溅出来的谷粒落入传感器两滚轮之间，测出碾碎后的种子粉末的电阻值、信号送至微机控制单元，在数字显示屏上显示出谷物的水分。

四、利用太阳能干燥技术

太阳能是用之不竭的清洁能源。太阳能干燥朝两个方向发展：一是直接干燥，在太阳直接照射下，谷物吸收热量使水分蒸发，并由气流带走水分；二是间接干燥，用某种形式的集热器将太阳能转变为热能，加热空气送入干燥机。目前第一种方式用得较多。温室太阳能干燥装置综合了露天晾晒和机械干燥两方面的优点，能够真正地做到低温、慢速干燥，绝对不会因干燥温度过高、干燥速度过快而产生谷粒品质变坏、种子发芽率降低的缺陷，而且不污染环境，谷槽底板平整光滑，便于彻底清扫，不会有混种之虑。

五、微波干燥技术

微波干燥技术（microwave drying）的干燥原理是利用被干燥物料内部的水分对微波有吸收的特性，水分将吸收的微波能转化为加热蒸发所需的热能，内部水分蒸发变成蒸汽逸出。微波是一种电磁波，是频率从 300MHz～300GHz 的电磁波，其方向和大小随时间做周期性变化，是一种具有穿透特性的电磁波。它具有高频、波长短、频率高的特点。微波干燥与常规干燥导热机理的比较见图 1-34。微波的波段划分见表 1-4。

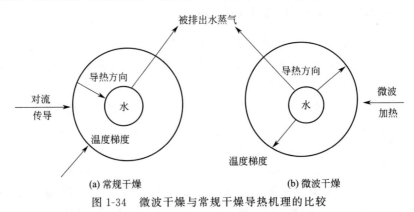

(a) 常规干燥　　　　　　　　　　(b) 微波干燥

图 1-34　微波干燥与常规干燥导热机理的比较

表 1-4　微波的波段划分

波段名称	波长范围	频率范围
分米波	1m~1dm	300MHz~3GHz
厘米波	1dm~1cm	3~30GHz
毫米波	1cm~1mm	30~300GHz
亚毫米波	1~0.1mm	300GHz~3THz

微波加热利用的是介质损耗原理。由于水是强烈吸收微波的物质，因而水的损耗因素比干物质大得多。在强大的微波场中，被加热物料中的水分会随着微波能的吸收而发生剧烈运动，因剧烈运动高速碰撞而产生大量的热能，供水分的蒸腾而所需的大量热能，使其温度迅速升高，水分得以排出。由于微波有穿透能力，所以无需传热介质，可以使物料内外同时加热，这样就保证了加热均匀，干燥速率快，热效率高，干制品品质优良，还使新鲜果蔬原有的营养成分得以保留。微波干燥还具有无污染的特点，这正符合国家绿色环保的政策。总结微波干燥具有几个特点：一是干燥速度快、时间短；二是加热均匀、产品质量高；三是节能高效、设备占地少；四是防霉、杀菌、保鲜；五是工艺先进，可连续生产；六是安全无害。由于微波能是控制在金属制成的加热室内和波管中工作的，所以，微波泄漏被有效地抑制，没有放射线危害及有害气体排放，不产生余热；既不污染食物，也不污染环境。近几年来，微波干燥被广泛用于果蔬和高附加值农产品的干燥生产中。微波设备也大量地被开发和使用，不仅在小型实验室中使用广泛，也逐渐进入大型工业化实际生产中。它也具有一定的缺点，那就是能耗大，生产成本偏高，设备价格偏贵，不宜用于企业和工业大规模生产。

微波干燥能量的输出过程可以通过开或关磁控管发生器的电源来实现，而加热强度可以通过控制输出功率的大小来实现。微波干燥虽然有很多优点，但是一次性投资和运行费用都比普通干燥方法高。虽然微波干燥使用的是非常便利的电能，但只有 50% 左右的电能会转化为电磁场。因此这种干燥技术目前只是应用于具有高附加值的产品，或者用普通干燥方式很长时间才能完成干燥的物料，或者利用微波干燥能获得普通干燥方式不能获得的产品品质（如颜色、味道及营养物质等）。为了降低微波干燥费用在整个干燥过程中的比例，现在微波主要用于提高干燥能力（迅速去除水分，不在物料内产生温度梯度），或者用于去除普通干燥方法很长时间才能去除最后几个百分点的水分的情形。很多研究表明不管在标准大气还是真空环境下，都可以将微波馈入到其他类型的干燥机中，例如在流化床、振动床或托盘干燥器中来提高干燥速度。所有这些技术都能显著地减少干燥时间，但由于一次性投资和操作费用非常大，遗憾的是，获得速度的提高不能补偿增加的费用。

由微波加热理论与时间表明，在单位体积物料内消耗的微波功率 P 与该处的电场强度 E 的二次方和微波频率 f 及物料介电特性参数 ε 成正比，其公式如下：

$$p = 2\prod f\varepsilon\tan\theta E^2 \tag{1-1}$$

式中，$\tan\theta$ 称为介质损耗角正切，是表征介质吸收微波能量本领的一个物理量。各类食品的 $\tan\theta$ 值均在 $0.001\sim0.6$。该数值越大，意味着吸收微波能的能力越强。对于 $\tan\theta$ 值小的物料，微波的辐射可以说是"透明的"，因为它吸收到辐射微波的能量极少。而像农产品等一般的物料，通常都会含有一定量的水分，其 $\tan\theta$ 值在 $0.15\sim0.20$ 范围内。因此，如果组成整个物料的各部分介电性质不同的话，微波对这种物料就表现出选择性加热的特点。例如农产品原料混合结构中存在不同的介质耗损成分时，它们的受热程度也将有所不同。

六、真空组合干燥技术

单一的真空干燥一般由三个主要部分组成，即干燥室、冷凝器和真空泵。往往单一真空干燥效率低，组合干燥形式弥补缺陷而彰显优势。如远红外真空干燥、真空微波等组合类型。远红外真空干燥是在真空环境下的一种远红外干燥方式，干燥过程中，干燥环境处于负压状态，此时物料的内压大于外压，这又形成了压力梯度，三种作用力梯度方向均是一致的，加速了物料水分外扩散的进行，物料内部的水分迁移到物料表面，由干空气带走，完成远红外真空脱水干燥。远红外真空干燥的主要优点有：干燥速度快，热效率高，能源损失小，最终干制品品质好等。由于远红外干燥与微波一样都是从物料内部加热，物料受热均匀，不会担心由于局部过热所引起的品质变坏等缺陷。物料在真空条件下干燥，物料中的水分在较低的温度下蒸发并汽化，避免因为加热温度过高，加热时间过长所引起干制品品质坏的缺点，与单独的远红外干燥相比，一方面加快了干燥速率，另一方面干制品品质也大大提高。远红外和真空两种干燥方式相结合，极大地促进了干燥进程，同时也符合绿色环保的要求，具有十分广阔的发展前景。

七、真空冷冻干燥

真空冷冻干燥（lyophilization）是先将鲜物料冻结到共晶点温度以下，使水分变成固态的冰，然后在适当的真空度下，使冰直接升华为水蒸气，再用真空系统中的水汽凝结器（捕集器）将水蒸气冷凝，从而获得干燥制品的技术。干燥过程是水的物态变化和移动的过程，这种变化和移动发生在低温低压下。因此真空冷冻干燥的基本原理就是在低温和低压下的传热传质，供给热量的过程是一个传热过程，排除蒸汽的过程是一个传质过程，因此，冷冻干燥是一个传热和传质同时进行的过程。干燥原理与真空脱水干燥技术有相同部分，不同的是物料的初始状态为冷冻状态，在高真空条件下，冷冻物料中的固态水直接升华为气态水，从而达到干燥的目的。冻干前物料需进行预冻处理，其冷冻温度要低于物料固有的共晶点温度以下，在高真空的环境下，对物料进行加热干燥，这种干燥方式尤其适用于热敏性高、挥发性高的物料干燥，能最大限度地保存物料内部的营养成分和组织结构。其缺点为操作繁琐，干燥效率低，干燥时间长，设备能耗大，成本高，不宜用于大规模生产。

八、其他先进的干燥技术

近几年来，在农产品加工干燥工艺与设备研究方面取得了阶段性成果。基于"各种干燥工艺理论"研制的系列谷物干燥机和系列卧式热风炉处于技术成熟阶段，在世界范围内广泛推广应用。目前，先进干燥技术围绕"节能减排"的主题，探讨先进干燥技术的基础理论及模型模拟、节能减排等技术，研究组合节能技术用于物料干燥环节，充分开发与利用先进太阳能和热泵干燥技术，将废弃或低值热量转化成高能热源，并循环利用，达到节本增效的目的。先进的干燥技术和耗能标准对比如表 1-5 所示。

表 1-5　典型先进干燥技术和耗能标准对比

先进的干燥技术	耗能标准	先进的干燥技术	耗能标准
1 加压过热蒸汽流化床干燥器(丹麦 Niro A/S)	$130\sim190kW \cdot h/tH_2O$	7 冲击波干燥	$350\sim460kW \cdot h/tH_2O$
2 普通空气干燥器	大于 $800kW \cdot h/tH_2O$	8 真空射流干燥系统	
3 对撞流干燥	$120kW \cdot h/tH_2O$	9 接触吸附干燥	—
4 脉动流化床干燥	$200kW \cdot h/tH_2O$	10 声波干燥	—
5 无空气干燥	—	11 脉冲燃烧干燥	—
6 流动床干燥	—	12 热泵干燥	$490kW \cdot h/tH_2O$
		13 惰性粒子流化床干燥	

第二章

典型农产品的特性分析

谷物是稻谷、小麦、大麦、玉米、高粱、小米等的通称，是人类粮食与畜禽饲料的主要来源。我国谷物总产量中，以稻谷居首位，小麦、玉米次之。因此稻谷、小麦、玉米三种谷物是本书的主要干燥对象。

本章主要从干燥角度对谷物的有关生理特性、热物理特性、空气动力特性、物理机械性质以及热湿应力特性等作简要的介绍。这些特性对于设计谷物干燥机有密切关系。

第一节 谷物的生理特性

谷粒结构因种类不同而各异，就总体来说都是由种皮、胚乳、幼芽和生长点等所组成，此外有壳的种子如水稻还有谷壳。谷壳对米粒起着保护作用，与其他谷物相比可以少受一些霉菌侵袭，使存放更容易。但谷壳对于谷物干燥降水又起着阻碍作用，所以谷物干燥较其他谷物更难、更复杂。下面是小麦、玉米、稻谷三种谷物的具体剖面图，见图 2-1。谷物由外壳（或外皮）、内细胞膜、胚胎、胚乳等部分构成。外壳与内细胞膜实际上是一种多层细胞膜，其间有无数毛细管和微孔隙，空

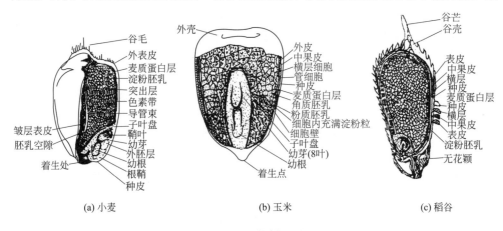

(a) 小麦　　　　　　　(b) 玉米　　　　　　　(c) 稻谷

图 2-1　谷物剖面图

气、水分、蒸汽可以通过它们从大气进入内部，或从内部逐出。多层细胞膜包括表皮及中果皮，中果皮之内还有一层保护膜，原生质蛋白层即在此保护膜内，构成内部水分外移或吸收外部水分的通道。

谷物干燥过程中，谷物外壳不一定是排除水分的障碍。只要处理适当，水蒸气便很容易排出；如果处理不当，孔眼、孔隙、毛细管便会堵塞水分难以排出。

水分在谷物内各部的移动决定于种谷内部特性、原蛋白质蛋白层及外壳的渗透性以及这些层次的碎裂程度等。

谷物作为有生命的、活的有机体，水分和空气是任何活的有机体生活的必要条件。谷物要活下去，离不开水分和空气。谷物种子的干燥，就必须在安全的干燥介质温度及适当的干燥时间下进行，以免破坏谷物的胚胎、胚乳、原生点等部分的细胞，才能保证各种谷物有高的发芽率。另外，谷物是以呼吸作为维持生命的方式，呼吸时要吸氧和发生化学反应，由于环境供氧条件的不同，呼吸分有氧呼吸及缺氧呼吸。有氧呼吸时，产生 $CO_2 + H_2O +$ 热；缺氧呼吸时则产生酒精、CO_2、乳酸、醋酸和热。两种呼吸都产生热量，呼吸愈强则产生的热量愈多，谷物则愈易于发霉变质。谷物中一般都含有大量的细菌、霉菌和昆虫，谷物温度升高和水分适度时，这些细菌、霉菌和昆虫都要活动和繁殖，而繁殖亦有热量和水产生，这就更加剧了谷物的霉烂。因此贮存谷物既要保持它的生命力又要控制它的呼吸强度，控制办法是降低其含水量和维持低温贮藏。胚胎是种谷的重要部分，都是一些活的细胞，对热很敏感。若过热或温度过高，这些活细胞便致死。所以干燥种子谷物时，要特别注意温度。一般认为 43.3℃ 的谷物温度，不会使胚胎致死，胚胎活着时，仍然有呼吸、吸收水分和排出水分作用。胚乳占据着除谷粒壳体、胚胎以外的整个体积，即它占有大部分的谷粒体积，其成分主要是淀粉和原生质，包在薄细胞膜之内。胚乳部分不是活细胞，而是一种贮存营养物质的仓库性质的细胞。胚乳是谷粒的胚胎发育、发芽时所必需的营养物质。试验表明，谷物在低温贮藏（0~5℃）则呼吸基本无察觉，含水量为 13%～14% 时在过夏的温度条件（20~30℃）也不发烧。因此，在贮藏之前一定把它降到安全水分（14%）。

第二节 谷物的热物理特性

谷物的热物理特性的主要参数是：比热容、热导率、导温系数以及谷温的受热允许温度。这些热性能参数在设计谷物干燥机时都是必须考虑的参数。现对这些参数作进一步的说明。

一、谷物的比热容

谷物升高 1℃ 所需要的热量，称为谷物的热容量，单位是 kcal/℃。

1kg 谷物升温 1℃所需要的热量，称为谷物的比热容，单位是 kcal/(kg・℃)，以符号 C 表示。

若假设具有一定含水率的谷物是由绝干物质和水分机械混合组成的，则对于这种具有一定含水率的谷物，其比热容 C 可近似地按照谷物绝干物质的热量加上所含水分的热量去计算。下面是谷物的比热容计算公式：

$$C=[C_g(100-M_s)+M_s]/100 \qquad (2-1)$$

式中　C——谷物的比热容；

　　　C_g——谷物干燥质比热容，因谷物种类而异，一般取 $C_g=0.37$kcal/(kg・℃)；

　　　M_s——谷物水分（湿基）。

将 $C_g=0.37$kcal/(kg・℃) 代入公式(2-1) 得：

$$C=[0.37(100-M_s)+M_s]/100=0.37+0.0063M_s \text{kcal/(kg・℃)} \qquad (2-2)$$

式(2-1) 表明谷物的比热容与谷物含水率是呈线性关系的。但根据实际试验测定，当谷物含水率超过 8%以上时，谷物比热容与含水率才接近线性关系；谷物比热容实测数据比计算式计算值常有偏大或偏小 [约 0.05kcal/(kg・℃)] 情况。

【例 2-1】　试求含水率为 15%、25%的谷物的比热容。

解　(1) 含水率为 15%

$$\begin{aligned} C &=[0.37(100-M_s)+M_s]/100=0.37+0.0063M_s \\ &=0.37+0.0063\times15 \\ &=0.4645[\text{kcal/(kg・℃)}] \end{aligned}$$

(2) 含水率为 25%

$$\begin{aligned} C &=[0.37(100-M_s)+M_s]/100=0.37+0.0063M_s \\ &=0.37+0.0063\times25 \\ &=0.5275[\text{kcal/(kg・℃)}] \end{aligned}$$

二、谷物热导率和导温系数

(1) 谷物导热性和热导率　谷物传导热量的能力称为谷物的导热性通常用谷物的热导率来表示。谷物是不良导体，其导热性能较差。其热导率为 1m 厚的谷层在谷层两侧温差为 1℃时，每小时每平方米断面传递的热量 [kJ/(m・℃・h)]，以 λ 表示。

谷粒的热导率高于谷堆的 3~5 倍。

谷堆的 $\lambda=0.38\sim0.79$kJ/(m・℃・h)；

水的 $\lambda=2.386$kJ/(m・℃・h)；

空气的 $\lambda=0.116$kJ/(m・℃・h)。

可见湿谷物的热导率高于干谷物。

(2) 谷物导温性和导温系数　前面介绍的谷物热导率标志着它传导热量的能

力，谷物导温性标志着谷物加热或冷却过程的温度变化速率，即谷物受热后单位时间温度传递的面积范围，常以 α 表示，单位为 m^2/h。

谷物导温系数随热导率增加而增加，但与谷物的比热容、容重成反比，其表达式为：

$$\alpha \leqslant \frac{\lambda}{C\gamma} \tag{2-3}$$

式中　λ——热导率，$kJ/(m \cdot ℃ \cdot h)$；

　　　α——导温系数，m^2/h；

　　　C——谷物比热容，$kJ/(kg \cdot ℃)$；

　　　γ——谷物容重，kg/m^3。

三、谷物的允许受热温度

谷物在干燥过程中，温度、水分、时间综合作用于谷物。只有了解了谷物的特性，才能合理选择干燥条件。物料在干燥过程中，除了脱水之外，还伴随着发生物理和化学性质变化，若物料温度掌握不适当，可能导致变质，粮食作为种子要保持其发芽能力，又要杀灭虫害，其粮温以 43℃ 为限，商品粮不超过 50℃。苏联学者普齐茨 1966 年曾提出一个谷物在干燥过程中的受热允许温度 T 的计算公式：

$$T = \frac{2350}{0.37(100-M_s)+M_s} + 20 - \lg\tau \tag{2-4}$$

式中　T——允许受热温度，℃；

　　　M_s——物料初始水分，以百分数表示；

　　　τ——受热时间，min。

由式(2-4) 计算出常用数值，见表 2-1。

表 2-1　谷物允许受热温度　　　　　　单位：℃

干燥时间 /min	谷物初始水分/%				
	15%	17%	20%	25%	30%
5	69.9	68.6	66.7	63.9	61.3
10	69.6	68.3	66.4	63.5	61.1
15	69.4	68.1	66.2	63.4	60.9
20	69.3	68.0	66.1	63.2	60.7
25	69.2	67.9	66.0	63.1	60.6
30	69.1	67.8	65.9	63.1	60.6
40	69.0	67.6	65.8	63.0	60.4
50	68.9	67.6	65.7	62.9	60.3
60	68.8	67.5	65.6	62.8	60.3

从表 2-1 中可以看出，谷物的允许受热温度与谷物的初始水分有密切关系，高水分的谷物对热的敏感性越高（蛋白质发生变性的相应温度越低），其安全温度就低些。

第三节 谷物的空气动力特性

谷物干燥过程是谷物与空气（或热气）对流的加热、脱水过程，因此谷物的空气动力特性是值得重视的。下面介绍几个与谷物干燥有关的空气动力特性以及谷物层的空气阻力等。

一、谷物的比表面积

谷物的比表面积是指每1kg谷物所具有的表面积与容积的比值。谷物干燥时，谷物比表面积是一个重要的参数，这参数关系到谷物与空气接触面积的指标。比表面积大的谷物由于与空气接触的机会较大，因而干燥时间短，干燥速率快。

谷物比表面积与谷物粒子大小有关，粒子越大的谷物比表面积越小，粒子较小的谷物比表面积较大。

二、谷物的孔隙率、充实率

谷物的孔隙率是指谷粒之间的空间容积总和与谷物所占的总容积之比，以％表示。这是影响谷物之间的空气流动的重要因素，对谷物干燥有重要影响。谷物孔隙率也会影响谷物容积和容重。

谷物的孔隙率与谷物的形状、粒子大小以及表面粗糙状况等有关。一般来说，谷物的孔隙率越大，谷物颗粒实际所占的容积将越小，因而谷物的容重越小。

表2-2是各种谷物的容重、孔隙率及谷物充实率数值。其中，谷物容重是在自然状态下每立方米谷物（或每升谷物）所具有的重量（公斤或克）。谷物充实率是谷物各颗粒的容积（不包括孔隙）与谷物占有的容积（包括孔隙）的比值，通常以％表示，一般小于100％。谷物的孔隙率与充实率两值之和等于100％。若已知谷物的充实率及谷物重度（ρ_ω），则谷物的容重γ可以用下式计算：

$$\gamma = \rho_\omega \frac{\pi}{100} \tag{2-5}$$

式中　γ——谷粒的容重，kg/m³；

　　　π——谷物的充实率，％。

表 2-2　部分谷物的容重、孔隙率及充实率

谷物	容重/(kg/m³)	孔隙率/％	充实率/％
小麦	730～850	35～45	55～65
稻谷	470～550	50～65	35～50
玉米	600～850	35～55	45～65
大麦	480～680	45～55	45～55

三、谷物临界风速

谷物临界风速亦称吹动风速或悬浮风速。在一垂直的管道中，谷物在一定的风速下被吹起、悬浮着不落下，此时的风速称为临界风速。

谷物的临界风速与谷物粒子大小和重度有关，一般来说大粒的谷物（如玉米或大豆）的临界风速有较大值 16～17m/s；中等颗粒谷物（如小麦、大麦、稻谷、糙米等）的临界风速在 8～12m/s；而小颗粒谷物（如草籽、小米）的临界风速只有 0.5～3m/s，一些杂质的临界风速为 4～6m/s。

各种谷物的临界风速可参见表 2-6。

谷物的临界风速对于谷物干燥机及气动运输设备的设计是很重要的参数，例如，干燥箱的出口风速不能大于干燥谷物的临界风速，否则便会将谷物从干燥箱中带走而引起损失。

谷物的迎风阻力 R 可按物体的迎风阻力计算式计算：

$$R = K \frac{\rho}{g} F \mu_{\mathrm{j}}^2 \qquad (2\text{-}6)$$

式中　K——物体的迎风阻力系数；

　　　ρ——空气密度，kg/m^3；

　　　g——重力加速度，N/kg；

　　　F——迎风面积，m^2；

　　　μ_{j}——空气对于物体的相对速率，m/s。

当谷物在某一定的风速悬浮不落下时，则谷物的迎风阻力等于它自身重量，这时的风速就是临界风速。可以认为，当谷物重量 G 等于 R 时，即 $G = K \dfrac{\rho}{g} F \mu_{\mathrm{j}}^2$，可以计算出谷物的临界风速 μ_{j}(m/s) 如下：

$$\mu_{\mathrm{j}} = \sqrt{\frac{Gg}{KF\rho}} \qquad (2\text{-}7)$$

四、谷层的气流阻力

谷层的气流阻力是在粮食干燥机设计中必须进行计算的项目。这方面的经验公式多，现将常用的静态厚层阻力计算公式和动态谷层气流阻力部分计算公式及修正系数介绍如下。

（一）静态谷层气流阻力计算公式

1. 厚层谷物气流阻力计算公式之一

$$\Delta h = 9.8 A l_{\mathrm{g}} \mu^n \qquad (2\text{-}8)$$

式中　Δh——谷层气流阻力，Pa；

　　　l_g——谷层厚度，mm；

　　　μ——通过谷层的平均风速，m/s；

　　A 与 n——与谷层充实度及谷粒大小有关的系数，见表2-3。

2. 厚层谷物气流阻力计算公式之二

$$\Delta h' = 9.8(al'_g\mu + bl'_g\mu^2) \tag{2-9}$$

式中　$\Delta h'$——气流阻力，Pa；

　　　μ——通过谷层的平均风速，m/s；

　　　l'_g——谷层厚度，m；

　　a 与 b——与谷粒大小、含水率有关的系数，见表2-4。

表 2-3　谷物层的气流阻力

作物名称	系数 A	系数 n	谷物层 10mm 厚，在下列风速下的气流阻力/Pa					
			0.1m/s	0.2m/s	0.3m/s	0.4m/s	0.5m/s	0.6m/s
稻谷	1.76	1.41	6.8	18.1	32.2	48.4	66.2	176
小麦	1.41	1.43	5.2	14.1	25.3	38.1	52.3	141
玉米	0.67	1.55	1.9	5.5	10.4	16.2	22.8	30

注：本表为计算10mm厚的各种谷层厚度的气流阻力。

表 2-4　谷物的 a、b 值及其他参数

作物	a	b	散堆参数		
			千粒重/g	充实系数	含水率/%
小麦	231	1446	28	1.05	15
玉米	50	859	250	1.05	16

（二）动态谷层气流阻力（$\Delta h'$）计算

1. 玉米、水稻动态谷层气流阻力（$\Delta h'$）的计算

因谷层气流阻力除与风速、谷层厚度及粮食流动速度有关外，还受水分的影响较大，下面分别列出不同水分时的回归方程。

（1）玉米的回归方程

① 水分 14%

$$\Delta h' = -184.9 + 1137.0\mu_1 - 14620.5\mu_2 - 66.1l'_g - 1613.5\mu_1^2 + 3776000\mu_2^2 \tag{2-10}$$
$$-653.2l'^2_g - 16000.8\mu_1\mu_2 + 5734.1\mu_1l'_g - 78392.2\mu_2l'_g(\text{Pa})$$

② 水分 19%

$$\Delta h' = 398.7 - 2796.0\mu_1 + 46884.2\mu_2 - 227.0l'_g + 3822.6\mu_1^2 - 9920000\mu_2^2 \tag{2-11}$$
$$-67.8l'^2_g + 40535.4\mu_1\mu_2 + 3015.9\mu_1l'_g + 4266.2\mu_2l'_g(\text{Pa})$$

③ 水分 28%

$$\Delta h' = 442.6 - 4112.4\mu_1 + 225278.7\mu_2 - 475.0l'_g + 5209.4\mu_1^2 - 43904000\mu_2^2 \quad (2\text{-}12)$$
$$+ 123.3l'^2_g + 126406.3\mu_1\mu_2 + 2831.5\mu_1l'_g - 23731.0\mu_2l'_g (\text{Pa})$$

（2）水稻的回归方程

① 水分 14%

$$\Delta h' = 314.4 - 2613.6\mu_1 + 141057.7\mu_2 - 526.3l'_g + 3493.3\mu_1^2 - 26496000\mu_2^2 \quad (2\text{-}13)$$
$$+ 93.3l'^2_g + 34666.7\mu_1\mu_2 + 5302.2\mu_1l'_g + 4266.7\mu_2l'_g (\text{Pa})$$

② 水分 17%

$$\Delta h' = 275.1 - 2129.4\mu_1 + 84650.6\mu_2 - 564.3l'_g + 2502.0\mu_1^2 - 15936000\mu_2^2 \quad (2\text{-}14)$$
$$+ 123.3l'^2_g + 81066.7\mu_1\mu_2 - 5628.9\mu_1l'_g - 39733.3\mu_2l'_g (\text{Pa})$$

③ 水分 23%

$$\Delta h' = 341.7 - 2045.8\mu_1 + 8377.7\mu_2 - 336.6l'_g + 2106.7\mu_1^2 - 6464000\mu_2^2 \quad (2\text{-}15)$$
$$- 91.1l'^2_g + 146133.3\mu_1\mu_2 + 5417.8\mu_1l'_g - 56000\mu_2l'_g (\text{Pa})$$

以上各方程中：μ_1——通过谷层的平均风速，m/s；

μ_2——粮食流动速度，m/s；

l'_g——谷层厚度，m。

2. 气流阻力系数 a 和 b 修正

将静态厚层谷物气流阻力计算公式应用于顺、逆流动态计算时的系数 a 和 b 修正。修正后的系数 a' 和 b' 根据各水分段的不同其结果如表 2-5 所示。

表 2-5　公式 $\Delta h' = 9.8(al'_g\mu + bl'_g\mu^2)$ 的动态计算修正系数 a'、b' 值

作物	水分%	a'	b'
小麦	13.2	269	716
	18.2	146	379
	24.2	93	336
玉米	14	238	356
	19	75	416
	28	42	396
水稻	14	311	344
	17	282	357
	23	283	303

第四节　谷物的物理机械性质

谷物的物理机械性质对于谷物干燥、清选及运输设备的设计有密切关系。在谷物干燥箱尺寸设计、多孔板设计以及谷物运输清选设计中，谷物粒子尺寸、充实率、孔隙率、重度等参数都是重要的设计参数。在谷物贮存、散堆、清选、谷物自

流干燥等过程中，谷物的休止角、与其他材料的摩擦因数也是必须掌握的参数，下面简要介绍谷物的主要物理机械性质参数。

一、谷物粒子大小

各种谷物粒子大小尺寸如表 2-6 所示，一般以最大尺寸为长度、最小尺寸为厚度。

二、松散性及自然休止角

谷物在水平面堆放时由于谷物粒子之间有自由移散并错开位置现象称为松散性。

谷物松散性的基本指标是休止角。谷物在水平面堆放时由于谷物自身的松散性而形成锥状谷堆，休止角是指锥面与水平面的夹角。各种谷物在含水率 15%～20% 时的休止角如表 2-7 所示。该表说明了各种作物种粒的休止角范围较大。一般来说，谷物的休止角是随谷物含水率的增加而增大的。

在干燥机设计时，可将谷物休止角设为 36°考虑；而使谷物自流的斜面或斜管的倾角，常取 15°～50°。

三、谷物的摩擦系数

表 2-7 列出了各种谷物与木材、铁、水泥板之间的摩擦系数。谷物的摩擦系数等于谷物沿倾斜木板、铁板、水泥板开始下滑时的倾角的正切值（$\tan\alpha$）。

对于设计谷物干燥、清选、运输等设备时，谷物摩擦系数可取 0.47。

四、谷物尺寸和机械物理特性

各种谷物的尺寸和机械物理特性参数如表 2-6 所示。

表 2-6　几种谷物的尺寸和机械物理特性参数

顺序	作物名称	种子尺寸/mm			临界风速/(m/s)	重度/(kg/m³)
		厚	宽	长		
1	小麦	1.5～3.8（3）	1.6～4.0（4）	4.2～8.6（7）	8.9～11.5	1.2～1.5
2	大麦	1.4～4.5	2.5～5.0	7.0～14.6	8.4～10.8	1.3～1.4
3	玉米	3.0～8.0（6）	5.0～11.0（8）	5.2～14.0（9）	10.0～17.0	1.0～1.35
4	稻谷	1.2～2.8（2.5）	2.4～4.3（3.5）	5.0～12.0（8）	8.0～9.5	1.1～1.2
5	大豆	4.0～7.0	4.5～8.0	5.0～10.5	9.0～15.5	1.05～1.3
6	糙米	1.5～2.0	1.9～3.1	5.4～7.5	11.3～12.6	

注：括号中的数值是较集中的数值。

表 2-7 几种谷物的休止角与各种材料的摩擦系数

谷物种类	休止角/(°)	静摩擦系数		
		钢板	木板	水泥地面
小麦	23~38 (30)	0.22~0.44 (0.414)	0.361~0.424	0.47~0.58
大麦	21~40(31)	0.22~0.44(0.326)	0.325~0.466	0.45~0.55
稻谷	(36)	0.40~0.50	0.40~0.45	0.45~0.69
玉米粒	30~40(37)	0.25~0.50(0.374)	0.287~0.384	0.30~0.60
大豆	24~32(30)	0.35~0.40	0.29~0.35	0.27~0.30

注：括号中的数值是较常用的数值。

第五节 典型谷物干燥条件分析

选择谷物干燥条件的基本根据是粮食的原始含水率、收获方式、成熟度及粮食的用途。粮食的原始含水率越大，它的热稳定性（即耐温性）越差；不完全成熟粮食的耐温性比成熟的差；干燥食用粮、饲料粮、种子粮所选择的干燥条件是不一样的。在进行干燥作用时，只有选择合适的干燥条件，才能保证干燥后粮食的品质。

一、玉米的干燥条件

玉米是难以干燥的粮食品种之一，其籽粒大，单位比表面积小，表皮结构紧密、光滑，不利于水分向外转移。特别是在高温干燥介质作用下，其表面水分急剧汽化，而表皮之下的水分不能及时转移出来，造成压力升高，致使表皮胀裂或使籽粒发胀变形。再者，干燥介质温度过高，遇到干燥机内有滞留粮时会造成粮粒焦煳，甚至出现火灾。当干燥介质温度超过150℃、玉米受热温度大于60℃时，玉米会产生大量爆腰，品质下降。顺流式或顺逆流组合式干燥机较适合干燥较高水分的玉米，尤其是当玉米含水率大于40％时，顺逆流组合干燥工艺更具有突出的优越性。

此外，当玉米原始含水率高于30％时，不宜直接脱粒，否则会产生大量的破粒粮，应采用机械通风或室式干燥；当玉米含水率低于30％，可以先脱粒再进行干燥。玉米种子应带穗干燥，当水分为18％时再进行脱粒。

二、大豆的干燥条件

大豆含有大量的蛋白质和脂肪，种皮坚硬，成为大豆干燥时水分转移的阻力。在高温干燥介质作用下，豆粉内水分受热后压力升高，当水分不能顺利转移时，表皮容易胀裂，在干燥过度时大豆粒会变成两半。另外，大豆籽粒发芽孔较大，不宜贮藏，入库标准水分为13％。

大豆干燥只能采用更软的干燥条件，用塔式干燥机进行干燥作业时，豆粒的受热温度为30~35℃，干燥介质温度80~90℃，干燥时间40~50min，干燥后大豆品质良好，不降低等级。采用两级干燥时，第 1 级干燥介质温度为 90℃，豆粒受热温度 25℃；第 2 级干燥介质温度为 80℃，豆粒受热温度 35℃，可保证大豆干燥后品质，且爆腰率低于 0.5%。在实践中，工业榨油用大豆采用干燥介质温度为 150℃，豆粒受热温度 55℃，爆腰率达 10%，虽然这种硬的干燥条件对大豆的出油率影响不大，但大豆的品质受到损害，建议不采用。较理想的豆类物料干燥工艺为：预热→干燥→缓苏→干燥→缓苏→冷却。

三、小麦的干燥条件

小麦干燥要保证其品质，而小麦干燥后的品质是以其面筋含量及面筋质量为检验指标的。不同品种的小麦所含面筋质量也不同，硬质小麦蛋白质含量高，面筋的比延伸性强，其表面密实，不容易干燥，干燥硬质小麦时其受热温度应控制在 50℃ 以下；软质小麦面筋的比延伸性差，其表面松散，易干燥，可用较强的干燥条件，其受热温度应控制在 60℃ 左右，干燥后小麦的面筋变强，并改善了小麦的品质。新收获小麦的热作用敏感，由于其含水率高，表皮还未达到完全成熟的硬度，上面的毛细管也少，不利于水分的汽化，受到高温作用，因表皮干燥而硬化，进一步阻碍水分向外转移，导致小麦品质恶化，因此新收获的小麦进行干燥时，其受热温度应控制在 40～50℃。目前，小麦商品粮干燥多用混流式干燥机进行作业，热风温度一般小于 100℃。

四、水稻的干燥条件

水稻籽粒由坚硬的外壳、米粒及稻糠组成，在干燥时其外壳起着阻碍籽粒内部水分向外转移的作用，这决定了水稻是一种较难干燥的物料，具有不同于其他谷物的干燥特性。同时，水稻又是一种热敏性物料，在干燥过程中由于籽粒内部水分梯度产生应力的原因，很容易产生爆腰。为降低水稻干燥爆腰率，主要采用以下措施：

① 采用干燥加缓苏干燥工艺。即在水稻干燥过程中增加缓苏工艺，使籽粒在缓苏过程中内部水分向外转移，降低水分梯度，从而减少爆腰率。日本循环式水稻干燥机干燥时间的比值为（4.5～5）:1；哈尔滨东宇农业工程机械有限公司设计的水稻干燥机，采用了顺流高温干燥+缓苏换向+混流中低温干燥+缓苏+冷却的复合干燥工艺，水稻爆腰率低于 3%。

② 采取较低的热风温度。为降低水稻爆腰率，热风温度应控制在 40℃ 以下。采用顺流加混流干燥工艺时，顺流干燥段热温度为 60～120℃（谷物接触高温热风时间不超过 15～20s），缓苏段稻谷受热温度不超过 43℃，混流干燥段热风温度不超过 50℃。

③ 限制稻谷的干燥速率。稻谷干燥过快或冷却过快均易产生爆腰，因此降水

率一般控制在不大于 1.5%/h。

④ 采用顺、混流干燥加缓苏的复合干燥工艺，是针对水稻干燥特点，经过研究、试验提出的新工艺。发挥顺流干燥工艺具有热风温度高、谷物升温快、干燥高水分水稻能力强、缓苏时间短、干燥后水分均匀的优势，发挥混流干燥工艺干燥能力强、风阻小、耗电量低、设备制造成本低的优势；避免顺流干燥工艺中，干燥低水分水稻能力低、设备成本高和混流干燥工艺缓苏时间长的弱点，将这两种干燥工艺优势互补，扬长避短。采用停止供风和停止谷物流动的方法，用简便的精密的温度计准确地测出顺流干燥工艺干燥床中各点谷物的温度值。测量方法简单，操作方便，数据可靠。深入细致的研究可影响顺流干燥工艺中最高粮温点的位置和最高粮温值的因素。得出结论：风温和风速对其位置和温度值影响最大；谷物流速仅影响最高粮温值的大小，对位置影响小。综合实验结果，最高粮温点位置距离进风口处在 8~16cm 范围内。缓苏是减少干燥过程中爆腰的重要手段。干燥水稻时，粮温保持在 38~42℃，缓苏干燥时间由传统的 4.5~5h 降到 2~2.5h，经生产验证对爆腰率影响较小，这一措施对于降低干燥机高度，减少干燥机制造成本影响重大。

第六节 典型谷物籽粒应力分析

影响谷物籽粒干燥后品质的一个重要指标就是裂纹率或爆腰率。玉米作为典型谷物籽粒尤为突出。据资料表明：干燥后玉米的裂纹率高达 98%，因而玉米的应力裂纹和爆腰等现象，严重地影响了干燥产品质量，有应力裂纹的玉米增加了昆虫和微生物侵入的可能，降低了种子的发芽率，增加了处理、储藏和加工期间产生爆裂的可能，应力裂纹和爆腰等现象的出现大大降低了玉米的品质。

干燥过程中复杂的传热传质现象，会引起玉米籽粒的膨胀或收缩，产生体积上的变化。由于玉米籽粒内部膨胀或收缩的不一致产生了内应力，当内应力超过玉米组织的结合强度时，就会产生应力裂纹和爆裂的现象。因而有必要对玉米籽粒应力裂纹的机理进行深入的分析和探讨。对分析不同干燥工艺对湿热应力的规律研究奠定基础。

一、玉米内部应力产生的原因

玉米颗粒在干燥过程中，内部的温度梯度和水分梯度引起应力的变化。应力产生变化就会引起玉米籽粒内部颗粒的拉伸或压缩，温度的升高和含水量的降低都会引起玉米籽粒内部颗粒的膨胀或收缩。由于玉米在干燥过程中温度和水分梯度的变化趋势相反，因而在玉米籽粒内部颗粒内会同时产生较为复杂的拉伸或收缩现象。这样就会在玉米籽粒内部不同的位置出现不同的应力，以致产生不同的应力分布。有限元分析的方法拓展到玉米干燥领域。Gustafson 等人用有限元分析方法求解了干燥过程中玉米颗粒内部的温度场和热应力的分布，其中假设玉米是一种弹性体，实验的结果表明：在加热干燥期间，最大拉应力位于粉质胚乳的中心，与实验观察的应力裂纹的位置相互吻合。

二、玉米籽粒三维实体模型的建立

从玉米籽粒的结构来看，它不是一种均质的物体，也不具有对称的性质。为了理论分析和计算方便起见，在本文中把玉米籽粒简化为整体均质且对称的物体，为受力分析方便起见，直接用 ANSYS 进行玉米籽粒的三维建模，如图 2-2 所示。

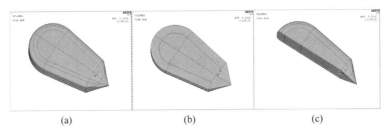

(a)   (b)   (c)

图 2-2　玉米籽粒三维实体模型

图 2-2(a) 表示的是玉米籽粒三维模型的外部整体，在分析时可以从外部直接观察到模拟分析的力学特性参数变化。图 2-2(b) 为横向剖视图，图 2-2(c) 则是纵向剖视图，可以在分析时观察到内部在模拟分析时力学特性参数的变化。

三、应力分析模型与参数

玉米籽粒内部主要由胚和胚乳两部分组成，胚和胚乳内部为连续的单元集合体，并且其内部不是均匀介质，但是由于技术原因，在本文中所建立的三维模型有一种物质组成，其内部是均匀介质，并假设在干燥开始时其内部应力为零，干燥的过程中不受到外力作用。干燥时受到的影响主要分为两个：温度的传递和水分子的扩散。温度的传递是由籽粒内部的温度梯度诱导产生的，水分子的扩散是由籽粒内部由于干燥的原因致使水分子的移动导致的。

同时，为了求解玉米籽粒内部颗粒在温度和水分梯度作用下所引起的应力，必须对弹性力学中有关应力的基本方程进行修正：

① 弹性模量与颗粒内部的温度和含水量均相关；

② 必须同时考虑受热时膨胀和干收缩所引起的应力。

1. 玉米籽粒的热应变和湿应变

由于温度的变化引起的颗粒的膨胀或收缩，导致颗粒内部的应变，称为热应变。如果取玉米颗粒内任一微长度 L_0，玉米颗粒的热线性膨胀系数为 α_0，则在该处产生的变形量（ΔL）为：

$$\Delta L = \alpha_0 L_0 \Delta T \tag{2-16}$$

式中，玉米颗粒的热线性膨胀系数 $\alpha_0 = \frac{1}{3}[C_1 + C_2 M / (1+M)]$，$C_1 = 2.52 \times 10^{-4} \, kJ/(kg \cdot ℃)$，$C_2 = 5.15 \times 10^{-4} \, kJ/(kg \cdot ℃)$；$\Delta T$ 为温度变化值。

所以玉米颗粒由温度梯度引起的应变：

$$\varepsilon_T = \frac{\Delta L}{L_0} = \frac{\alpha_0 L_0 \Delta_T}{L_0} = \alpha_0 \Delta T \tag{2-17}$$

所以，同理可得：玉米颗粒由湿度梯度引起的应变：

$$\varepsilon_M = \beta_0 \Delta M$$

式中，玉米颗粒的湿线性膨胀系数 $\beta_0 = [20.2 + 0.493(T-35)] \times 10^{-4}$；$T$ 为温度值。

玉米籽粒的热、湿线性膨胀系数分别与颗粒内部的温度、湿度有关。若材料的形变受到制约，不能够自由的膨胀收缩，则会产生应力。

2. 玉米籽粒的弹性模量

由于干燥过程中玉米籽粒的含水量下降和温度的变化，因而引起其力学特性的变化，弹性模量与颗粒的干燥时间及温度和含水量存在一定的函数关系，通常玉米角质胚乳的弹性模量可根据 Mohsenin 等的研究，确定弹性模量与颗粒的干燥时间及温度和湿含量存在一定的函数关系。通常把玉米的角质胚乳的弹性模量作为玉米颗粒的弹性模量进行分析。

$$E(t) = E_0 + \sum_{i=1}^{n} E_i \exp\left(\frac{-\xi}{\tau_i}\right) \tag{2-18}$$

式中，E 为弹性模量；ξ 为总折算时间。

其中 ξ 可表示为：

$$\xi = \frac{t}{\alpha} = \frac{t}{\alpha_T \alpha_M} \tag{2-19}$$

式中，t 为干燥时间；α 为时间-温度、水分总转换因子；α_M 为时间-水分转换因子；α_T 为时间-温度转换因子。

其中：α_T、α_M 可表示为：

$$\alpha_M(M) = \exp[-170(M - M_0)]$$

$$\alpha_T(T) = \exp[-0.02(T - T_0) - 6.67 \times 10^{-4}(T - T_0)]$$

式中，$M_0 = 0.13$（干基）和 $T_0 = 298K$ 分别为基准含水量和温度。

3. 基本方程与边界条件

（1）基本方程　根据弹性力学的理论知识，得到平曲坐标下的基本方程如下。

① 平衡微分方程：

$$\frac{\partial \sigma}{\partial x}+\frac{\partial \tau_{xy}}{\partial y}+X=0, \quad \frac{\partial \tau_{xy}}{\partial x}+\frac{\partial \sigma}{\partial y}+Y=0 \tag{2-20}$$

② 几何方程：

$$\varepsilon_x=\frac{\partial u}{\partial x}, \quad \varepsilon_y=\frac{\partial u}{\partial y}, \quad \gamma_{xy}=\frac{\partial u}{\partial y}+\frac{\partial u}{\partial x} \tag{2-21}$$

③ 应力应变方程：

$$\varepsilon_x=\frac{1}{E}(\sigma_x+\mu\sigma_y)+\varepsilon_T+\varepsilon_M$$

$$\varepsilon_y=\frac{1}{E}(\sigma_y+\mu\sigma_x)+\varepsilon_T+\varepsilon_M$$

$$\gamma_{xy}=\frac{\tau_{xy}}{G}=\frac{2(1+\mu)}{E}\tau_{xy} \tag{2-22}$$

式中，E 为杨氏弹性模量；G 为剪切弹性模量；X、Y 为体积力。

（2）边界条件

① 已知表面力的边界：

$$\overline{X}=\sigma_x\cos(n,x)+\tau_{xy}\cos(n,y)$$

$$\overline{Y}=\tau_{xy}\cos(n,x)+\sigma_{yy}\cos(n,y)$$

② 已知位移的边界：

$$\begin{cases} u(s)=\bar{u} \\ v(s)=\bar{v} \end{cases}$$

式中，u、v 为边界上给定的位移。

4. 应力和应变

采用玉米颗粒三维实体模型网格划分方法（如图 2-3 所示）。用有限元方法数值模拟计算应力，将初应变叠加在一般应变之上而成为总应变。因此与一般应变相比差别只是在本构方程。此时本构方程为：

$$\{\sigma\}=D(\{\varepsilon\}-\{\varepsilon_0\})=D\{\varepsilon\}-D\{\varepsilon_0\} \tag{2-23}$$

式中，$\{\varepsilon\}$ 为自由膨胀的总应变；$\{\varepsilon_0\}$ 为自由膨胀的初应变。

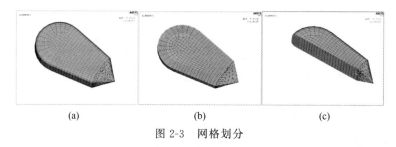

(a)   (b)   (c)

图 2-3　网格划分

采用玉米颗粒应力计算方法，对于三维坐标下，其温差载荷强度为：

$$\{\sigma_{\Delta T}\} = \boldsymbol{D}\{\varepsilon_0\} = \frac{E\alpha\Delta T}{1-2\mu}\begin{Bmatrix}1\\1\\1\\0\\0\\0\end{Bmatrix}$$

其湿度差载荷强度为：

$$\{\sigma_{\Delta M}\} = \boldsymbol{D}\{\varepsilon_0\} = \frac{E\beta\Delta T}{1-2\mu}\begin{Bmatrix}1\\1\\1\\0\\0\\0\end{Bmatrix}$$

玉米颗粒内部同时受到热应力和湿应力，考虑湿热应力的总应变：

$$\{\varepsilon_0\} = \begin{Bmatrix}\varepsilon_x\\\varepsilon_y\\\varepsilon_z\\\gamma_{xy}\\\gamma_{yz}\\\gamma_{xz}\end{Bmatrix} = (\alpha\Delta T + \beta\Delta M)\begin{Bmatrix}1\\1\\1\\0\\0\\0\end{Bmatrix}$$

则总应力为：

$$\{\sigma\} = \boldsymbol{D}(\alpha\Delta T + \beta\Delta M)\begin{Bmatrix}1\\1\\1\\0\\0\\0\end{Bmatrix}$$

由于玉米颗粒假设为各向同性的材料，根据广义胡克定律，弹性矩阵为：

$$\boldsymbol{D} = \frac{E}{(1+\mu)(1-2\mu)}\begin{bmatrix}1-\mu & \mu & \mu & 0 & 0 & 0\\ \mu & 1-\mu & \mu & 0 & 0 & 0\\ \mu & \mu & 1-\mu & 0 & 0 & 0\\ 0 & 0 & 0 & \dfrac{(1-2\mu)}{2} & 0 & 0\\ 0 & 0 & 0 & 0 & \dfrac{(1-2\mu)}{2} & 0\\ 0 & 0 & 0 & 0 & 0 & \dfrac{(1-2\mu)}{2}\end{bmatrix}$$

5. 节点力和刚度矩阵

对平面三角形单元，应用虚功原理，在外力作用下处于平衡状态的弹性体，当发生约束所允许的任意微小的虚位移，外力在虚位移过程中所做的虚功等于整个体积内的应力在虚应变上所做的总虚功，从而得：

$$\{F\}^e = \iint ([B]^T[D][B]\{\delta\}^e - [B]^T[D]\{\delta_0\}) z \, dx \, dy$$

令

$$\{K\}^e = \iint [B]^T[D][B] z \, dx \, dy = [B]^T[D][B] zA = [B]^T zA$$

则：

$$\{F\}^e = [K]^e\{\delta\}^e - [B]^T[D]\{\varepsilon_0\} zA$$

式中外力：

$$\{F\}^e = \{U_i \quad V_i \quad U_j \quad V_j \quad U_m \quad V_m\}^T$$

式中，z 为单元的单位厚度；$[K]^e$ 为单元刚度矩阵：

$$[K]^e = \begin{bmatrix} k_{ii} & k_{ij} & k_{im} \\ k_{ji} & k_{jj} & k_{jm} \\ k_{mi} & k_{mj} & k_{mm} \end{bmatrix}$$

其中：

$$[k_{rs}] = \frac{Ez}{4(1-\mu^2)A} \begin{bmatrix} b_r b_s + \dfrac{1-\mu}{2} c_r c_s & \mu b_r c_s + \dfrac{1-\mu}{2} c_r b_s \\ \mu c_r b_s + \dfrac{1-\mu}{2} c_r c_s & c_r c_s + \dfrac{1-\mu}{2} b_r b_s \end{bmatrix}$$

四、玉米籽粒力学分析规则

1. 实验的条件

玉米籽粒在干燥时采集实验数据，实验的条件为：干燥介质即热风的温度为75℃（即华氏温度为348K），玉米籽粒的初始含水量为23%，玉米籽粒在干燥前的初始温度为5℃（即华氏温度为278K）。

2. 玉米籽粒应力分析时的强度准则

干燥过程中，随着时间的变化，颗粒内部的应力状况也发生相应的变化，当颗粒内的应力超过强度极限时，就会产生应力裂纹。

根据材料力学的理论，强调失效的主要形式有两种，即断裂和屈服，相应的强度理论也可分为两类：一类是解释断裂失效的，其中有最大拉应力理论和最大线应变理论；另一类是解释屈服失效的，其中有最大剪应力理论和形状改变比能理论。

对于谷物，总体没有剪应力存在的纯拉力下，可以用拉应力准则代替剪应力准则。在球坐标下，虽然径向和切向正应力的数值大于剪应力，但剪应力可能是引起谷物裂纹的主要原因。由于干燥过程中外层收缩而中心部分有膨胀的趋势，因而产生拉应力正切于外层表面。

根据前人研究结论，可以认为切应力和剪应力是引起玉米裂纹的主要原因，因而用形状改变比能理论来进行强度判别更为合适。

在任意平面应力状态下，形状改变比能可写为：

$$\mu_f = \frac{1+\mu^2}{E}[(\sigma_1-\sigma_2)^2+\sigma_2^2+\sigma_1^2]$$

相应的强度准则为：

$$\sigma_s = \frac{1}{2}[(\sigma_1-\sigma_2)^2+\sigma_2^2+\sigma_1^2]$$

式中，σ_1 和 σ_2 分别表示最大和最小主应力。

当 σ_s 大于颗粒的许用应力时，就会出现应力裂纹现象。

3. 计算机模拟流程

由于玉米颗粒内部的应力可以分为主应力和等效应力两部分组成。所以首先应分别对其热主应力和等效应力进行应力分析，模拟运算框图如图 2-4 所示。

具体的模拟步骤如下：

① 输入玉米颗粒的尺寸和三角形三节点单元划分信息；

② 输入玉米颗粒的初始温度和含水量；

③ 输入边界条件信息和时间差分格式；

④ 设置总的干燥时间；

⑤ 输入玉米颗粒的物性参数、介质参数和含水量；

⑥ 调用玉米内部二维传热传质子程序，计算各节点的温度和含水量；

⑦ 计算玉米颗粒的体积力、线性膨胀系数和弹性模量等；

⑧ 计算单元刚度矩阵，形成总刚度矩阵；

⑨ 解代数方程组，得到各节点的位移，输入应力修正；

⑩ 计算各单元的应力分布，得到最大应力分量及位置；

⑪ 循环次数 $N=N+1$，返回⑤；

⑫ 循环终了，数据输出，结束。

五、干燥过程中玉米籽粒应力模拟分析

玉米籽粒应力的模拟分析采用了 ANSYS 软件。求解玉米颗粒内部应力分布等问题。在求解的过程中，主要求解了主应力分布和等效应力分布及温度的变化规

律；其次，在本文中还分析了其轴向及切向时的应力分析。以此来全面地分析在干燥过程中起应力的分布。

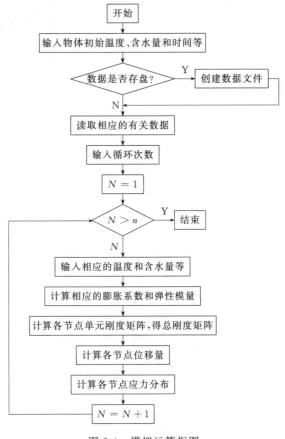

图 2-4　模拟运算框图

1. 应力变化分析

玉米籽粒内部应力随着干燥时间的变化，如图 2-5 所示。

在 ANSYS 软件中分析可得应力变化云图，在干燥过程中玉米籽粒内部的各颗粒的主应力和等效应力随着时间变化，会得出在干燥初始阶段玉米籽粒内部应力随时间增加而增大；在大约 420s（即 7min）时出现峰值，这时玉米籽粒的主应力和等效应力以及它们轴向、径向的应力值均达到最大；在之后的干燥时间里玉米籽粒内部应力会随着时间的增加而相应地减小。因此，主要分析在 420s（即 7min）内的玉米籽粒内部所受到的应力在三维模型中的分布及相应的理论。

2. 干燥过程中玉米籽粒轴向应力分析

轴向加载载荷的有限元分析如图 2-6～图 2-8 所示：它们分别是从 x 轴、y 轴

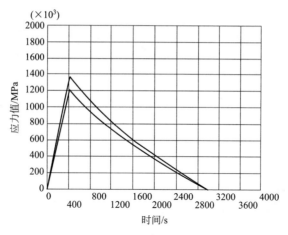

图 2-5 应力变化云图

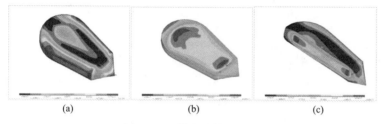

(a)   (b)   (c)

图 2-6 x 轴方向轴向应力

及 z 轴分别对玉米籽粒轴向进行加载相应的载荷，从中可以看出在不同轴向加载相同载荷时相应的应力分布也是不相同的，具有一定的差距，但大致相同。可以看出从轴向加载相同载荷，其应力的分布与载荷加载的方向有关。

  如图 2-6 所示，x 轴方向施加载荷后，从横向剖视图（b）和纵向剖视图（c）可以看出，在受载荷作用的玉米籽粒内部，大致胚的组织形态的周围在不同区域显示出不同的变化趋势，在其前后位置会出现两个峰值，从峰值向外应力逐渐减小；从外观视图（a）可以看出，在玉米籽粒的两侧和尖部同样也会出现峰值，这样的情况下在出现峰值的两侧和尖部会出现应力过分集中，致使其应力较大，会使这些部位出现裂纹或断裂等情况。

  如图 2-7 所示，也会出现与图 2-6 相似的应力分布情况，从外观视图（a）可以看出，在玉米籽粒的末侧和尖部同样也会出现峰值，这样的情况下会出现应力过分集中，致使其应力较大，会使这些部位出现裂纹或断裂等情况。从横向剖视图（b）和纵向剖视图（c）可以看出，在受载荷作用的玉米籽粒内部，在胚组织的周围不同区域显示出不同的变化趋势，出现区域性峰值，应力范围较大；在 y 轴向的应力主要集中在籽粒的内部。与 x 轴方向的应力分布比较，两侧的应力分布较小，出现裂纹或断裂等情况的机会较小。在这种情况下受力，主要会出现内伤。

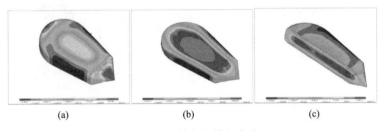

图 2-7 y 轴方向轴向应力

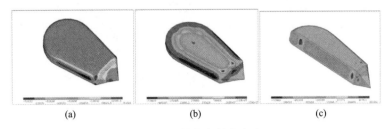

图 2-8 z 轴方向轴向应力

同理分析图 2-8 z 轴方向的应力情况，在受载荷作用的玉米籽粒内部受到的应力区域明显减少，在胚乳组织区域显示出类环形的变化趋势，出现峰值点的位置，主要集中在玉米籽粒前端。从内向外的应力逐渐减小；在玉米籽粒的上表面、下表面和尖部同样会出现应力较大的区域，但是应力集中不明显。在这些部位出现裂纹或断裂等可能较小。与图 2-6 和图 2-7 比较，玉米籽粒两侧的应力较小，同时在籽粒内部出现的前后峰值附近的应力值较小，这时出现裂纹或断裂等情况基本不易发生。

3. 干燥过程中玉米籽粒内部径向应力分析

径向加载载荷的有限元分析如图 2-9～图 2-11 所示：它们分别是从 xy 方向、yz 方向及 xz 方向分别对玉米籽粒进行径向加载相应的载荷，从中可以看出在不同轴向加载相同载荷时相应的应力分布也是不相同的，具有一定的差距，但大致是相同的。可以看出从切向加载相同载荷，其应力的分布与载荷加载的方向有关。

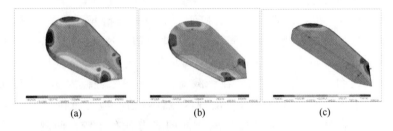

图 2-9 xy 平面方向径向应力

在图 2-9xy 方向分析，在受径向载荷作用的玉米籽粒内部应力分布，大致会在尖部和尾部附近出现两个应力较集中的峰值位置，在这两个峰值位置周围会出现应力的分布沿边界扩散。形成分布在峰值周围区域的应力较大，其余部位的应力分布相应较低，使这些应力相对较大的部位容易出现裂纹或断裂等情况，其余部位不是很容易出现裂纹或断裂等情况。

相同状况下，在图 2-10yz 平面方向中，在径向受载荷作用的玉米籽粒的表皮和内部进行模拟分析，应力集中的峰值位置主要会出现在玉米籽粒尖部附近，在这个峰值位置周围会出现应力的分布沿边界扩散，其余部位的应力分布相应较微弱，甚至没有出现应力分布情况。在径向受力的状态下，玉米籽粒尖部较易出现裂纹或断裂。

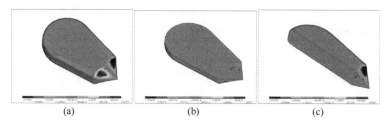

(a)　　　　　　　　(b)　　　　　　　　(c)

图 2-10　yz 平面方向径向应力

如图 2-11 所示，在受 xz 平面径向载荷作用下，玉米籽粒的内部和表皮上应力变化都有不同，内部应力点分布较分散，主要在前端和后端，呈非对称离散分布。玉米胚芽边缘附近的应力集中较明显。在连续式干燥机的流动干燥过程中，前端下部区域容易出现裂纹或断裂，其余部位不易出现裂纹等情况。

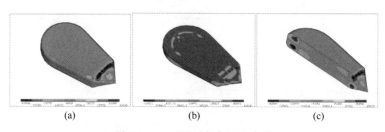

(a)　　　　　　　　(b)　　　　　　　　(c)

图 2-11　xz 平面方向径向应力

4. 干燥过程中玉米籽粒内部温度分析

玉米籽粒在干燥前的初始温度为 5℃，初始含水量 23％，经干燥实验台加载温度扩散的有限元分析如图 2-12 所示。干燥的时间持续 420s（即 7min）时进行应力分析。

在图 2-12 x 轴方向中主要是在玉米籽粒所受到的温度扩散干燥后的 420s（7min）内进行的相应分析，从图 2-12 中可看出，干燥期间，玉米籽粒从内而外温度逐渐增加，温度梯度逐渐增大，其最集中的位置就是位于玉米籽粒的尖部，同时在边界周围也出现了相对的应力集中区域，在这些峰值和应力相对较为集中的位置容易出现裂纹或断裂等情况的发生。

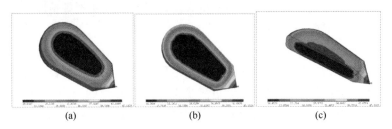

(a)   (b)   (c)

图 2-12   籽粒内部温度变化

5. 干燥过程中玉米颗粒内部等效应力分析

在图 2-13 中，等效应力在受载荷作用的玉米籽粒内部可以看出，在玉米籽粒的中心部位及外部的等效应力值相对偏高，其余的部位等效应力值相对较低，最高的等效应力值出现在玉米籽粒表面两侧。总体而言，在干燥到 420s 时，玉米籽粒的等效应力值整体而言是相对较高的，这时不仅会使玉米籽粒出现裂纹或断裂等情况，同时还可能使玉米籽粒出现突然爆裂或者在玉米籽粒表面出现大量裂纹等情况。

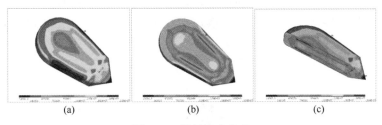

(a)   (b)   (c)

图 2-13   等效应力分布

6. 干燥过程中玉米颗粒内部主应力分析

在图 2-14 中，主应力在受载荷作用的玉米籽粒内部，这时玉米籽粒由外而内，

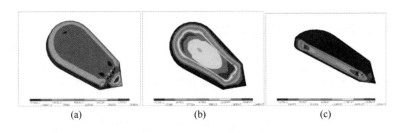

(a)   (b)   (c)

图 2-14   主应力分析

应力值逐渐增加，尤其是在籽粒内部马齿形轮廓区，其应力值严重偏高，同时，在玉米籽粒的尖部也会出现应力值严重偏高的部分，这些应力较大的部位，在尖部的会使这些部位出现裂纹或断裂等情况；位于内部的会使内部压力过于集中，在挤压力和温度的耦合作用下，可能会使玉米籽粒产生严重的爆裂现象。

六、结论与讨论

在三维模型中对玉米籽粒在热风干燥过程中的应力进行了相关分析，给出了玉米籽粒内部应力相关模型，运用有限元的方法，系统而又全面模拟了玉米籽粒在干燥过程中玉米籽粒内部应力的变化情况。模拟结果表明：在 75℃时，大约在 4min 时出现最大的应力值，轴向应力分布、切向应力分布、主应力和等效应力的峰值分布相似，但是数值与范围明显不同。在籽粒流动过程受轴向挤压力的作用，玉米尖部和玉米籽粒侧表面可能会出现大量裂纹。从等效应力的角度分析，在高强度综合压力条件下，玉米籽粒内部马齿形区域会产生严重的爆裂现象。

通过对玉米籽粒在干热风燥过程中应力缝补的模拟，明确了干燥的工艺对玉米籽粒内部应力变化规律，了解应力的集中分布区域，方便定量地阐述玉米籽粒的应力裂纹现象，提供了一种十分有效的分析手段。根据在热风干燥过程中玉米籽粒的应力裂纹的有限元模拟，提出一些相应的干燥建议。对提高玉米籽粒烘后的品质具有非常重要意义，对其他相关谷物的热风干燥过程中应力裂纹的分析有借鉴作用。

第三章

谷物水分及测量原理

第一节 谷物中的水分

谷物的籽粒是一种活的吸湿材料。水分是谷物种子细胞内部新陈代谢作用的一种介质，在种子的成熟、后熟和贮藏期间，种子物理性质的变化和生化过程都和含水状态有密切的关系。

一、谷物水分存在形式

谷物是一多孔性胶质体，外部有种皮，内部有胚胎、胚乳和生长点，这些结构都是由大量细胞所组成，在细胞中分布有大量的毛细管（粗毛细管直径＞10～5mm），水分存在于毛细管中和细胞内，其结合形式有以下三种。

1. 机械结合水

机械结合水是较难定量的一种结合水分，包括毛细管水分和沾附在谷粒表面的水分（也称为外部结合水）。毛细管水分包括微毛细管水和大毛细管水，微毛细管的半径小于 10^{-5} cm，其中水分是以液态、气态或湿空气状态存在的；大毛细管半径大于 10^{-5} cm，水分一般是以液态存在于管隙之中。沾附水分是最简单的外部结合水，存在于谷物表面、孔隙和空穴中。机械结合水与谷物中的干物质之间的结合比较松弛，且在数量上变化很大。在谷物干燥过程中，这种水分容易蒸发，总之，这部分水处于表面和大毛细管中，与干物料结合较松弛，以液态存在易于蒸发，干燥主要是去掉这种水。

2. 物理化学结合水

这部分水是指吸附水、渗透水和结构水，其中吸附水与物料结合比较牢固，谷物含水量为 10%～16% 时主要是微毛细管水和吸附水，干燥时要去掉一部分这种水，只能以气态排除。

3. 化学结合水

化学结合水既定性又定量，水分含量准确，如碳水化合物中的水分，是以最强的结合形式和谷粒中的亲水胶体（主要是蛋白质、糖类、磷脂等）结合在一起，不容易被蒸发，不具有溶剂的性能，在低温下不易结冰。要除去这部分水分不但需要用很大的能量，而且当这种水分除去后，必然会引起谷物的物理性质和化学性质的变化，即这部分水是经过化学反应按一定比例渗于干物质分子内部的，与干物质结合比较牢固，若去掉这部分水必然要引起物理性质和化学性质的变化，这种水是干燥，而不是要排出的。

总之，干燥过程主要是去掉其机械结合水和部分物理化学结合水，因为这部分水与其干物质有较强的结合力，因此去掉这种水的热耗量比去掉自由水的热耗量要大得多，一般要耗费 $4200 \sim 6300 kJ/kg$ 水，而自由水只需 $2436 kJ/kg$ 水。

二、影响谷物水分的主要因素

1. 相对湿度

在一定的条件下大气的相对湿度大，则谷物由于吸湿作用而使其含水量升高。如在气温为 $20℃$ 时，大气相对湿度分别为 60%、70%、80%、90%，此时水稻谷粒对应的平衡含水率为 12.5%、13.7%、15.23%、17.83%。大气的相对湿度在一昼夜和一年四季内都有变化，则谷物的含水量也会随之而变化。

2. 温度

在同样的相对湿度下，气温愈低谷物的含水量愈高，反之则谷物的含水量愈低。

3. 谷物中化学物质的亲水性

谷物中化学物质的亲水性是由于谷物籽粒的分子结构中含有—OH、—CHO、—COOH、—NH、—SH 等极性基所引起的。亲水性强的谷物其吸水性能也强。

谷物中的蛋白质分子含有—COOH、—NH 两种极性基，其亲水性最强；糖类分子也含有极性基，故也具有一定的亲水性，而脂肪分子主要是由烃基（非极性基）所构成，是疏水胶体，故其亲水性最弱，因此可知蛋白质丰富的谷物的吸水性强而含油（脂肪）多的谷物的吸水性就较弱。

4. 谷物籽粒的种皮和结构

谷物籽粒的吸湿过程还受其种皮和结构的影响，有时种皮可能单独地成为吸湿的限制因素。如豆类中的绿豆等籽粒，由于其种皮构造致密并覆有蜡质，因而影响吸水，故其籽粒较硬实。谷物籽粒的结构（如玉米的角质胚乳）也会影响其吸湿的性能。

三、谷物水分计算

谷物水分又称谷物含水量，以百分数或小数表示，水分的表达方法有干基水分和湿基水分两种。

1. 干基水分

干基水分为含水质量与干物质质量之比，公式为：

$$M_g = \frac{W}{G_g} \tag{3-1}$$

$$M_g = \frac{W}{G_g} \times 100\% \tag{3-2}$$

式中　M_g——干基水分；

　　　W——谷物中水的质量；

　　　G_g——干物质质量。

干基水分的分母是干物质质量，它在干燥过程中数量不变，便于工程计算，故工程计算中常以干基水分为准。

2. 湿基水分

湿基水分以物料质量为分母，公式为：

$$M_s = \frac{W}{G_s} = \frac{W}{G_g + W} \tag{3-3}$$

$$M_s = \frac{W}{G_g + W} \times 100\% \tag{3-4}$$

式中　M_s——湿基水分。

市场交易时，一般都采用湿基水分。

两者之换算关系如下：

∵　　　　$$M_g = \frac{W}{G_g}, \ 而 G_g + W = \frac{W}{M_s}$$

$$G_g = \frac{W}{M_s} - W$$

∴　　　　$$M_g = \frac{W}{\frac{W}{M_s} - W} = \frac{M_s}{1 - M_s} \tag{3-5}$$

同理可得：

$$M_s = \frac{M_g}{1+M_g} \tag{3-6}$$

可见 $M_s < M_g$。

四、谷物吸水性和水分发散性

谷物是多孔性胶体。它本身因环境空气的参数不同，有吸湿和水分发散特性。即当温度一定而相对湿度 φ 变化时，则谷物的水分会慢慢地随之变化，谷物吸湿和水分发散（又称放湿）的典型曲线如图 3-1 所示。该图的曲线为小麦在 50℃ 介质温度下不同相对湿度中吸湿和放湿的平衡水分曲线。从图中看出，当介质相对湿度为饱和状态时小麦的最大吸湿程度达 33.34%（干基），当相对湿度为 83.1% 时则小麦平衡水分下降为 17.65%（干基）。

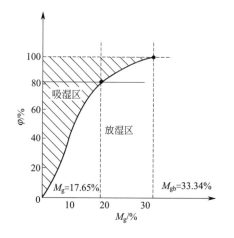

图 3-1　吸湿和放湿平衡曲线

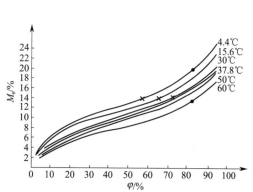

图 3-2　玉米粒的平衡含水率（湿基）

可见提高介质温度、减少相对湿度是干燥谷物的重要条件。

由实验得知，不同谷物在相同的介质条件下其最大吸湿水分（介质处于饱和状态）也不同，下边介绍几种谷物在大气 20℃ 时的最大吸湿水分（表 3-1）。

表 3-1　几种谷物在大气 20℃ 时最大吸湿水分

谷物	稻谷	小麦	大麦	燕麦
最大吸湿水分/%	30.6	36.3	36.3	31.5

各谷物的平衡曲线，其基本型近似 S 形故称为 S 形平衡曲线，该曲线不但因谷物种类不同而不同，因大气（介质）的温度不同其位置将发生显著的变化，现以玉米在介质温度为 4.4℃、15.6℃、30℃、37.8℃、50℃、60℃ 的几何平衡水分线为

例，观察如下（见图 3-2）。从该 6 条平衡曲线看出，当用介质温度为 4.4℃、$\varphi =$ 82％的介质干燥时，玉米水分可降到 18％；当用 60℃、$\varphi =$82％的介质干燥时，玉米水分可下降到 12％。

此外，谷物最大吸湿（由干变湿）水分和最大放湿（由湿变干）水分还有所区别。一般最大放湿水分略高于最大吸湿水分，这是由水分变化滞后所致。表 3-2 介绍了几种谷物不同温度下的平衡水分及其最大放湿水分与最大吸湿水分的差别。

表 3-2 几种谷物的平衡含水率

谷物种类	温度/℃	相对湿度/%					
		30		50		80	
		平衡含水率/%					
		放湿	吸湿	放湿	吸湿	放湿	吸湿
小麦	30	8.80	8.35	11.41	10.59	15.72	15.40
	20	9.24	8.71	11.81	10.86	16.02	15.52
	0	10.11	9.33	12.35	11.33	16.66	16.11
水稻	30	3.51	8.00	10.88	10.12	14.66	13.90
	20	9.10	8.47	11.35	10.62	15.23	14.80
	0	9.87	9.30	12.29	11.72	16.54	16.00
玉米	30	9.00	8.30	11.24	10.65	15.85	15.30
	20	9.40	8.70	11.90	11.10	16.92	16.30
	0	10.54	9.67	12.70	11.75	17.60	16.83

五、平衡水分的计算

前已述及，不同谷物在不同温度和相对湿度条件下有其对应的平衡水分。关于影响平衡水分的因素及其规律，国内外近年来做了大量试验研究工作，现介绍一种应用较广泛的经验公式。

当已知谷物种类、介质温度和湿度时，可利用下式直接求出谷物的平衡水分。

$$M_e = \left[\frac{\ln(1-\varphi)}{-A(T+B)} \right]^{1/n} \tag{3-7}$$

式中 φ——干燥介质相对湿度（用小数表示）；

T——介质温度，℃；

A，B，n——与谷物种类有关的常数，见表 3-3；

M_e——谷物平衡水分（干基，用小数或百分数表示），见表 3-4。

表 3-3 几种谷物平衡水分方程各系数值

作 物	A	B	n
玉米	0.000086541	49.81	1.8634
水稻	0.000019187	51.161	2.4451
小麦	0.0000123	64.346	2.5558

表 3-4 几种谷物的平衡水分 (M_e)   单位：%

谷物种类	空气温度/℃	空气相对湿度/%							
		20	30	40	50	60	70	80	90
水稻	20	7.54	9.10	10.53	11.35	12.50	13.70	15.23	17.83
小麦	20	7.80	9.40	10.68	11.84	13.10	14.99	16.02	19.95
玉米	0	9.43	10.52	11.58	12.70	13.83	15.58	17.60	20.10

六、谷物水分的汽化潜热

因为谷物为多孔性胶体，谷物水分存在于谷粒内部的毛细管及细胞之中，干燥时其水分汽化潜热较自由水的大，设小麦中水分汽化潜热为 h，自由水的汽化潜热为 h'，则：

$$\frac{h}{h'}=1+23\mathrm{e}^{-0.4M_g} \tag{3-8}$$

式中 M_g——小麦水分（干基），%。

第二节 谷物中的水分静态测量

一、谷物水分基本测定方法

谷物水分测定，有直接测定法（又称称重法）和间接测定法两种，前者精度较高，适宜范围也广，是用来认定间接测定法的标准。

1. 直接测定法

该法首先是确定谷物样品的数量、状态（是整粒或是磨碎）、烘干温度及烘干时间。这些数据根据国际标准都有规定。虽测定的参数有所不同，但其测定结果都比较接近。国际和有关国家规定测定标准数据如表 3-5 所示。

表 3-5 谷物水分直接测定的有关标准

国家 ＼ 方法	130～135℃法	100～105℃法
中国	130℃ 5g 磨碎 1h	105℃ 5g 磨碎 6h
日本	135℃ 10g 整粒 24h	105℃ 5g 磨碎 5h
美国	130℃ 磨碎 1～3h	100℃ 整粒 72～96h

将测定前后的有关数据代入水分计算公式(3-7)，即可求出谷物水分。

2. 间接测定法

该方法是利用电子仪器测量，是根据谷物含水量的不同其导电特征不同的原理而测定的，现有谷物水分测定仪，有电阻式和电容式两种，两者测定精度大体相当，一般为±0.5%。电阻测定仪的水分测定范围较小，一般适用于谷物含水量在20%以上的测定，水分太大时测定准确性下降。电容式测定仪较好些，一般其测定范围较大些。

二、 谷物水分静态测量装置

在现代粮食收储运一体化环节，数字化的谷物收购定等快速检测仪器设备是关键。目前，谷物水分静态测定仪主要有电阻式和电容式两种。这两种测定仪都属快速水分测定仪器，一般可以在几分钟之内将谷物水分测出。

1. 电阻式水分测定仪

电阻式水分测定仪如图 3-3 所示。它是一种带辅助压辊式谷物水分测量装置。测定之前，谷物籽粒少许倒入粉碎室中，用压辊驱动手柄，转动压辊将籽粒粉碎。粉碎后的颗粒落入底部的接料盘中，手工抽出接料盘，并将碎料倒入承压料盘，放进加压器中加压，形成饼状。通过平行电阻器测定其电阻值，经模型转换出不同谷物的含水率，在仪表盘中反映出来。这种电阻式水分测定仪根据人工测试熟练程度而定，所需测试时间长短不一。

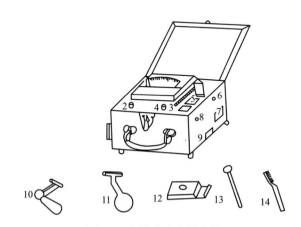

图 3-3 电阻式水分测定仪

1—仪表盘；2—测校开关；3—校准旋钮；4—电源开关；5—粉碎室；
6—微调旋钮；7—承压料盘；8—动力轴；9—接料口；10—加压器；
11—动力手柄；12—接料盘；13—取样勺；14—清洁刷

2. 电容式谷物水分测定仪

电容式谷物水分测定仪种类较多，应用广泛，其中日本 KETT 公司生产的高频电容式谷物水分测量仪性能良好，在测量谷物含水率时，具有快速、准确调节偏差的作用，并且能够计算出样品重量以及水分含量的平均值，在外筒壁上有温度传感器，在工作过程中做温度补偿，避免误差过大。电容式谷物水分测定仪如图 3-4 所示。

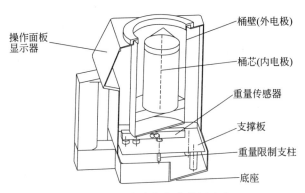

图 3-4　电容式谷物水分测定仪

该测试仪 MCU（微控制单元）采用瑞萨 38347 单片机，在测量过程中通过采集电容温、重量，通过温度补偿，测得谷物的含水率。其测量模型可以看做粮食、水、空气的混合体，外壁的直径为 R，内壁的直径为 r，有效高度为 h，体积为 v，在测量过程中需要倒入定量体积的谷物 v_1，传感器的高度为 h_1，重量为 g_1，密度为 ρ_1，相对介电常数为 ε_1。水的高度为 h_2，重量为 g_2，密度为 ρ_2，体积为 v_2，相对介电常数为 ε_2。空气的高度为 h_3，重量为 g_3，密度为 ρ_3，体积为 v_3，相对介电常数为 ε_3，由此可得输出电容：

$$C = C_1 + C_2 + C_3$$
$$= \frac{2\pi\varepsilon_0}{\ln\dfrac{R}{r}}(\varepsilon_1 h_1 + \varepsilon_2 h_2 + \varepsilon_3 h_3) \tag{3-9}$$

设：$k_0 = \dfrac{2\pi\varepsilon_0}{\ln\dfrac{R}{r}}$ 由此可以得到：

$$\frac{C}{k_0} = \varepsilon_1 h_1 + \varepsilon_2 h_2 + \varepsilon_3 h_3 \tag{3-10}$$

谷物、水分、空气的总重为：

$$g = g_1 + g_2 + g_3 \approx g_1 + g_2$$
$$= \pi(R^2 - r^2)(h_1\rho_1 + h_2\rho_2)$$

设：$k_1 = \pi(R^2 - r^2)$，可得：

$$g = k_1(h_1\rho_1 + h_2\rho_2) \tag{3-11}$$

所以，可以得到粮食的含水率 w 为：

$$w = \frac{g_2}{g} = \frac{h_2\rho_2}{h_1\rho_1 + h_2\rho_2} \tag{3-12}$$

谷物的空隙比为：

$$E = \frac{v_3}{v} = \frac{h_3}{h} $$

由此可得：

$$C = \frac{\varepsilon_1\rho_2 g + (\varepsilon_2\rho_1 - \varepsilon_1\rho_2)gw}{k_1\rho_1\rho_2} + \varepsilon_3 Ehk_0 \tag{3-13}$$

当被测粮食的品种确定时，谷物、水、空气的密度，相对介电常数和粮食的空隙比都可以看做是近似的常数，所以，测量仪的输出电容只与被测谷物的重量 g 相关。所以，电容值可进一步化简为：

$$C = (k_m + k_n w)g + k_c \tag{3-14}$$

式中，k_m、k_n、k_c 均为常数。

温度对于空气、粮食的介电常数影响可以忽略不计，实验中可得出温度对于水分的介电常数影响尤为明显，温度每升高 1℃，介电常数将增加很多。因此，电容值需要进行温度修正补偿，可设在 0℃ 时的介电常数为 ε_0，温度系数为 γ，在使用温度 0～40℃ 时，

$$\varepsilon_2 = \varepsilon_0(1 - \gamma t)$$

所有，实际的电容测量值为：

$$C = \frac{\varepsilon_1\rho_2 g + [\varepsilon_0(1 - \gamma t)\rho_1 - \varepsilon_1\rho_2]gw}{k_1\rho_1\rho_2} + \varepsilon_3 Ehk_0 \tag{3-15}$$

由于传感器所装的谷物体积一定，所以传感器中被测的谷物含水率越高，重量也就越大，传感器的输出电容也就越大。所以在检测过程中倒入的谷物的体积一定要准确，超过一定的范围后将直接影响测量仪的精度或直接产生错误信号。

该水分测定仪的测定原理，如图 3-5 所示。

3. 近红外水分测量仪

红外区分为三个区域。波长 780～2500nm 的区域称作近红外区。波长 2500～25000nm 的区域称作中红外区，绝大多数有机化合物和许多无机化合物的化学键振动的基频均在此区域出现。波长 25～1000μm 的区域，称作远红外区。近红外区是分子的合频和倍频吸收谱带，主要用于定量分析和已知物质的判别。近红外谱区的能量吸收比中红外谱区小 1～2 个数量级，在样品可以有较深的穿透，这就使得近红外可以直接对原样进行分析，而不需要进行样品处理，非常适合农产品固体颗粒的检测。

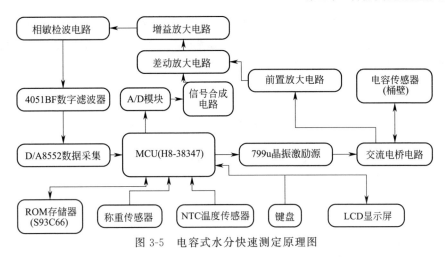

图 3-5 电容式水分快速测定原理图

（1）光谱分析方法 近红外光谱分析方法由两个要素组成，一个是准确、稳定地测定样品的吸收或漫反射光谱图的硬件技术（即光谱仪器），这一硬件技术的主要要求就是必须保持长时间的稳定性；另一个是利用多元校正方法计算测定结果的软件技术。软件由光谱采集软件和光谱化学计量学处理软件两部分构成。近红外光谱仪一般分为透射式和反射式两种，如图 3-6 所示。foss1241 谷物分析仪是采用透射方式，粉料检测一般采用反射式。

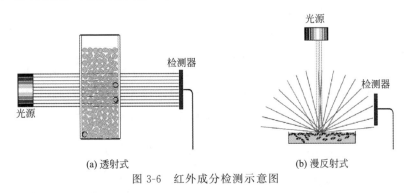

(a) 透射式　　　　　　　　　　(b) 漫反射式

图 3-6 红外成分检测示意图

（2）近红外光谱水分测定原理 谷物中水分以物理、化学结合的形式存在，因此，通过近红外光谱分析谷物中水的谱带，即可测定其含水率。近红外光（infrared，780～106nm）的能量与分子振动能量相当，可以反映出不同的官能团、化学键等信息，即有机分子中与氢相连化学键的振动吸收情况。在水分测定方面，近红外光谱可与有机分子中的含氢基团（O—H）振动产生合频。谷物分子中的每一化学键都有其特定的振动频率和振幅，当入射光与化学键振动频率不匹配时，没有能量吸收。当入射光能与化学键振动频率相匹配时，光能将被吸收，表现为振幅的增加。O—H 伸缩振动的一级倍频（$2v$）约在 1440nm，二级倍频（$3v$）在 960nm，合频分别位于 1940nm 和 122nm 附近。当单色光照射待测样品时，由初始的静止状态发生能量跃升，变为激发状态，匹配偶极分子的能量被吸收。近红外光谱中与 H 相连的化学键振动吸收如图 3-7 所示。可看出在 H_2O 吸收光波的范围内，能量水平在此区间出现凹谷，从而表征水的吸收波段和数量，通过比对标定确定谷物含水量。

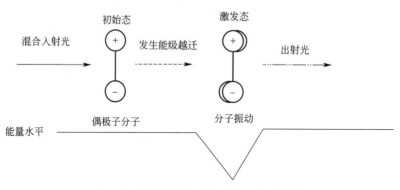

图 3-7　匹配偶极分子的光波吸收示意图

在检测过程中谷物厚度一定，重量保持在一定的范围内，近红外水分的检测遵循朗伯比尔定律：单色平行光经过均匀介质的微小单元（厚度 $\mathrm{d}x$）被吸收的辐射通量 $\mathrm{d}P$，与入射的辐射量 P 及介质的厚度 $\mathrm{d}x$ 成正比，即

$$-\mathrm{d}P = a_\lambda P \mathrm{d}x \tag{3-16}$$

式中　a_λ——均质单位厚度对波长 λ 的光吸收百分数。

由式(3-16) 可知，光吸收度与被测物质的浓度（紧实度）成线性关系，固体物料紧实度越高，均质度越高，吸光度越高，光的能量被吸收得越多，检测精度越好。

（3）Infratec1241 谷物分析仪　Infratec1241 谷物分析仪是一种采用近红外透射技术（NIT）的仪器，它可以对整粒谷物样品准确地测定品质指标。测量指标为谷物中的主要成分，例如蛋白、水分、脂肪等。检测工作原理如图 3-8 所示。

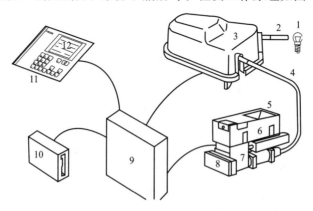

图 3-8　Infratec1241 谷物分析仪检测原理

1—卤素灯；2，4—光纤；3—单色器；5—漏斗；6—传送带；7—样品室；8—检测器；
9—嵌入式计算机；10—软盘驱动器；11—键盘；12—液晶显示屏

卤素灯作为单色器的光源，光源发出的复合光通过光纤传送到单色器。光源的光穿过单色器中的衍射光栅，形成单色光。光栅摆动就产生了从 570nm 到 11100nm 的单色光谱。同时，谷物样品从漏斗槽通过传送带被送至样品检测池。单色光通过另一个光纤送至样品检测池，单色光射束在这里穿过样品到达检测器，检测器的信号随后被内置计算机放大并进一步处理。到达模拟板变成数字信号。数字信号经过 CPU 板的处理后，算出各种成分的含量。将结果显示在液晶显示板上。

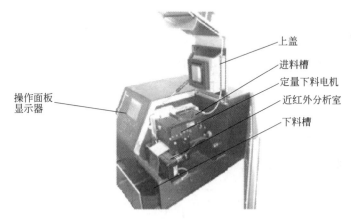

图 3-9　Infratec1241 实物图

Infratec1241 谷物分析仪如图 3-9 所示。该仪器通过对定标样品集的实验室分析，进行多标量的统计模型建立，并且进行检验，当误差在允许范围内可进行未知样品的检验，通过对于定标样品集的比对，预测出被测样品中的含量。近红外透射光谱可同时检测固体原样中水分、蛋白、油分、灰分、氨基酸等多个指标，在此过程中，减少了人为的操作误差。

第三节　谷物水分的在线测量

谷物干燥过程的自动控制对保证谷物烘后品质，降低干燥作业成本及提高生产率有重要意义，而快速、准确地在线测量谷物水分是实现谷物干燥过程自动控制的关键。

本章主要阐述干燥过程中谷物水分在线测量原理、方法及典型的在线测量装置。

一、谷物水分的主要在线测量方法

谷物水分在线测量的主要方法是采用间接测量法。间接法是通过测量与谷物水分变化相关的物理量的变化，来间接测量谷物水分含量的方法。主要有电阻法、电容法、红外线吸收法、微波法、中子法和核磁共振法等。间接法测量速度快，适用于干燥过程中谷物水分的在线测量。但间接法的测量精度受谷物温度、品种及粒度等多种因素影响，为保证测量精度，需要采用适当的补偿措施；并定期校正。某些间接测量方法，如中子法、核磁共振法设备价格较高，中子法还需采取适当防护措施。

（一）电阻式谷物水分在线测量

1. 电阻式谷物水分测量法

电阻法是最早应用于粮食干燥的工业化非电测方法。研究表明不同含水率的粮食其导电率不同，具体表现为：粮食的含水率越高，其导电率越高；反之，粮食含水率越低，则其电阻阻值越低。并且含水率在 9%～20% 的范围内，电阻的对数与含水率近似呈线性。

电阻法粮食水分测量模型为：

$$M = K_1 + K_2 \ln R_x \tag{3-17}$$

式中　R_x——测量电阻值；

　　　M——粮食所含水分；

K_1，K_2——常数。

电阻式谷物水分检测仪按其测量方式不同可分为高频阻抗法、时序曲线法和测频测周法。

（1）高频阻抗法　1999 年滕召胜通过对粮食的交流导电理论进行分析，发现粮食在正弦交变电场激励下，通过粮食的总电流 I 为：

$$I = \left[\left(\gamma + \frac{\omega^2 \tau^2 B}{1 + \omega^2 \tau^2} \right) K_c \, dG_s \right] E \mathrm{e}^{j\omega t} + j\omega\omega_0 \left(\varepsilon_\infty + \frac{\varepsilon_r - \varepsilon_\infty}{1 + \omega^2 \tau^2} \right) K_c E \mathrm{e}^{j\omega t} \tag{3-18}$$

式中　K_c——常数；

　　　B——$B = \dfrac{\varepsilon_0}{\tau}(\varepsilon'_r - \varepsilon_\infty)$，$\varepsilon_0$ 为真空介电常数，ε_∞ 为粮食的光频相对介电常数，相应于瞬时位移极化的相对介电常数，ε'_r 为粮食的静态（恒定电场）相对介电常数；

　　　τ——松弛时间；

$E \mathrm{e}^{j\omega t}$——电极间施加正弦交变激励电场；

　　　γ——粮食的离子电导率；

　　　d——两电极间距；

　　　G_s——粮食的表面电导；

　　　ω——正弦交变激励电场的交变频率。

由式（3-18）可知通过粮食总电流有两个分量，实数部分分量和虚数部分分量。其中实部分量与外施电场同相，虚部分量超前外施电场 90°；在一定频率范围内，通过粮食的总电流与 ω 有关，通过试验得出，在 $100\sim250\mathrm{kHz}$ 频率范围内，各种粮食基本呈现最小阻抗状态（通过粮食的总电流最大），即在粮食对应的敏感频带施加激励信号可获得较大的测量信号。

根据以上特性，设计出了电阻式水分检测仪，经多次试验表明，该仪器可满足粮油行业的水分快速检测要求。

（2）时序曲线法　采用压辊传感器（图 3-10）测量稻谷水分，通过对两压辊之间电势差的收集和处理，得到等效电压时序曲线图。两压辊分别与数据处理装置连接，当稻谷通过压辊时，稻谷将被压辊按一定厚度挤压、延展，并满足两压辊之间电流的导通。此时，两压辊之间的电势差为：

$$V=\frac{R_x}{R_x+R_i}E \tag{3-19}$$

式中　R_i——第 i 路比例电阻；

　　　R_x——被测稻谷的电阻；

　　　E——标准电压。

数据处理装置通过对两压辊之间电势差的收集和处理，得到等效电压时序曲线图。通过对等效电压时序图的分析，利用时序曲线的峰高表征稻谷含水率在 23.5% 以下的稻谷含水率；利用时序曲线与时间坐标包围的面积表征含水率在 23.5% 以上时的稻谷含水率。因此，该仪器可在 $-25\sim45℃$ 环境温度下，测量含水率在 $10.6\%\sim33.7\%$ 范围内的谷物，并达到 $\pm0.5\%$ 的测试精度要求。

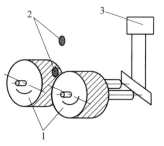

图 3-10　压辊传感器结构图
1—压辊式传感器；2—数据处理装置；3—稻谷

压辊传感器是测量稻谷电阻的两个电极。两极间的间隙恒定，表面设计有相互咬合但不直接接触的网纹。测量过程中两个压辊作相向转动。凭借两辊产生速度差和定间隙，将稻谷按照同一厚度和测量密度积压、滑切成规格一致的测量物质，以保证测量获得的测量属性值的准确性。高速辊的回转速度与低速辊的回转速度比是由驱动装置决定的。速度差率越大，切碎效果越好，但继之而来的是动力消耗加大，严重时还会出现稻谷脱壳的现象，会给在线测量造成一定误差。速度差率过小时，稻谷会在挤压的过程中逐渐向外延展，使两电极间的测量面积变动，从而造成测量误差。稻谷在受检过程中与压辊的接触时间，因压辊与稻谷间的接触压力、压辊结构尺寸、表面状况，稻谷的黏弹性、颗粒的大小、有无结冰、含水率以及两辊的回转速度差等有关。测量精度还要受环境的温湿度及变化的强度和方向的影响。

（3）测频测周法　针对粮食试料电阻与水分之间的非线性关系难以准确确定这一问题，设计出的水分检测仪在其测定碎粮电阻后，选用 555 定时器构成的振荡电路将电阻信号转换为频率信号，采用测频测周的方法来测量粮食含水率。

2. 电阻式谷物水分传感器工作原理

电阻式谷物水分传感器是基于水易导电，而干燥的谷物难以导电这一物理性质来测量谷物水分的，当谷物中的水分含量不同时，谷物的导电率不同，谷物水分含量低，电阻值高；水分含量高，电阻值低，并随着水分含量的增加逐渐减小。因而通过传感器测得谷物的电阻值，即可间接测得谷物水分含量。

谷物电阻与水分含量之间的规律为非线性关系，谷物温度、品种和产地对电阻与水分之间的变化规律有影响，需采取补偿措施。水分含量在 8%～18% 范围内，不同品种的谷物电阻变化范围：小麦为 $10^4 \sim 10^{11}\,\Omega$，玉米在 $10^5 \sim 10^{12}\,\Omega$，稻谷在 $10^6 \sim 10^{10}\,\Omega$。

3. 电阻式谷物水分在线测量装置结构及测量过程

电阻式谷物水分在线测量装置如图 3-11 所示。该装置主要由供料闸门控制电磁铁、小型粉碎机、滚轮式测量电极及测控电路组成。

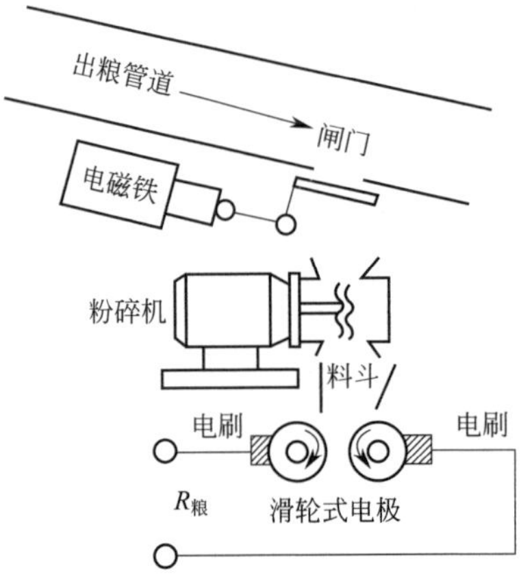

图 3-11　电阻式谷物水分在线测量装置示意

当一个测量循环开始时，电磁铁和粉碎机同时通电启动，电磁铁吸引闸门使之打开，出粮管道中的一部分谷物流入粉碎机进行粉碎。电磁铁的通电时间为 72s，然后断电，闸门关闭。粉碎机运行时间为 103s，在此时间内通过闸门漏下的谷物将全部被粉碎，粉碎的谷物储存在料斗中，间隔 30s 后，驱动滚轮式测量电极的电机启动，使保持一定间隙相向转动的滚轮电极转动 144s，料斗中的已经粉碎的谷物样品全部经过两滚轮式电极间的间隙排出，在这一过程中，有 100s 时间对电极间的谷物进行测量采样，将测得的电阻值按标定曲线转换为谷物的水分含量值，即完成一个测量循环。

4. 电阻式传感器的特点

电阻式水分传感器的结构简单、成本低，但其测量精度在很大程度上取决于谷粒内部水分的分布情况，干湿混合的谷物或霉烂变质的谷物用电阻式传感器往往测不出准确的结果。电极与谷物样品之间的接触状态也影响测量结果。此外，测量时要把样品粉碎，为破坏性测量，而且测量时间较长，不能测量高水分含量，电阻式传感器可以用于商品粮或饲料干燥机出机谷物水分的监测，但不适于种子干燥及有控制精度要求的谷物干燥过程控制。

（二）电容式谷物水分在线测量

1. 电容式谷物水分传感器的工作原理

由于水的相对介电常数是 80，完全干燥的谷物的相对介电常数为 2，水的介电常数远高于谷物的相对介电常数。电容式谷物水分传感器就是基于这一物理性质来实现谷物水分的间接测量的。由于水的介电常数远高于谷物的相对介电常数，故电容式水分传感器的电容值基本上取决于谷物中的水分含量的多少，但是谷物中的淀粉、蛋白质、脂肪等物质的介电常数各不相同（淀粉为 6.7，脂肪为 23，蛋白质为14），不同品种、不同产地的谷物，其各组成成分的含量也不同，因此，将会影响测量结果。此外，介质的相对介电常数实际是表征极间介质在电场作用下的极化强度的，而极化过程是与介质温度相关的，因此谷物温度也将影响电容式传感器的输出。

电容传感器的电容值随谷物水分含量的增加而增加，但是，增加的速率并不相同，曲线呈非线性变化。低水分时，变化速率较小，接近线性。高水分时，电容变化速率大，接近指数上升曲线。在中间水分段，一般为上升变慢的平缓过渡段，就某一种谷物而言，电容与水分含量的关系很难用一个简单的函数表示。

谷物密度的变化将影响电容式传感器的输出，应考虑补偿措施。

2. 电容式谷物水分传感器的分类

相对介电常数作为影响电容器电容值的参数之一，在确保其他影响参数不变的情况下，通过测量电容值的大小即可求出相应粮食的相对介电常数。最终，粮食的含水率则由已经求出的相对介电常数与已标定的相应谷物含水率——相对介电常数得出。

电容式谷物水分传感器按其电容的电极结构不同，主要可划分为圆筒式、平行极板式、平面极板式等结构。

（1）圆筒式 圆筒式即电容式水分仪采用圆筒形容器作为传感器（图 3-12）。采用两个同心圆柱筒作为电极，谷物从两圆筒间流过，内电极被外电极包络，可以有效地抑制外界干扰。

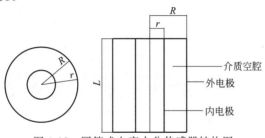

图 3-12 圆筒式电容水分传感器结构图

当 $L \gg R - r$ 时，可以忽略圆柱的边缘效应。

电容的计算公式为：

$$C = \frac{2\pi\varepsilon_r L}{\ln \dfrac{R}{r}} \qquad (3-20)$$

式中 C——两圆筒间电容值；

         ε_r——相对介电常数；

         L——金属圆筒高度；

         R——金属圆筒外电极半径；

         r——金属圆筒内电极半径。

由式(3-20)可知电容值 C 与相对介电常数 ε_r 值成正比关系，因此，可通过测量所得电容值大小，推出其相对应的介电常数值。

圆筒式电容水分检测仪的改进：

① 从待测谷物干重质量和水分质量角度分析总电容与待测谷物含水率之间的关系，并借助多谐振荡器将电容量的变化转化为频率变化以便于测试。采用溢流通道式结构，稳定传感器中谷物的流量，使传感器中谷物流量为恒量，克服了谷物体密度的变化，提高测量的稳定性；同时又采用温度补偿技术，稳定谷物的介电常数在不同温度下变化的不利因素，进一步提高最终测得谷物含水率的精确度。在5HG-3 型粮食干燥机和 5HZ-2 型种子干燥机上进行试验水分检测的最大偏差小于 0.5%。

② 通过对传统电容传感器检测电路优缺点的分析，在谐振电路的基础上，采用差频式检测电路，将谐振电路和差频式检测电路相结合，在一定程度上提高了电路系统对杂散电容的抗干扰能力，使得检测结果更加准确、可靠。在 0～30℃条件下，与日本 KETT 公司生产的 PM-888 型水分仪进行多次重复对比，可以达到系统误差在 1% 范围内的要求。

③ 通过对粮食阻抗-频率特性的研究，特定频率下，在圆筒式电容传感器的电容两端并联一个电导成分，由于被测谷物含水率变化而引起相对介电常数和电容值变化，而同时在电容式传感器一端施加一个正弦高频激励信号，那么，在其输出端则会产生一个同频的衰减响应，所以电容的变化可由电容（C）与电导（G）的比值来反映，因此，可以通过测量与此比值有确定函数关系的相角来测量谷物含水率。经过对含水率在 13%～16% 谷物样品的测试试验，结果表明其误差范围在 ±0.5% 以内。

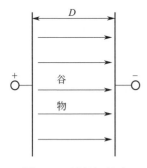

图 3-13 平行极板式
电容水分传感器结构

（2）平行极板式   平行极板式是采用两块金属电极作为电容正负极板，谷物从正负极板间流过（图 3-13）。平行极板式电容水分检测仪具有结构简单的特点。

电容的计算公式为：

$$C = \frac{\varepsilon_0 \varepsilon_r A}{D} \qquad (3\text{-}21)$$

式中　A——极板面积；

　　　D——两极板间距离；

　　　ε_0——真空介电常数；

　　　ε_r——相对介电常数。

利用平行极板式测量谷物水分原理，将平行极板、温度传感器、单片机、时钟芯片等器件结合，通过转换器将所测得介电常数 ε、温度值转换成方波信号，经单片机对该信号进行处理，得出修正后的测试水分值。该水分检测仪测试误差小于 $\pm 0.5\%$，通过连接外设可以随时记录水分值与温度值，具有高效性和实用性。

通过对平行极板式电容水分传感器添加边缘效应消除装置和玻璃槽，消除了极板边缘存在的发散电场和边缘效应消除装置的电阻效应，提高了检测精度。经稻谷样品试验，与 105℃ 恒重法标定出的谷物含水率做对比，在室温（22℃）条件下，稻谷实际含水率与试验检测所得电容值之间线性拟合的相关系数为 0.991，表明该仪器具备较高的水分测量精度。

（3）平面极板式　平面极板式结构是采用将正负电极板同时放置于同一侧的结构，其结构由平面极板式结构演变而来，具备安装方便、节省空间的特点（图 3-14）。

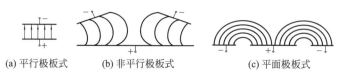

(a) 平行极板式　　(b) 非平行极板式　　(c) 平面极板式

图 3-14　平行极板式向平面极板式演变结构图

电容的计算公式为：

$$C = \frac{2W_e}{U^2} \qquad (3\text{-}22)$$

式中　C——电容值；

　　　U——导体间的电势差；

　　　W_e——电场总的贮能。

通过规避圆筒式水分传感器的探头占有较大高度空间、增加设备投资和平行极板式水分传感器安装难度大、测量精度低的缺点，提出了平面极板式探头结构模型，如图 3-15 所示。利用有限元分析法，结合平面极板探头的电场强度和电场能量的分布规律，通过试验分析，

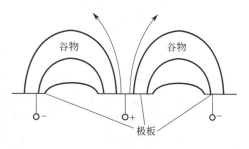

图 3-15　平面极板式电容水分传感器结构图

设计出最优尺寸。利用所设计传感器探头，采用小麦、玉米、水稻为试验样本，经多次重复试验，得出该传感器测量含水率误差范围为±1.5%。

虽然平面极板结构的电容传感器具有安装方便的优势，但高含水率及周围环境变化对测量结果有较明显的影响，同年，杨柳通过对平面极板式结构电力线的研究，采用主动屏蔽极板，将平面极板背侧电场向测量粮食一侧挤压，减小了杂散电容对平面极板的影响，使得测量结果不受外界环境的影响。采用主动屏蔽极板，配合温度补偿，经多次重复试验得出，改进后的水分检测传感器的试验误差范围为±1%，测水范围达到6%～36%。

3. 电容式谷物水分在线传感器结构

电容式谷物水分传感器结构、尺寸、形状繁多，大多采用平板、圆筒形。用于谷物干燥过程控制的电容式在线水分传感器如图3-16～图3-18所示，由电极、振动器和测量电路组成。图3-16所示的平面环状电容式水分传感器由内外两个同轴的圆筒形电极构成，通常外电极是接地的，而边缘效应是通过减小内外电极间的相对高度来消除的。

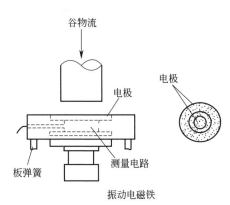

图 3-16　平面环状电容式水分传感器

图3-17和图3-18分别为散射场式同轴圆筒和同轴圆环形电容式水分传感器，其特点是电极的长度较其宽度和极间距离都大得多，测量时，给传感器装料到25～30mm高就完全够了，谷物层的厚度不会影响到传感器的输出，特别适合在线测量。

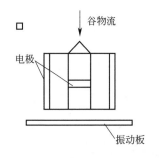

图 3-17　同轴圆筒电容式传感器

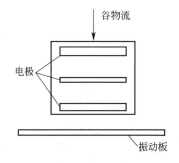

图 3-18　同轴圆环形电容式传感器

振动装置的作用是使谷物均匀流经电容传感器，并使两电极间的谷物密度均匀不变，以消除流动过程中谷物密度对测量精度的影响。

电容式谷物水分传感器结构简单、成本低，易于实现在线连续测量，因而受到各国重视。俄罗斯的谷物水分传感器中，电容式约占 40%，日本的谷物干燥机上采用谷物水分传感大多是电容式。

（三）红外线吸收式谷物水分在线测量

红外线吸收式谷物水分传感器是基于近红外具有特征吸收光谱，被吸收能量与物质水分含量有关的原理来间接测量谷物水分。通过测量反射的红外光的密度，来间接测量谷物水分，其光学结构通常有反射式和透射式。红外吸收式谷物水分测量方法属于非接触测量，可以连续、快速测量谷物水分。谷物的密度对红外式水分传感器的测量结果有显著影响，需考虑补偿措施。

（四）微波式谷物水分在线测量

微波是一种电磁波，其波长为 1~10cm，频率为 300MHz~300GHz。微波检测水分的原理是利用微波作用于粮食，由于粮食对微波的吸收、反射作用，使其微波发生功率变化、幅度变化、相位变化或频率改变，根据这些信息的变化去推算粮食的含水率。

T. Okabe 首次证明了采用微波法测量谷物水分的可行性。在 20℃条件下，采用 9.4GHz 的微波对含水率在 10%~30% 的大米进行测量，测量误差范围小于±0.5%。S. O. Nelson. M. Lewis 利用测量微波衰减和相移来测定谷物的水分，通过对微波的衰减和相变计算出谷物的介电常数和接电损耗因子，最终由介电常数和接电损耗因子计算出谷物的含水率。这种测量方式在测量时被测量物料的体密度及物料本身不会对测量结果产生影响，试验结果表明测得谷物含水率误差范围在±0.5%。

1. 微波法测量模型

微波法粮食水分测量模型为：

$$\varepsilon' \approx \left(1 + \frac{\Delta\Phi\lambda_0}{360t}\right)^2 \tag{3-23}$$

$$\varepsilon'' \approx \frac{\Delta A\lambda_0 \sqrt{\varepsilon'}}{8.68\pi t}$$

式中　ε'——相对介电常数；

ε''——损耗因素；

λ_0——自由空间的波长，m；

$\Delta\Phi$——相移量，(°)；

ΔA——衰减量，dB；

t——物料厚度，m。

由式（3-23）可得

$$\Delta\Phi = 360\frac{t}{\lambda_0}(\sqrt{\varepsilon'}-1)\qquad(3\text{-}24)$$

$$\Delta A = 8.68\pi\frac{t}{\lambda_0}\frac{\varepsilon''}{\sqrt{\varepsilon'}}$$

2. 微波式谷物水分测量仪的分类

微波式谷物水分检测仪按其测量方式不同可分为空间波法、传输线法以及谐振腔法。

（1）空间波法　空间波法又分为微波透射法和微波反射法，空间波法由于可以不与被测物料接触，具有较好的检测条件，应用范围广，所以微波式水分测定仪主要都采用这种方法。其中微波透射吸收法比较常用。微波吸收式水分传感器的工作原理是基于谷物水分不同，对微波能量的吸收也不同。微波吸收式谷物水分在线测量装置的结构如图 3-19 所示。

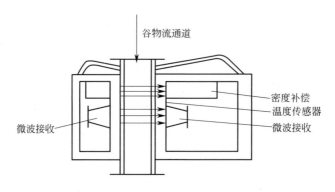

图 3-19　微波吸收式谷物水分传感器

微波吸收式谷物水分在线测量装置由微波发射器头和接收器、γ 密度测量装置及谷物温度传感器组成。通过微波接收器测量由微波发射器发射的微波通过谷物流后的能量损耗，来间接测量谷物中的水分。同时由 γ 密度仪及谷物温度传感器测量谷物流的密度和温度，以消除谷物密度和温度对测量结果的影响。

（2）传输线法　传输线是用来引导电磁波沿着一个方向传播的导体、介质或由它们共同组成的波导系统。当频率提高时，传输线将出现新的物理效应。导线中流过的高频电流由于肤浅效应使导线有效面积缩小，高频电阻增大，产生分布电阻效应；通过高频电流的导线周围存在高频磁场，形成分布电感效应；两线之间存在电压差，形成分布电容效应；两线之间的介质并非理想介质，存在漏电流，相当于并联电导，形成分布电导效应。

根据传输线的驻波理论，传输线上的电压和电流均以波动的形式向前传播，而传输线上的驻波是由前行波和反行波叠加而成。谷物的介电常数主要由谷物水分决定，谷物的阻抗也是由谷物水分决定的。当谷物的阻抗与探针的阻抗不匹配时，在传输线上形成驻波。通过测量谷层两点的电势差值，得到阻抗值，从而测定出谷物水分。

（3）谐振腔法 微波空腔谐振式水分传感器是基于微波空腔谐振频率随谷物水分变化这一物理性质来直接测量谷物水分的，谷物温度和密度对微波式谷物水分传感器的输出有显著影响。螺旋谐振式微波水分传感器的结构如图 3-20 所示，以 1/4 波长的铜导线单层地卷在内部圆筒上，外用导体覆盖，其等效电路为具有高 Q 值的 LC 并联谐振电路。谐振腔的谐振频率随谷物流的水分而变化。

（五）中子式谷物水分在线测量

中子式谷物水分在线测量装置如图 3-21 所示。该装置由中子源、中子探测器和相应测量电路、料仓和排料装置组成。

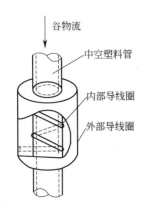
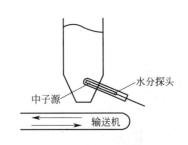

图 3-20 螺旋谐振式微波水分传感器　　　图 3-21 中子式谷物水分在线测量示意图

中子谷物水分测量原理是中子源发射的快中子与谷物中的氢原子核碰撞，散射而损失能量，慢化而成为热中子，形成以中子源为中心的热中子云球，其半径大小与谷物中氢原子数量有关，谷物中的氢原子越多，快中子慢化得越快，热中子云球的半径就越小，热中子的密度就越大，测得热中子密度，即可测得谷物中含氢原子的多少，氢原子是水的组成成分之一，因而热中子密度间接地代表了谷物中的水分含量。

中子式水分测量方法不破坏物料的结构，不影响物料的正常运动状态，不用取样，因而是一种先进的在线水分测量方法。其缺点是价格较高，而且需要采取防护措施，以免中子泄漏。适用于大型谷物干燥系统。

二、典型谷物水分在线测量装置

(一) 压辊式谷物水分在线检测技术及装置

我国南北地区谷物收获期的气候条件差异很大，作物品种也有很大不同，例如农产品（水稻），籼稻以南方居多，北方以粳稻为主。不同地区收获期水稻的水分变动范围也不一样。东北干燥稻谷时的自然环境温度一般在−20℃左右，稻谷的含水率大多集中在18%～22%（质量分数），而在南方谷物收获期的环境温度在30℃左右，高温高湿是其主要特征。解决低温环境和高温高湿环境下收获后水稻含水率的精确测量一直是干燥、加工领域的一大难题。由于水分检测技术不过关，致使水稻干燥控制理论和新技术应用远远落后于其它各业。能否可靠、精确地测量出谷物的含水量成了影响干燥、加工业发展的关键因素之一。因此，研制出高精准的水分在线检测装置是干燥机系统发展的必由之路。

1. 电阻式在线检测方法

电阻式检测水分利用的是水分影响固体物质导电性能的原理。干粮的比容积电阻在 10^{10}～10^{15} Ω·cm，但由于其中含有水分，比容积电阻可能降低到 10^{-2}～10^{-3} Ω·cm，粮食具有的这一极宽的电阻域特性，使开发高精度、可靠的水分检测装置成为可能，而现有的电阻式稻谷水分检测仪，稻谷含水率在24%以下时，可以满足检测精度要求，在24%以上时的检测误差较大。要实现在线精确测量，还需要在方法上解决：①比容积电阻在 10^{-2}～10^{10} Ω·cm 范围内的非线性测量问题；②获得测量属性新的表示方法和计算方法；③可靠地在线采样装置等关键技术问题。

2. 在线检测装置设计

将电阻法测量技术应用于稻谷干燥在线检测必须在机械装置设计上解决以下问题：①可靠地实时在线采样，并保证每次采集1粒；②按照要求将试样送到传感器；③保证电极表面与试样可靠有效地接触，并测量间隙；④保证对试样施加一定的压力并使其连续均匀地破碎。

3. 在线装置的设计与原理

辊压式谷物水分在线检测装置的结构如图 3-22所示。它主要由总体框架、传动装置、采料盘、导种管、输料管、同步器、变送器、压辊传感器、数据采

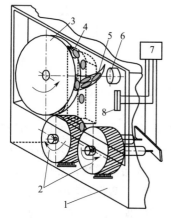

图 3-22 辊压式谷物水分
在线检测装置结构简图
1—框架；2—压辊传感器；3—采料盘；
4—导种管；5—接种管；6—电机；
7—数据处理装置；8—同步器

集装置等构成。安装料盘的一侧与干燥机连接，该装置既可以采集提升机内飞溅的谷粒，也可以采集在干燥机内连续流动的粮食。

在检测过程中，电动机驱动料盘、传感器转动。在采料盘转动的过程中，待测稻谷沿导种板滑落入采料盘上的承种槽，随槽一起转动，由投种口落入导种管，跌到两压辊传感器之间，随即在两压辊的定间隙间被压碎。在物料落入的过程中，同步器向数据采集处理装置发出开始执行数据采集的信号，数据采集处理装置在接到有稻谷落入的指令后，随即开始记录两压辊轴的轴端的分电压值获得受测稻谷的电阻。按照稻谷通过两压辊传感器时的电阻值得出对应的含水率值并由显示输出，在规定的时间间隔内完成一次信息采集。

4. 关键部件的设计

纵向采料盘是保证单粒谷物有序性和准确性的关键，在线采料盘最大的特点在于纵向采样，料盘的外缘上开有承种槽。承种槽由导种面、承种面和投种面围成，如图3-23所示。导种面是一个三角状的弧面结构，在料盘转动的过程中，种子沿此面滑移并不断改变滑移的方向，在转动到一定位置时便在自身重力的作用下，其沿其长轴的方向跌至承种面并随采料盘一起转动，在转动的过程中，待测稻谷的重力线与承种面间的夹角不断变化，在靠近投种位置时，稻谷在重力和承种面法向力的作用下，摆脱承种面摩擦力的束缚而滑入投种面。为了保证每次检测到的是稻谷的实时含水率，在承种槽转

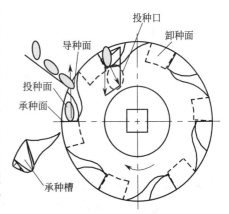

图 3-23　纵向采料盘结构简图

过接种的位置后，紧接着是卸种面朝向导种板，卸除导种板上多余的谷粒，即及时清除前一次测量后残留在导种板上的稻谷。受测后的物料从下总承底部排出。

5. 动态信号获取及计算方法

（1）动态信号（动态过程中稻谷电阻值）的获取　获取动态过程中稻谷电阻值的测量电路如图3-24所示。主要由集成稳压电源LM317、信号采集单元、A/D模数转换单元、运算控制单元和输出显示器LCD和多路复选阻抗变换电路等构成。

测量时在两个电极上施加的电势差为

$$V = \frac{R_x}{R_i + R_x} E \tag{3-25}$$

式中　R_i——第i路比例电阻；

　　　R_x——被测稻谷的电阻；

E——标准电源。

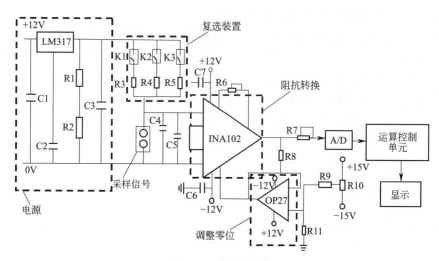

图 3-24　测量电路

压辊传感器采集到采样信号并输出到阻抗转换电路，经过阻抗转换电路的转换，将信号送入 A/D 转换电路，得到所述稻谷的实时电阻等效电压的时序变化曲线。测量过程中，当稻谷落入两压辊传感器之间后，两个电极则被接通，形成闭合的回路，在稻谷逐渐被压碎的过程中，通过压辊传感器传出电阻信号，并输送到阻抗变换单元，然后，送入 A/D 转换电路，得到待测稻谷电阻的等效电压时序曲线。通过解析时序曲线的特征峰高或峰面积，便可得到稻谷含水率的测量值；对测量值进行温度补偿后，即得到稻谷的实际含水率。

（2）计算方法　当稻谷含水率小于或等于 23.5% 时，通过解析所述时序变化曲线的特征峰高计算得到稻谷的属性含水率，其计算公式为

$$M_s = K_i \frac{R_{X\min}}{R_i + R_{X\min}} E + b_i \tag{3-26}$$

式中　M_s——稻谷属性含水率；

　　　K_i——转换斜率；

　$R_{X\min}$——曲线的峰高特征值；

　　　R_i——比例电阻；

　　　E——标准电势；

　　　b_i——截距。

当稻谷含水率大于 23.5% 时，通过解析时序曲线的峰面积，得到稻谷属性含水率，计算公式为

$$M_s = K \times \left[\sum_{i=1}^{N} (A_i \times \theta) / N \right] + b \tag{3-27}$$

式中　K——斜率；

A_i——波形特征点；

θ——采点周期；

b——截距 $i \in (0,200)$。

稻谷的电特性受温度的影响，需要对稻谷的属性含水率进行补偿，对应本研究在线装置的补偿公式为

$$M_b = 1.46 - 0.0003t^3 + 0.009t^2 - 0.1236t \tag{3-28}$$

式中 M_b——补偿含水率；

t——稻谷温度，℃。

属性含水率加补偿含水率即得稻谷的含水率，即：$M = M_s + M_b$。

（二）射频电容式水分在线检测技术及设备

1. 自适应学习控制系统

射频电容式水分在线检测技术以 DM510 系统为代表，它是加拿大 Dryer Master 公司开发的一款通用烘干机控制系统，主要由包括水分传感器、温度传感器在内的输入系统，具有自适应非线性鲁棒迭代学习控制的控制系统，以及变频器的输出系统。该系统控制示意如图 3-25 所示。

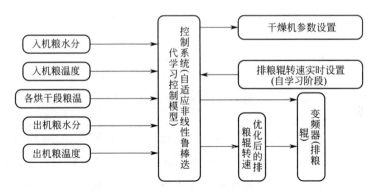

图 3-25 自适应非线性迭代学习控制系统示意

2. 硬件构成与安装设置

在控制器件上，需要输入储粮段、加热段、冷却段体积等干燥机的结构参数，以及所要求的单位产量所对应的排粮辊的转速，同时输入排粮辊的最大允许转速以及最低报警转速，根据传感器读取的数据进行自动优化调整到最优的排量速度，保证烘干机的高效运行。DM510 主要由以下部件构成：①I/O 接口板卡：信号输入系统，包括入机温度、入机水分、粮温、出机水分、出机温度、排量电机的变频器控制信号。②嵌入式工控板使用 CF 卡作操作系统盘。③HIM 界面进行参数设置以及实时状态显示，通过 Modbus RTU 通信协议，可与 PLC 等进行连接。DM510

水分传感器安装在干燥机卸粮旁路系统中，充足保证了待检测粮食缓慢、匀速、定量流经传感器，以提高检测的准确性，减少传感器的磨损。安装示意如图 3-26 所示。

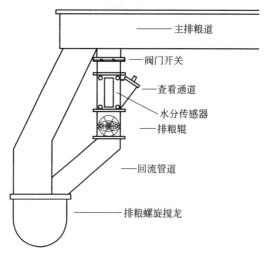

图 3-26　DM510 水分传感器的安装示意

　　射频电容式水分在线检测系统安装后需要在 HIM 进行参数设置，具体设置步骤如下：

　　（1）设置报警值与极限值　根据用户的烘干作业条件，设定报警值与极限值。需设定的参数有：入机水分、入机温度，出机水分、出机温度，排粮速度，热风温度。极限值触发时，系统自动退出自控状态，需人工控制。报警触发时，屏幕闪烁提示，自控能正常进行。

　　（2）计算烘干塔各段的体积　烘干塔一般分为储粮段、加热缓苏段、冷却段。应联系烘干塔厂家或用户相关人员取得烘干塔的准确尺寸数据及有效容积率，计算入机传感器与出机传感器之间的各段有效体积。若入机传感器安装在第一缓苏段，则储粮段的体积为 0，而加热缓苏段的体积应减去入机传感器安装位置以上部分的加热缓苏段体积。

　　（3）设置排量转速的高低限值与粮食品种　排粮转速根据皮带输送机、斗式提升机等周边设备的实际能力，设定自动控制时排粮转速的最大值与最小值，从而不会超限工作。通过 HIM 界面设置烘干品种的选择，本控制系统可安装于玉米、水稻、大豆、油菜籽、葵花籽等烘干塔上，工作之前需要设置烘干品种。

　　（4）设置 TP 值　TP 值为一速度（频率）概念。当变频器以 TP 值运行时，60min 可排空入机传感器与出机传感器之间的所有粮食。

　　（5）其他参数的设置　根据烘干机厂家生产的信息，设置每烘干段的比例，温度的设置通过外部的温控仪设置，不通过 DM510 设置。

自动控制状态流程：①软件启动后，会收集一个烘干机流程的数据，包括入机水分与温度，出机水分与温度、热风温度、排粮速度。②当满一个流程后，数字模型随时检测出机水分，与模型的预测值作对比，并不断修正数字模型，当预测值与实际值的差距小于 1 个水分时，即可进入自动控制状态。同时屏幕上"就绪"灯亮。一般情况下会等待两个烘干流程后进入自控状态。

3. 水分传感器结构与原理

　　水分传感器的电极为翅片形状，如图 3-27 所示。外部安装的是翅片式发射极和温度传感器，内部是嵌入式补偿模块和计算模块构成电路系统。水分测量误差在 $\pm 0.2\%$ 范围内。

　　水分传感器是根据粮食和水的介电参数不同的原理进行测量的，在实际测量中，干燥后的粮食的介电常数小于 5，水的介电常数为 80，两者的插值在 75 以上，传感器的翅片为电荷射频发射极，与外壳相连的整个烘干机部分区域作为信号的接受极，由此构成了由粮食为介质层的电容式传感器，当射频信号传到以粮食为介质的电容式传感器时，该射频阻抗也随着粮食含水量的变化而变化。此方法可看作是干燥完成的粮食和水的混合物，

图 3-27　翅片式水分传感器图

有效的介电常数可表示为：

$$\sqrt{\varepsilon_r} = M\sqrt{\varepsilon_1} + (1-M)\sqrt{\varepsilon_2} \qquad (3\text{-}29)$$

式中　ε_r——混合介质的介电常数；

　　　ε_1——水的介电常数（取 80）；

　　　ε_2——干粮食的介电常数；

　　　M——水分含量。

$$C = K\varepsilon_r \qquad (3\text{-}30)$$

式中　C——电容量；

　　　K——常数，由安装后的特性而决定。

射频总阻抗 Z 为

$$Z = R_s + \frac{J}{\omega C} \qquad (3\text{-}31)$$

式中　ω——射频信号角频率；

　　　R_s——等效电阻；

　　　J——复数。

　　粮食的水分含量 M 不同，直接导致射频总阻抗 Z 不同，从而间接地测出粮食的水分含量。不同粮食对于频率的导电能力不同，粮食的射频敏感脉宽为 $100\sim 200\text{kHz}$，此外，还和粮食的籽粒结构有关，因此，在烘干不同作物品种时，

DM510需要进行人为校正。

此外，阻抗-水分基本特性还和温度有关系，在常温范围内，温度每升高1℃，阻抗 Z 增加 0.1%，因此，在此过程中需要对传感器进行温度补偿，来降低温度对于传感器精度的影响。

4. 水分传感器的校正

水分传感器的校正通过 HIM 界面设置，当水分传感器的读数与人工烘箱法的水分有误差且超过 0.3% 时，需要校正。系统每次校正量为差值的一半。校正步骤：点"出机水分"按钮，该按钮颜色变化且闪烁约 30s 后，按钮下方出现一输入框。同时人工取样用烘箱法测定。烘箱法测定数据取得后（约 1h 后），将测得的数据录入输入框点击"出机水分"即可。入机水分的校正方式同出机水分。当粮食品种变化时，如粮食颗粒变化较大，引起角质与粉质比例变化较大时，水分传感器应及时校正。

（三）非静态电阻式在线水分传感器

CS-TⅡC水分传感器由日本静冈制机株式会社生产，配合安装在烘干塔上，是一种非静态电阻式在线水分传感器。测量原理为电阻式压辊测量。适合不同尺寸的农产品颗粒的水分检测，对于大粒的谷物，用大粒谷物专用的滚轮替换掉外侧的网格轮，保证测量的准确性。

1. 基本结构

内部结构如图3-28所示。主要可分为驱动机构和测量机构。驱动机构主要由底板（基板）和齿轮构成，为防止灰尘和杂质的进入，将测量机构与驱动机构分隔开。电机转动时，带动齿轮旋转，同时，也将带动电极滚轮和进料斗定速旋转。底

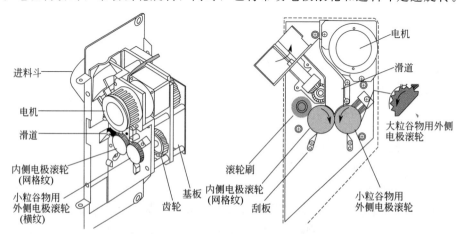

图 3-28　CS-TⅡC水分传感器结构示意

板计算碾碎谷物的数量，并将电阻值转换成水分值，在底板上，安装了传导片，在正常工作时，形成的闭合回路保证水分传感器的正常工作。测量机构由进料斗和电极滚轮构成，两个电极之间有0.5mm的间隙，保证工作时谷物的正常通过。

2. 工作原理

在工作过程中，上面的进料斗的转轮工作，将谷物颗粒通过转轮顺序进料。单粒的谷物从滑道中通过，进入两个滚轮之间，外侧的电极滚轮旋转速度比内侧的旋转速度慢一半，保证谷物在滚轮之间更好地碾碎，滚轮的中轴上链接有传导片，在谷物进入两个滚轮之间，形成闭合回路，通过测量谷物的电阻，间接计算出谷物的含水率。滚轮电极及传导片链接示意如图3-29所示。进料斗中收集谷物，通过测量电阻值，结合谷物的粒数，计算出谷物的水分值。测试原理示意图如图3-29所示。

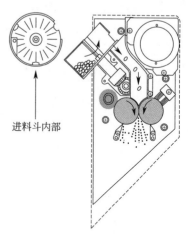

图3-29　CS-TⅡC水分传感器原理

3. 技术操作要点

水分仪的测定分为停止、排料、取样、测定状态，在停止状态下，为防止进料斗内落入谷物，停止状态下进料斗封闭［图3-30(a)］，在接收到测量指令后，进料斗顺时针方向转动［图3-30(b)］，将进料斗内的残留谷物排空，排料结束后，进料斗停止后处于打开状态，收集从烘干机内落下的谷物，准备测定［图3-30(c)］，取样100粒谷物进行测定［图3-30(d)］。水分仪的操作结合控制面板进行测量。

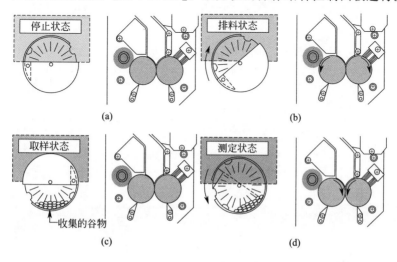

图3-30　水分仪操作示意图

　　使用过程中，先打开测量开关，当到自动测量状态时，达到测定水分值后的烘干机将自动停机，烘干机需要再次启动时，要将测量开关放在停止状态，向下拨动开关，为手动测量状态，测量完成后，显示实际水分值。自动状态下设置水分值时，显示器会显示设定的水分值，以及发生故障时可显示在显示器上面。实际的水分值与设定值的偏差，可在水分偏差显示处显示，烘干时选择对应的谷物，才能够准确地计算出对应的谷物水分值。当实际水分与显示水分不一致时，通过微调旋钮进行设置，从而保证干燥的准确性。

第四章

干燥介质的特性分析

目前常用的干燥机大都是以热空气或以烟气与冷空气的混合气（简称"炉气"）为介质进行干燥的。热空气或"炉气"属于空气和水蒸气的混合气，因此，在谷物干燥中所采用的干燥介质是湿空气，这是干空气与水蒸气的混合物。干空气含有若干种气体，主要是氧和氮，加上某些少量气体如氩、二氧化碳、氖等。为了研究湿空气在干燥中与谷物的湿热交换过程，首先需要了解湿空气的特性。

第一节 湿空气状态方程及道尔顿定律

一、道尔顿定律

把湿空气看成理想气体。气体由混合气体组成,气体的总压力等于组成的混合气体的各个气体的压力之和。

$$P = P_1 + P_2 + \cdots + P_n \tag{4-1}$$

同时也是干空气压力与水蒸气压力之和，即：

$$P = P_g + P_s$$

式中　P_g——干空气压力，MPa；

　　　P_s——水蒸气压力，MPa。

二、理想气体定律

湿空气（或炉气）可以看成是理想气体，因为其分子粒子的直径远比分子间的距离小得多，分子间没有引力，因此，状态方程即理想气体方程式为：

$$PV = GRT \tag{4-2}$$

式中　P——气体压力，MPa；

　　　G——气体质量，kg；

　　　V——气体体积，m³；

　　　T——气体的热力学温度，K；

R——气体常数。

三、水蒸气和干空气的关系式

根据道尔顿定律，认为湿空气的压力为其干空气压力与水蒸气压力之和。即 $P=P_g+P_s$，其各自的气体状态方程式为：

$$P_gV=G_gR_gT \tag{4-3}$$

$$P_sV=G_sR_sT \tag{4-4}$$

式中　R_g——干空气的气体常数，$R_g=0.287kJ/(kg \cdot K)$；

　　　R_s——水蒸气的气体常数，$R_s=0.461kJ/(kg \cdot K)$。

得：

$$R=\frac{G_gR_g+G_sR_s}{G} \tag{4-5}$$

又因为：

$$T_s=T_g=T$$

$$V_g=V_s=V$$

当 $G_g=1kg$，$G_s=1kg$，则：

$$R=\frac{R_g+R_s}{1+d} \tag{4-6}$$

代入式(4-6)得：

$$R=\frac{0.287+0.461d}{1+d} \tag{4-7}$$

将式(4-7)代入式(4-5)得：$\dfrac{R_g}{R_s}=\dfrac{0.287}{0.461}=0.622$ 或 $\dfrac{R_s}{R_g}=1.608$ $\tag{4-8}$

第二节　重要名词的释义

除了干空气之外，湿空气还含有不同数量的水蒸气。虽然，水蒸气在谷物干燥所采用的空气中的重量组分小于 1/10，但水蒸气分子的存在却对干燥过程具有深刻的影响。目前已有若干术语用以表示湿空气中水蒸气的数量。在谷物干燥文献中采用三个湿度名词表示干燥空气中水蒸气的数量，即蒸气压、相对湿度和湿含量。湿空气的湿度可能涉及：干球温度、露点温度、湿球温度。还有两个在谷物干燥计算中常用的湿空气特性是：热含量与比容。

一、蒸气压

蒸气压（P_v）是水蒸气分子在湿空气中产生的分压力。在空气为水蒸气完全饱和时，其蒸气压称作饱和气压（P_{vs}）。谷物干燥所用空气中的蒸气压与大气压（0.101MPa 绝对压力）相比较是小的，单位 MPa。

二、绝对湿度

湿空气的绝对湿度，目前有两种概念和计算方法。

（一）以湿空气的水蒸气重度（或密度）（kg/m³）表示法

其计算公式为：

$$\gamma_s = \frac{G_s}{V} \tag{4-9}$$

式中　γ_s——水蒸气的重度，kg/m³；

$\quad\quad G_s$——水蒸气的质量，kg；

$\quad\quad V$——湿空气的体积，m³。

所以：$P_s V = G_s R_s T$，即

$$V = \frac{G_s R_s T}{P_s} \tag{4-10}$$

则

$$\gamma_s = \frac{P_s}{R_s T} \tag{4-11}$$

将常数 $R_s = 0.461 kJ/(kg \cdot K)$ 代入式(4-11) 得：

$$\gamma = \frac{P_s}{0.46 T} \quad (kg/m^3) \tag{4-12}$$

可见，在温度 T 一定条件下，γ_s 与 P_s 成正比。

（二）以湿空气的湿含量表示法

每千克干空气中含有水蒸气的质量，称为空气的绝对湿度，又称湿度或湿含量（d 或 H），单位 kg/kg 干空气，可表示为

$$d = \frac{G_s}{G_g} \tag{4-13}$$

式中　G_s——水蒸气的质量，kg；

$\quad\quad G_g$——干空气的质量，kg。

$\because \quad P_g V = G_g R_g T$，$P_s V = G_s R_s T$

则 $\quad\quad G_g = \frac{P_g V}{R_g T}$，$G_s = \frac{P_s V}{R_s T}$

$\therefore \quad d = \frac{P_s R_g}{P_g R_s} = 0.622 \frac{P_s}{P_g} = 0.622 \frac{P_s}{P - P_s} \quad (kg/kg 干空气) \tag{4-14}$

因 P_s 很小，$P - P_s$ 可看成是常数，故 d 与 P_s 成正比。可见 d 与 P_s 成正比的关系相同，两者都是与水蒸气分压力成正比。

三、相对湿度

相对湿度（φ）是空气中水蒸气的摩尔分数（或蒸气压）与相同温度及相同大

气压力时饱和空气中水蒸气的摩尔分数（或蒸气压）之比。相对湿度以小数或百分数表示。在谷物干燥中所遇到的相对湿度值在零与百分之百之间。即湿空气的相对湿度，是状态参数下的湿空气绝对湿度与同温同压的饱和绝对湿度之比，即：

$$\varphi = \frac{\gamma_{s}}{\gamma_{sb}} \tag{4-15}$$

式中　γ_{s}——某状态下的湿空气绝对湿度，kg/m^3；

　　　γ_{sb}——同温同压下的饱和绝对湿度，kg/m^3。

因：
$$\gamma_{s} = \frac{P_{s}}{0.46T} \qquad \gamma_{sb} = \frac{P_{sb}}{0.46T}$$

所以：
$$\varphi = \frac{P_{s}}{P_{sb}} \quad \text{或} \quad \varphi = \frac{P_{s}}{P_{sb}} \times 100\%$$

如以湿含量表示，则为
$$\varphi = \frac{d}{d_{b}} \tag{4-16}$$

式中　d——某状态下的湿空气湿含量，kg/kg 干空气；

　　　d_{b}——同温同压下饱和湿含量，kg/kg 干空气。

因：$d = 0.622 \frac{P_{s}}{P - P_{s}}$，$d_{b} = 0.622 \frac{P_{sb}}{P - P_{sb}}$（kg/kg 干空气）

所以　$\varphi = \dfrac{0.622 \times \dfrac{P_{s}}{P - P_{s}}}{0.622 \times \dfrac{P_{sb}}{P - P_{sb}}}$（因 $P - P_{s}$ 与 $P - P_{sb}$ 相差很小，可认为相等）

则：
$$\varphi = \frac{P_{s}}{P_{sb}} \quad \text{或} \quad \varphi = \frac{P_{s}}{P_{sb}} \times 100\% \tag{4-17}$$

可见，以水蒸气重度或以湿含量来推导相对湿度，其结果是相同的。相对湿度都是其水蒸气分压力与同温同压下饱和水蒸气分压力之比。

四、干球温度

干球温度（t_{g}）是普通温度计所指示的湿空气的温度。在本书中任何地方使用该名词时概不附加词头，即意指干球温度。谷物干燥空气的温度范围为 4.4～287℃。

温度通常用摄氏温度（℃）表示，但在国际单位制（SI）中采用热力学温度 K。如已知那样则

$$T_{g} = t_{g} + 273 \tag{4-18}$$

式中，t_{g} 为摄氏温度，℃；T_{g} 为热力学温度，K。

五、露点温度

大气温度随温度降低时，其相对湿度不断增大；当其相对湿度达到饱和状态

时，则空气中出现有露珠，因此露点温度（T_{dp}）是在
湿含量与大气压保持不变时，空气受冷而产生水分凝
结时的温度。因此，露点温度可被看做是与湿空气的
湿含量和蒸气压相对应的饱和温度，单位℃。

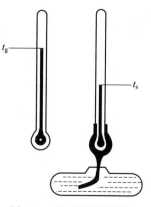

六、湿球温度 t_s

　　测量大气相对湿度时，常用干、湿球温度计（图
4-1）测定。干球温度计显示的温度为大气温度，而
湿球温度计显示的温度比大气温度低，其原因是湿球
温度计上的湿纱布不断蒸发水分，因而吸收湿球附近
的热量使之温度下降。当大气较干燥时则纱布的水分

图 4-1　干、湿球温度计

蒸发快，因而湿球温度也下降较多，反之当大气较湿时则纱布的水分蒸发较慢，
因而湿球温度下降较少，因此，用干、湿球计的温度差可显示出大气的相对湿度
大小。

　　这种仪器上的湿球温度较热力学所说的湿球温度略有差异。热力学湿球温度，
是指纱布蒸发水分时所需的热量全部由该球降温所提供的热量相补偿，而无一点热
损失或其他补充热量热源；但仪器上的湿球温度则有其他热的补充。而在纱布蒸发
水分时除由湿球吸热外还吸收了大气辐射热和玻璃杆传导的热量，故其温度下降程
度略有减轻，即仪器上的湿球温度略高于热力学湿球温度。因此，必须弄清湿度计
上的湿球温度与热力学上的湿球温度之间的区别。湿度计上的湿球温度（t_s）为感
温球上罩有湿纱布的温度计所表示的湿空气的温度。气流通过纱布的速度至少
4.57m/s。如果空气为蒸发着的水分绝热饱和，这时，湿空气与水所达到的温度称
为热力学湿球温度（t_s）。湿空气的湿度计湿球温度与热力学湿球温度是接近相
等的。

　　如图 4-2 所示，用湿棉布包扎温度计水银球感温部分，棉布下端浸在水中以维
持棉布一直处于润湿状态，这种温度计称为湿球温度计。湿棉布水汽分压大于空气
中的水汽分压，湿棉布表面的水必须要汽化，水汽向空气主流中扩散。汽化所需的
汽化热只能由水分本身温度下降释放出显热而供给。水温下降后，与空气间出现温
度差，空气即将因这种温度差而产生的显热传给水分，但水分温度仍要继续下降放
出显热，以弥补气化水分不足的热量，直至空气传给水分的显热等于水分汽化所需
的汽化热时，湿球温度计上的温度维持稳定，这种稳定温度称为湿球温度，以 t_s
或 t_w 表示（图 4-2 和图 4-3）。

$$t_s = \varphi(空气温度、湿度)$$

　　如图 4-3 所示，当湿球温度计上温度达到稳定时，空气向棉布表面的传热速
率为：

$$Q=aS(t-t_s) \tag{4-19}$$

式中 Q——空气向湿棉布的传热速率，W；

      a——空气向湿棉布的对流传热系数，$W/(m^2 \cdot ℃)$；

      S——空气与湿棉布间的接触表面积，m^2；

      t——空气的温度，℃；

      t_s——空气的湿球温度，℃。

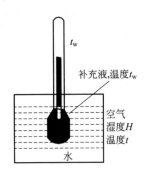
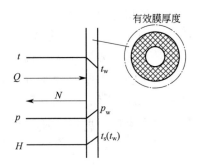

图 4-2   湿球温度测量   图 4-3   湿球温度传热示意

气膜层中的湿度为温度 t_w 下的饱和湿度 H_{s,t_w}，故气膜中水汽向空气的传递速率为：

$$N=k_H(H_{s,t_w}-H)S \tag{4-20}$$

式中 N——水汽由气膜向空气主流中的扩散速率，kg/s；

      k_H——以湿度差为推动力的传质系数，$kg/(m^2 \cdot s \cdot \Delta H)$；

      H_{s,t_w}——湿球温度下空气的饱和湿度，kg/kg 绝干气。

在稳定状态下，传热速率与传质速率之间关系为：

$$Q=Nr_{t_w} \tag{4-21}$$

式中 r_{t_w}——湿球温度下水汽的汽化热，kJ/kg。

联立式(4-19)～式(4-21) 整理得：

$$t_w=t-\frac{k_H r_{t_w}}{a}(H_{s,t_w}-H) \tag{4-22}$$

实验证明上式中，k_H 与 a 二者都与空气速度的 0.8 次幂成正比，故可认为二者比值与气流速度无关，对空气-水蒸气系统而言，$a/k_H \approx 1.09$ 由上知 $t_w=\varphi(t,H)$。

应指出：测湿球温度时，空气的流速应大于 5m/s，以减少辐射与传导的影响，使测量结果较为准确。

七、热焓量（焓）

干空气与水蒸气混合物的热含量（焓）(I)，是超过某一基准温度时，每单位重量干空气的湿空气中的含热量，单位为 kJ/kg 干空气。由于在实际工程上有意义的只是热含量之差，因此，基准温度的选择就无关紧要。干空气与液态水的基准温度，通常分别选择 0℃ 与 32℃。在谷物干燥中所采用的空气热含量（焓）值的范围为 10～135kJ/kg 干空气。

湿空气的热含量 I 又称为焓，为 1kg 干空气和它拥有的水蒸气共有的热量，

$$I = I_g + I_s$$
$$= C_g t + (C_s t + 2500) d$$

∵　　　　$C_g = 1.005 kJ/(kg \cdot ℃), C_s = 1.85 kJ/(kg \cdot ℃)$

∴　　　　$I = 1.005t + (1.85t + 2500)d (kJ/kg 干空气)$ 　　　　(4-23)

式中，2500 为 1kg 水的汽水热，即 2500kJ/kg 水。

八、比容

湿空气的比容是指 1kg 干空气所占有的湿空气的体积，单位 m³/kg 干空气，即：

$$v = \frac{V}{G_g} = V \div \frac{P_g V}{R_g T} = \frac{0.286 T}{P - P_s}$$ 　　　　(4-24)

式中　v——比容，m³/kg 干空气。

湿空气的重度等于其比容的倒数。在谷物干燥中所采用的比容为 0.78～1.56 m³/kg 干空气。

第三节　焓湿图

一、焓湿图（I-d 图）的说明

干空气与水蒸气混合物的热力学特性在分析谷物干燥问题中是经常需要的。每种计算方法在前述各节中都已经论述过了。为了减少频繁计算，绘制包括湿空气最常用的热力学特性数值的专用图。这些图叫做焓湿图，又称"湿度计算图"，是用来表示湿空气状态参数并进行工程计算的工具。

当前使用的湿度计算图有多种。这些计算图之间的不同点是：气压、温度范围、所包括的热力学特性以及坐标的选择各有不同。这种图可表示出七种状态参数，即干球温度、湿球温度、焓、湿含量、相对湿度、比容及露点温度。各参数的等值曲线走向如图 4-4 所示，其正式曲线如图

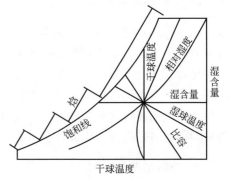

图 4-4　焓湿图的状态参数曲线走向表示

4-5～图 4-7 所示。

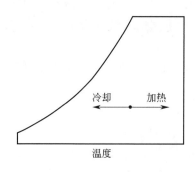

图 4-5　湿焓图上的加热与冷却过程

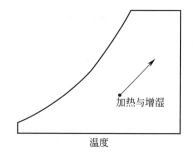

图 4-6　湿焓图上的加热与增湿过程

二、焓湿图的应用

湿度计算图可提供一种大气压下的湿空气的热力学特性如下：干球温度、湿球温度；露点（或饱和）温度、湿含量、相对湿度、比容；热含量。

若上述特性中有两个为已知，通常就可以在图上找出空气的状态点，并通过该点的各相应线的读数找出其他特性。

1. 加热与冷却

与谷物处理有关的若干过程可方便地表现在湿度计算图上。在等湿含量时空气的加热与冷却，其热量是从热交换器中的干燥空气加入或引出，如同在间接加热器中（用于谷物干燥）或在蒸发器中（用于谷物冷藏或降温）一样。

在湿度计算图上，平行于横坐标的水平直线代表加热与冷却过程（见图 4-5），由图可知湿空气的干球温度、湿球温度、热含量、比容和相对湿度等发生变化，湿含量、露点温度和蒸气压则不发生变化。

2. 带有增湿的加热

在多数加热空气的谷物干燥系统中，热能是通道气体在空气中的直接燃烧而加入到空气中去的。在此过程中，不但有热量而且有少量水蒸气也被加入到空气中去。这种加热与增湿过程的结果，使空气的热含量、湿含量、蒸气压、干球湿度、湿球温度、露点温度以及比容等都增加了。相对湿度的变化是由加入到空气中的热能与水蒸气的相对数量来确定的。在谷物干燥设备中，干燥空气的相对湿度，则在加热器内燃料燃烧过程中降低了（见图 4-6）。

3. 带有减湿的冷却

在谷物的低温贮藏过程中，空气由于通过蒸发器往往被冷却到露点温度以下。

由于空气在露点温度时水蒸气饱和，在其温度下降到 T_{dp} 以下时，则空气中的水分迅速凝结，因而空气的湿含量下降，其露点温度、湿球温度、干球温度、热含量和比容同样也都下降，冷却与减湿的过程如图 4-7 所示。

4. 干燥塔谷物的干燥过程，可看作一个绝热过程

这意思就是此谷物水分蒸发所需要的热量完全由干燥空气供给而没以传导或辐射的形式从周围环境进行热量的传递。当空气通过潮湿的谷物堆时，空气的大部分显热被转化为潜热，其结果是空气中所持的以蒸气状态存在的水分增加了。在绝热干燥过程中干球温度下降，而湿含量和相对湿度、蒸气压和露点温度上升，热含量与湿球温度在绝热干燥过程中实际上保持恒定不变。谷物干燥过程见图 4-8。

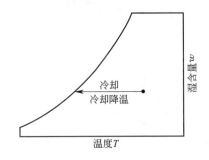

图 4-7　湿度计算图上湿空气的降温冷却过程

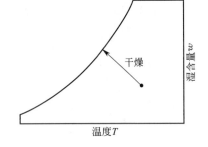

图 4-8　湿度计算图上的谷物干燥过程

5. 两种气流的混合

在若干连续流动式谷物干燥机中，要将两种具有不同重量流速、温度和湿含量的气流混合起来，其混合后的状态可直接在焓湿图上找到。

设两种气流的干气体重量流速为 m_1 与 m_2，温度为 T_1 与 T_2，湿含量为 d_1 与 d_2，其混合后所得的混合气流的干气体重量流速为 m_3，温度为 T_3，湿含量为 d_3。该过程的质量与能量的平衡式则为：

$$m_3 = m_1 + m_2$$

$$m_3 T_3 = m_1 T_1 + m_2 T_2$$

消去 m_3 得：

$$m_1(T_3 - T_1) = m_2(T_2 - T_3)$$

$$m_1(d_3 - d_1) = m_2(d_2 - d_3)$$

因此，
$$\frac{T_3 - T_1}{d_3 - d_1} = \frac{T_3 - T_2}{d_3 - d_2}$$

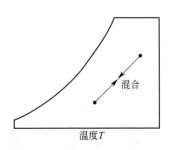

图 4-9　湿度计算图上两种湿空气气流混合过程

重行排列得：$\dfrac{m_1}{m_2}=\dfrac{T_2-T_3}{T_3-T_1}=\dfrac{d_2-d_3}{d_3-d_1}$

因此，两种气流混合物的状态，在 $T\text{-}W$ 湿度计算图上处于 $(T_1，d_1)$ 与 $(T_2，d_2)$ 两点的连线上。点 $(T_3，d_3)$ 可用代数求出，或用全等直角三角尺直接在焓湿图上找到。混合过程如图4-9所示。

第四节 谷物平衡水分的介质状态曲线

谷物与各种状态介质接触都有它的平衡水分。如图4-10所示：某谷物与温度为 $4.4℃$ 及相对湿度为 78% 的介质接触，则其平衡水分为 18%（M_s）；若与温度为 $60℃$ 及相对湿度为 82% 的介质接触，则其平衡水分为 14%。

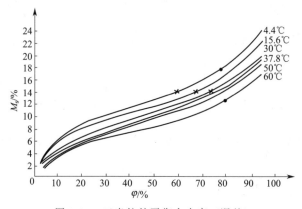

图4-10 玉米粒的平衡含水率（湿基）

如若调整上述三种温度的各介质相对湿度，则也可以使该谷物与三种介质接触时，得到一样的平衡水分，如图4-10中"×"号处三点：在介质温度为 $4.4℃$，但其相对湿度减少到 59% 时，可使该谷物达到平衡水分 14%；若将温度为 $30℃$ 的介质使其相对湿度增加到 76% 时也能使该谷物的平衡水分达到 14%。这说明某种谷物的平衡水分如要求一定时，可采取多种不同温度和不同湿度的介质来干燥，如把同一平衡水分的各种对应的介质参数状态点找到并在焓湿图上连成曲线，这就叫"谷物平衡水分的介质状态点曲线"，有了这样的曲线（如图4-11中的粗黑线），对于分析谷物干燥过程则十分方便。

分析干燥进行时，可由某介质状态点沿等焓方向移动，当其遇到上述的"谷物平衡水分的介质状态点曲线"时，则移动停止，表示干燥完了，说明该介质已使谷物达到了平衡水分，不可能再发散水分，该点即为废气状态点。

湿度计算图的用法举例——以下为谷物处理问题中使用湿度计算图（图4-11）的具体例子。

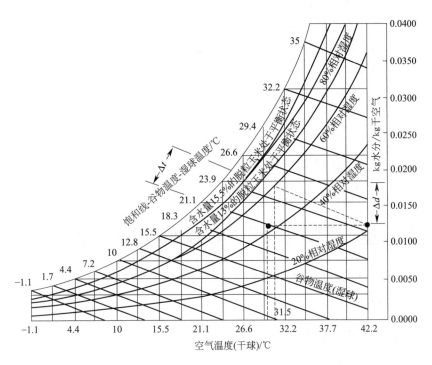

图 4-11　湿度计算图（谷物平衡水分的介质状态曲线图）

【例 4-1】　今有湿空气的干球温度为 29.5℃，湿球温度为 21℃，试利用焓湿图确定该气体的状态并找出其相应各参数。

　　解　根据干球温度及湿球温度已知两条件，可从图中找出其状态点，并从该点看出下列各参数值，即湿含量 $d=0.013$kg/kg 干空气、热含量 $I=61$kJ/kg 干空气、露点温度为 17.5℃、相对湿度 $\varphi=50\%$ 及比容 $v=0.875$m³/kg 干空气等。

【例 4-2】　今有一仓谷物，采用干球温度为 43.3℃，流量为 0.47m³/s 的热介质进行干燥。若该介质环境空气条件为干球温度 29.4℃，湿球温度 21℃，干燥后的废气干球温度为 31.5℃，相对湿度为 60%，试求每小时需加入的热介质的热量及每小时可蒸发谷物中的水分重量。

　　解　先根据环境空气的已知条件（干球温度及湿球温度）找出介质加热前的状态点 1，然后按着加热到 43.3℃（干球）的要求找出热介质的状态点 2，最后再根据废气温度（干球）和废气相对湿度找出废气的状态点 3。

　　从状态点 1 到状态点 2 可看出每公斤干空气需加入的热量，即热含量的增量 ΔI，从状态点 2 到状态点 3 可看出热介质在干燥谷物过程中每公斤干空气能蒸发谷物的水分重量，即湿空气的湿含量增量 Δd。

　　① 设每小时需加入热介质的热量为 H_h，则：

$$H_h = \Delta I \frac{Q}{v} \tag{4-25}$$

式中　Q——热介质的流量，$Q=0.47\text{m}^3/\text{s}$；

ΔI——热介质焓的增量，$\Delta I=15.5\text{kJ/kg}$ 干空气；

v——热介质的比容，$v=0.875\text{m}^3/\text{kg}$ 干空气。

代入得 $H_h=29972\text{kJ/h}$。

② 设每小时去水量为 W_h，则

$$W_h=\Delta d\,\frac{Q}{v}$$

式中　Δd——热介质的湿含量增量，$\Delta d=0.048\text{kg/kg}$ 干空气。

代入得：$W_h=92\text{kg/h}$。

第五节　干燥过程的物料衡算与热量衡算

干燥器及辅助设备的计算或选择常以物料衡算、热量衡算、速率关系及平衡关系作为计算手段。

一、干燥系统的物料衡算

通过干燥系统作物料衡算，可以算出：①从物料中除去水分的数量，即水分蒸发量；②空气的消费量；③干燥产品的流量（图 4-12）。

图 4-12　各流股进出逆流干燥器示意

1. 水分蒸发量 W

总水分衡算：　　　　$LH_1+GX_1=LH_2+GX_2$ 　　　　　　(4-26)

或：　　　　　　　$W=L(H_2-H_1)=G(X_1-X_2)$ 　　　　　(4-27)

式中　W——单位时间内水分的蒸发量，kg/s；

G——单位时间内绝干物料的流量，kg/s。

强调：基准与物料必须相匹配，即干基必须是干物料。

2. 空气消耗量 L

将式(4-27)整理可得：

$$L = \frac{G(X_1 - X_2)}{H_2 - H_1} = \frac{W}{H_2 - H_1} \qquad (4\text{-}28)$$

式中 L——单位时间内消耗的绝干空气量，kg 绝干气/s。

将 (4-28) 等号两侧均除以 W 得：

$$l = \frac{L}{W} = \frac{1}{H_2 - H_1}$$

式中 l——每蒸发 1kg 水分时，消耗的绝干空气数量，称为单位空气消耗量，kg 绝干气/kg 水分。

3. 干燥产品流量 G_2

$$G = G_2(1 - w_2) = G_1(1 - w_1)$$

总质量－水分质量＝绝干物料质量，出干燥器的绝干物料＝入干燥器的绝干物料

式中 G——绝干物料；

w_1——物料进干燥器时湿基含水量；

w_2——物料离开干燥器时湿基含水量。

应指出：干燥产品只是含水少不等于绝干物料，即绝干物料不含水，在干燥器中其质量不变。

二、干燥系统的热量衡算

通过干燥系统的热量衡算，可以求得：①预热器消耗的热量；②向干燥器补充的热量；③干燥过程消耗的总热量。这些内容可作为计算预热器传热面积、加热介质用量、干燥器尺寸以及干燥系统热效应等的依据（图 4-13）。

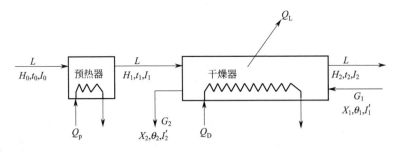

图 4-13 连续干燥过程的热量衡算示意

1. 衡算的基本方程

图 4-13 中，θ_1，θ_2 分别为湿物料进入和离开干燥器时的温度。

若忽略预热器的热损失，以 1s 为基准，对图 4-13 预热器列焓衡算式，得：

$$LI_0 + Q_p = LI_1$$

故单位时间内预热器消耗的热量为：

$$Q_p = L(I_1 - I_0) \tag{4-29}$$

再对图 4-13 的干燥器列焓衡算，以 1s 为基准，得：

物料基准为绝干物料 G（入方、出方 G 不变）

$$\text{入方} \qquad LI_1 + GI_1' + Q_D = LI_2 + GI_2' + Q_L \qquad \text{出方}$$

Q_L 为热损失。

故单位时间内向干燥器补充的热量为：

$$Q_D = L(I_2 - I_1) + G(I_2' - I_1') + Q_L \tag{4-30}$$

联立式(4-29)、式(4-30) 得：

$$Q = Q_p + Q_D = L(I_2 - I_0) + G(I_2' - I_1') + Q_L \tag{4-31}$$

式(4-29)～式(4-31) 为连续干燥系统中热量衡算的基本方程式。为了便于分析和应用，将式(4-31) 作如下处理。假设：

假设（1）新鲜空气中水汽的焓等于离开干燥器废气中水汽的焓，即：

$I_{v_0} = I_{v_2}$（新鲜空气水汽少，废气中水汽包括原有水汽加上新蒸发的物料中的水汽，本假设把水汽从 $t_0 \to t_2$ 的显热忽略掉）

假设（2）湿物料进出干燥器时的比热取平均值 c_m，根据焓的定义，可写出湿空气进出干燥系统的焓分别为：

$$\begin{aligned} I_0 &= c_g(t_0 - 0) + H_0 c_v(t_0 - 0) + H_0 r_0^\circ \\ &= c_g t_0 + H_0 c_v t_0 + H_0 r_0^\circ \\ &= c_g t_0 + I_{v_0} H_0 \end{aligned}$$

同理：

$$I_2 = c_g t_2 + I_{v_2} H_2$$

上两式相减并将假设（1）代入，为了简化起见，取湿空气的焓为 I_{v_2}，故：

$$I_2 - I_0 = c_g(t_2 - t_0) + I_{v_2}(H_2 - H_0) \tag{4-32}$$

或：

$$I_2 - I_0 = c_g(t_2 - t_0) + (r_0^\circ + c_{v_2} t_2)(H_2 - H_0)$$

$$= 1.01(t_2 - t_0) + (2490 + 1.88 t_2)(H_2 - H_0) \tag{4-33}$$

湿物料进出干燥器的焓分别为：将假设（2）代入下式：

$$I_1' = c_{m_1} \theta_1 \qquad I_2' = c_{m_2} \theta_2$$

（焓以 0℃ 为基准温度，物料基准状态为绝干物料）

式中 c_{m_1}，c_{m_2}——湿物料进、出干燥器时的比热容，kJ/(kg 绝热干料·℃)。

$$I_2' - I_1' = c_m(\theta_2 - \theta_1) \tag{4-34}$$

将式(4-33)、式(4-34) 及 $L = \dfrac{W}{H_2 - H_1}$ 代入式(4-31) 得干燥系统消耗的总热量为：

$$Q = Q_p + Q_D = L(I_2 - I_0) + G(I_2' - I_1') + Q_L$$

$$= L[1.01(t_2-t_0)+(2490+1.88t_2)(H_2-H_0)]+Gc_m(\theta_2-\theta_1)+Q_L$$

$$= 1.01L(t_2-t_0)+W(2490+1.88t_2)+Gc_m(\theta_2-\theta_1)+Q_L \tag{4-35}$$

分析式（4-35）可知，向干燥系统输入的热量用于：①加热空气；②蒸发水分；③加热物料；④补偿热损失。

上述各式中的湿物料比热容 c_m 可由绝干物料比热容 c_s 及纯水的比热容 c_w 求得，即：

$$c_m=c_s+Xc_w$$

2. 干燥系统的热效率

$$\eta=\frac{\text{蒸发水分所需的热量}}{\text{向干燥系统输入的总热量}}\times 100\%$$

蒸发水分所需热量为：$Q_v=W(2490+1.88t_2)-4.187\theta_1 W$

水从 $0\to20℃$ 平均比热容为 4.187kJ/(kg·℃)。

若忽略湿物料中水分代入系统中的焓，上式简化为：

$$Q_v\approx W(2490+1.88t_2) \qquad \eta=\frac{W(2490+1.88t_2)}{Q}\times 100\%$$

η 越高表示热利用率越好，若空气离开干燥器的温度较低，而湿度较高，则可提高干燥操作的热效率。

$$\because \qquad t_2\downarrow H_2\uparrow \quad W=L(H_2-H_1) \quad W\uparrow\eta\uparrow$$

但空气湿度增加，使物料与空气间的推动力即 (H_w-H) 下降，一般来说，对于吸水性物料的干燥，空气出口温度应高些，而湿度应低些，即相对湿度要低些。在实际干燥操作中，空气离开干燥器的温度 t_2 需比进入干燥器时的绝热饱和温度高 $20\sim50℃$，这样才能保证在干燥系统后面的设备内不致析出水滴，否则可能使干燥产品返潮，且易造成管路的堵塞和设备材料的腐蚀。

在干燥操作中，废气（离开干燥器的空气）中热量的回收对提高干燥操作的热效率有实际意义，故生产中常用废气预热冷空气或冷物料，此外还应注意干燥设备和管道的保温隔热。

三、空气通过干燥器时的状态变化

由计算结果看出，对于干燥系统进行物料衡算与热量衡算时，必须知道空气离开干燥器的状态参数，而干燥过程既有热量传递又有质量传递，情况复杂，一般根据空气在干燥器内焓的变化，将干燥过程分为等焓过程与非等焓过程两大类。

将式 $Q_P=L(I_1-I_0)$ 与式 $Q_D=L(I_2-I_1)+G(I_2'-I_1')+Q_L$ 相加得：

$$Q_D + Q_p = L(I_2 - I_1) + G(I_2' - I_1') + Q_L + L(I_1 - I_0)$$

整理上式并以式 $Q_p = L(I_1 - I_0)$ 等号右侧项代替式中 Q_p，得：

$$Q_D + L(I_1 - I_0) = L(I_2 - I_0) + G(I_2' - I_1') + Q_L$$

1. 等焓干燥过程

等焓干燥过程又称绝热干燥过程（图 4-14），假设如下一些条件：
① 不向干燥器中补充热量，即 $Q_D = 0$；
② 忽略干燥器向周围散失的热量，即 $Q_L = 0$（保温好）；
③ 物料进出干燥器的焓相等，即 $G(I_2' - I_1') = 0$。

入干燥器、绝干物料＋水分量多、温度低 ⎰
出干燥器、绝干物料＋水分量少、温度高 ⎱ 二者焓相差不多

将上述假设①～③代入式(4-31)，得：$L(I_1 - I_0) = L(I_2 - I_0)$

即：
$$I_1 = I_2$$

上式说明空气通过干燥器时焓恒定，实际操作中很难实现这种等焓过程，故称为理想干燥过程，但它能简化干燥的计算，并能在 H-I 图上迅速确定空气离开干燥器时的状态参数。

2. 非等焓干燥器过程

非等焓干燥器过程又称为实际干燥过程，如图 4-15 所示。
(1) 操作线在过点 B 等焓线的下方　条件：① 不向干燥器补热量，即 $Q_D = 0$；
② 不能忽略干燥器向周围散失的热量，即 $Q_L \neq 0$；
③ 物料进出干燥器时的焓不相等，即 $G(I_2' - I_1') \neq 0$ 。

将以上假设代入式 $Q_D + L(I_1 - I_0) = L(I_2 - I_0) + G(I_2' - I_1') + Q_L$

经整理得：
$$L(I_1 - I_0) > L(I_2 - I_0)$$

即 $I_1 > I_2$，上式说明空气离开干燥器的焓 I_2 小于进干燥器时的焓 I_1，这种过程的操作线 BC_1 应在 BC 线的下方。

(2) 操作线在过点 B 的等焓线上方　若向干燥器补充的热量大于损失的热量和加热物料消耗的热量之和。

即：
$$Q_D > G(I_2' - I_1') + Q_L$$

将上式代入 $Q_D + L(I_1 - I_0) = L(I_2 - I_0) + G(I_2' - I_1') + Q_L$

得：
$$L(I_1 - I_0) < L(I_2 - I_0)$$

即 $I_1 < I_2$，操作线 BC_2 在等焓线 BC 上方。

(3) 操作线为过点 B 的等温线　若向干燥器补充的热量足够多，恰使干燥过程在等温下进行，即空气在干燥过程中维持恒定的温度 t_1，这种过程的操作线为

过点 B 的等温线，如图 4-15 BC_3 所示。

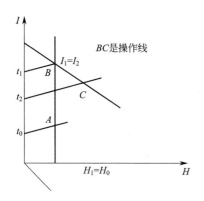

图 4-14　等焓过程中湿空气的状态变化

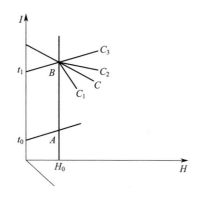

图 4-15　非等焓过程中湿空气的状态变化

非等焓过程中空气离开干燥器时状态点可用计算法或图解法确定。

第六节　干燥过程中的平衡关系与速率关系

通过物、热衡算确定的干燥介质的消耗量、水分的蒸发量及消耗的热量这些内容称为干燥静力学，本节讨论从物料中除去水分的数量与干燥时间的关系，称为干燥动力学。

一、物料中的水分

1. 平衡水分及自由水分

（1）平衡水分　物料在一定状态的空气中达到恒定的含水量，称为平衡水分，或平衡湿含量，以 X^* 表示，单位 kg 水分/kg 绝干料。

（2）自由水分　物料中超过 X^* 的那部分水分称为自由水分。

自由水分可以用干燥方法除去，因此平衡含水量是湿物料在一定空气状态下干燥的极限。

2. 结合水分与非结合水分

（1）结合水分　物料中小于相对湿度 φ 为 1 的自由水分与平衡水分之和称为结合水。通常细胞壁内的水分及小毛细管内的水分都属于结合水，较难除去。

（2）非结合水分　物料中大于相对湿度 φ 为 1 的自由水分为非结合水分。如物料中的吸附水分和空隙中的水分，故极易除去。

二、干燥时间的计算

干燥分为恒定干燥操作和非恒定干燥操作（变动干燥）。

1. 恒定干燥条件下干燥时间的计算

大量空气干燥少量湿物料，空气湿度又可认为不变，而温度取干燥器进出口温度的平均值，近似于恒定干燥。

（1）干燥实验和干燥曲线　干燥速率曲线：单位时间内、单位干燥面积上汽化的水分质量。

即：

$$U = \frac{\mathrm{d}W'}{S\mathrm{d}\tau} \tag{4-36}$$

式中　U——干燥速率，又称干燥通量，$kg/(m^2 \cdot s)$；

　　　S——干燥面积，m^2；

　　W'——一批操作中汽化的水分量，kg；

　　　τ——干燥时间，s。

$$\mathrm{d}W' = -G'\mathrm{d}X$$

式中　G'——一批操作线中绝干物料的质量，kg。

$$U = -\frac{G'\mathrm{d}X}{S\mathrm{d}\tau} \tag{4-37}$$

式(4-36)、式(4-37)为干燥速率的微分表达式。

（2）干燥过程　整个干燥过程可以分为三个阶段：

① 预热段　预热段时间较短，一般并入恒速干燥段一起考虑。

② 恒速干燥段　水从物料内部扩散到物料表面，然后从表面汽化到介质中。汽化的水主要是非结合水。在表面汽化控制阶段，干燥速率 U 取决于外部干燥条件。

③ 降速干燥段　水由内向外传递的过程与恒速干燥段相同，当内部迁移控制阶段出现时。物料表面不能充分湿润，表面汽化到介质中的水主要是部分非结合水和结合水，干燥速率 U 取决于物料本身。

在恒速干燥段和降速干燥段的交汇处存在拐点即临界点。临界点含水量越大，同样干燥任务下需要的时间越长。临界含水量与物料的性质、厚度、干燥速率 U 等有关。

（3）干燥时间的计算

① 恒速干燥段时间的计算

$$\tau_1 = \frac{G'}{U_c S}(X_1 - X_c) \tag{4-38}$$

② 降速阶段干燥时间的计算

$$\tau_2 = \frac{G'X_c}{U_cS}\ln\frac{X_c-X'}{X_2-X'} \qquad (4-39)$$

式中　X_1——干燥前的含水量，%（干基）；

X_c——临界含水量，%（干基）；

X_2——干燥前的含水量，%（干基）；

X'——平衡含水量，%（干基）；

U_c——恒速干燥速率，$kg/(m^2 \cdot s)$。

2. 变动干燥条件下干燥时间的计算

在连续干燥过程中，无论空气与物料的接触方式是顺流、逆流还是混流，空气的状态都是沿着干燥气的长度或高度变化的。干燥阶段计算公式与恒定干燥条件相似。预热段时间较短，一般并入恒速干燥段一起考虑。

（1）干燥第一阶段的干燥时间

$$\tau_1 = \frac{G'}{U_cS}(X_1-X_c) \qquad (4-40)$$

（2）干燥第二阶段的干燥时间

$$\tau_2 = -\frac{G'}{S}\int_{X_c}^{X_2}\frac{dX}{U} \qquad (4-41)$$

第五章 谷物干燥过程的机理研究

第一节 干燥过程的机理

谷物干燥的过程，可概括为两个基本过程：谷物内部的水分以汽态或液态的形式沿毛细管扩散（转移）到谷物表面，再由表面蒸发到干燥介质中去。一般地说，内部扩散与外部蒸发同时发生，但两者的速度不一定时时相等。当扩散速度大于蒸发速度时，蒸发速度的快慢对干燥过程起着控制作用，称外部控制；反之，当蒸发速度大于扩散速度时，扩散速度的大小对干燥过程起着控制作用，称内部控制。合理的干燥工艺应该是：使内部扩散速度等于或接近等于外部蒸发速度。

对于薄的叶片（如茶叶）及小颗粒的谷物，内部扩散速度一般大于外部蒸发速度。此时，为提高干燥速度，应设法提高外部蒸发速度。此外，在外部控制的干燥过程中，被干燥物料表面的温度，等于干燥介质的湿球温度，且可认为干燥介质与被干燥物料的温度差为定值。

对于颗粒较大的谷物，内部扩散速度一般小于外部蒸发速度（特别是含水率较小时），此时，提高干燥速度的关键是设法加快内部扩散速度，而不是设法再提高外部蒸发速度，因为在这样的情况下再提高外部蒸发速度，不但对干燥速度不会有明显影响，反而会引起谷物爆裂、变形等不良后果。

当出现内部扩散速度小于外部蒸发速度时（如在谷物干燥的降速阶段），谷物温度将逐渐升高，干燥速度逐渐下降，此时的谷物表面温度不再等于湿球温度，干燥介质与谷物的温度差也不是定值。

对谷物干燥来说，当出现内部扩散速度小于外部蒸发速度时，很难人为地提高内部扩散速度，此时，为使扩散速度与蒸发速度相协调，常采用如下两个措施。

① 适当减小外部蒸发速度，为此，可降低干燥介质的温度或减小通过谷物的干燥介质流速。

② 暂时停止干燥，并将处于热状态的谷物堆放起来，使谷物内部的水分逐渐向外扩散。此时的扩散过程，称缓苏过程，简称缓苏。谷物经缓苏后，表层的含水

率比缓苏前提高了，因而有利于干燥。实践证明，为使缓苏达到预期效果，缓苏时间可在 40min～4h 的范围内选用；缓苏仓较小时，可取下限；缓苏仓较大时，可取上限。经缓苏后，即使不再加热干燥而只送入外界空气加以冷却，亦可在冷却过程中使谷物含水率继续降低 0.5％～1％。当内部扩散速度大于外部蒸发速度时（如在谷物干燥的等速干燥阶段以前），采取缓苏措施是没有必要的。

第二节 谷物干燥特性曲线

谷物干燥过程是一个复杂的物理过程，因此谷物干燥特性曲线一般都是根据试验数据作出。然而，通过分析这些试验所得的曲线，又反过来对实际的干燥过程有指导意义。

谷物干燥特性曲线包括谷物水分随干燥时间而变化的曲线 $M = f(\tau)$，谷物温度随时间而变化的曲线 $T = f(\tau)$ 及谷物干燥速度 $\dfrac{dM}{d\tau}$ 随干燥时间而变化的曲线 $\dfrac{dM}{d\tau} = f(\tau)$。这些曲线是在薄层干燥条件下试验测定的。现以典型干燥过程对其所得曲线（图 5-1）介绍如下。

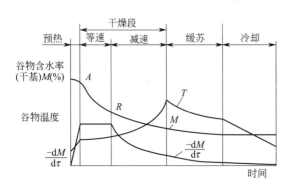

图 5-1 谷物干燥特性曲线

典型干燥工艺过程包括预热、等速干燥、减速干燥、缓苏及冷却五个阶段，各阶段的过程如下。

1. 预热阶段

预热阶段如图中所示。在这个阶段中，干燥介质供给谷物的热量主要用来提高谷物温度，只有一部分热量使水分蒸发。随着谷物温度的提高，谷物表面的水蒸气分压力也不断增大，从而使干燥速度加快。当干燥介质供给谷物的热量正好等于水分蒸发所需要的热量时，谷物温度不再升高，干燥速度也不再变化，使干燥过程进入等速干燥阶段。预热阶段的长短取决于谷物初温、谷层厚度、干燥介质温度及流速等因素。在小型实验中，这个阶段一般很短，有时甚至难以测出。

2. 等速干燥阶段

此阶段的谷物干燥已达到了介质的湿球温度，由于谷物水分由里向外扩散速度较大，则干燥速度较快并维持稳定不变，相当于自由水的蒸发。该阶段的谷物温度保持在湿球温度，谷物水分直线下降。

3. 减速干燥阶段

随着干燥过程的进行，谷物的含水率逐渐下降，干燥室内不同位置的谷物的含水率将有所不同。当某一位置的谷物的含水率降低到吸湿含水率之后，其表面上的水蒸气分压力将下降，使谷物表面与干燥介质之间的水蒸气分压力之差减小，从而使谷物的平均干燥速度减慢，于是干燥过程进入了减速干燥阶段。

减速干燥阶段中，干燥速度逐渐下降，而谷物的温度则逐渐上升。

等速干燥阶段与减速干燥阶段的交点称第一临界点，与此点相应的谷物平均含水率称第一临界含水率。当第一临界点出现时，由于干燥室中只在某一位置的谷物含水率达到吸湿含水率，而其他位置的谷物含水率尚大于吸湿含水率，因此，取其平均值的第一临界含水率将大于吸湿含水率。在干燥过程中，不同位置的谷物含水率愈不均匀，谷物表面和内部的含水率相差愈大，则第一临界含水率和吸湿含水率之差也愈大。

第一临界点出现的迟早不仅和谷物的吸湿含水率有关，也与谷物的形状及大小、谷物层厚度、干燥介质的状况及数量有关。当水分从谷物内部扩散到表面的扩散速度增大（如较薄或较小的作物）、水分从谷物表面蒸发到干燥介质中的速度减慢（如干燥介质的温度较低、相对湿度较大，流速较小时），则谷物内部与表面的含水率差将减小，从而使第一临界含水率减小（但不会小于吸湿含水率）。反之，若增大干燥速度，即提高干燥介质的温度及流速，则由于谷物表面水分蒸发速度的增强，使第一临界点提前出现。

如前所述，在干燥过程中，一般是谷物内部的含水率比表面的含水率高。这就是说，当谷物的表面都已达到平衡含水率时，其内部的含水率却还比平衡含水率高。而当谷物表面达到平衡含水率时，则在谷物表面蒸发水分的现象已经终止。此时，为使谷物内部的水分继续除去，蒸发水分将从表面逐渐向谷物内部转移，出现了干燥过程的第二临界点。此后，水分的蒸发更加困难，干燥速度进一步下降。当谷物各部分的含水率都达到平衡含水率后，干燥速度等于零，而谷物的温度则被提高到等于干燥介质的温度。

降速干燥阶段的干燥速度取决于谷物内部水分扩散速度。谷物性质不同，内部水分扩散速度也不同，因而降速干燥阶段曲线的形状及第二临界点的位置也有所不同。

4. 缓苏阶段

此阶段为谷物保温堆放状态，使谷粒内、外层的热量和水分相互传递。逐渐达到表里温、湿平衡。缓苏后谷物表面温度有所下降，水分也少许降低，干燥速度变化很小。

5. 冷却阶段

此阶段的谷物温度要求下降到不高于环境温度 $5℃$ 左右，冷却过程中谷物水分基本保持不变，降水幅度为 $0\sim0.5\%$。

第三节　影响谷物干燥过程的主要因素

影响谷物干燥的主要因素，前面各章都已断断续续地谈过一些，这里再作进一步的归纳和补充。

一、谷物品种

谷物品种不同，其化学成分、组织结构、水分与谷物干物质的结合形式、吸湿性能等都不同，因而其干燥特性及干燥时间也不同。

二、谷物的形状、大小及谷层厚度

作物较薄、颗粒较小，则较容易干燥；而谷层愈厚，则愈难干燥。图 5-2 是用人工增湿的小麦进行试验所得的干燥特性曲线。从这些曲线可以看出，在干燥介质状况相同的条件下，随着谷层厚度的增加，谷物平均温度相应降低，等速干燥阶段相应延长（当厚度 L_{gw} 为 3mm 时，几乎没有等速干燥阶段），且在含水率降低范围相同的情况下，所需干燥时间也随谷层厚度的增加而增加。

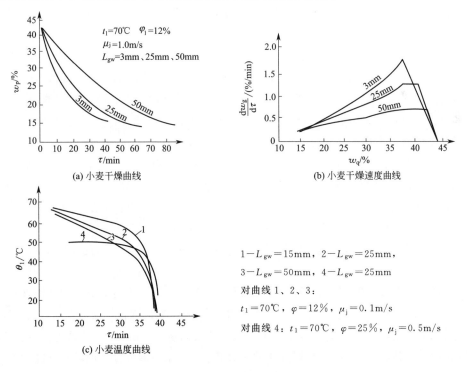

图 5-2　人工增湿小麦的干燥特性曲线

三、干燥前后谷物的含水率

由干燥速度曲线可以看出，在谷物干燥前的含水率小于吸湿含水率时，则干燥过程没有等速干燥阶段，只有减速干燥阶段。而在减速阶段中，谷物含水率愈接近平衡含水率，则干燥速度愈小。所以，要求干燥后的含水率愈小（但不宜小于平衡含水率），则干燥愈困难。

四、干燥介质的状况

干燥介质的状况指的是它的温度、相对湿度及流速，这些因素对干燥过程都有影响。

进入干燥室的介质温度，不但可使谷物表面的水分加速蒸发，也可使谷物温度较高，加速谷物内部水分扩散速度。这就是说，提高温度可增大干燥速度，提高干燥过程的经济性。但是，干燥介质的温度也不宜过高，因为温度过高，将引起两方面的不利影响：其一，对干燥不利。当干燥介质的温度提高到使谷物表面的水分蒸发速度大于内部扩散速度时，将使第一临界点提前出现，从而使等速干燥阶段缩短（甚至没有等速干燥阶段），减速干燥阶段延长，这对干燥是不利的。其二，对谷物品质不利。谷物被加热至 $50℃$（最高不超过 $60℃$）以上，品质就要变化。因此，干燥介质温度的高低应以谷物温度 $50\sim60℃$ 为宜。若温度过高，对小麦来说，其面筋含量将下降或完全丧失，弹性也没有了，品质显著变坏；对稻谷或玉米来说，在急剧干燥的情况下，其表层形成"硬结"，使内部水分难以向外扩散而集结起来，当集结在内部的水蒸气压力升高到一定数值时，必将在表皮较薄弱的环节冲出，从而形成稻谷爆腰，玉米胀裂。为提高干燥速度，又能保证谷物品质，采用分段干燥是值得提倡的，当谷物含水率较高时，先用温度较高的干燥介质干燥谷物；当含水率降低到吸湿含水率时，改用温度较低的干燥介质干燥谷物。

干燥介质温度的高低还与介质和谷物接触的时间有关。对于流化及气流干燥，由于干燥介质与谷物接触的时间很短，干燥介质的温度可高达 $150\sim160℃$，甚至更高；对于固定床干燥，由于干燥介质与谷物接触的时间很长，加上干燥的均匀性较差，因而干燥介质的温度不宜过高，一般控制在 $60℃$ 以下。

在一定的温度下，干燥介质的相对湿度越小，其中的水蒸气分压力也越小，有利于谷物表面水分的蒸发。但是，在相同温度下，干燥介质的相对湿度越小，其相应的湿球温度越低，使谷物表面温度也越低（在等速干燥阶段，谷物表面温度近似等于湿球温度），因而使谷物内部水分扩散速度减慢。所以，仅仅降低相对湿度以强化干燥过程的做法，常会导致外部蒸发速度大于内部扩散速度，以致使谷物表面硬结。相反，当出现外部蒸发速度大于内部扩散时，若适当提高干燥介质的相对湿度（如采用部分废气循环），可使外部蒸发速度适当降低，而内部扩散速度则相应增大，从而使整个干燥过程加快。

在干燥介质中用去湿基除去其中的部分水分，可使相对湿度降低，但成本很高。因此，除非在试验中对恒温恒湿有特殊要求，一般不宜提倡使干燥介质去水以降低相对湿度的做法。事实上，即使相对湿度很高的大气经适当加热升温后，其相对湿度即显著下降，可满足干燥谷物的要求。

增大干燥介质的流速 μ_j，也能使干燥过程强化，但不是成正比地强化。当流速增大到一定数值之后，其影响相对减小。如图 5-3 所示，当谷物含水率较高时，流速对干燥过程影响较大：在干燥时间相同的情况下，流速大的，含水率降低也较快。但当干燥过程进入减速阶段后，内部扩散速度对干燥过程起着控制作用，故流速的增加对干燥过程的影响不显著。此外，干燥介质在干燥机出口处的流速不应大于谷物的临界流速（风速），否则，谷物会被气流带走而引起损失。

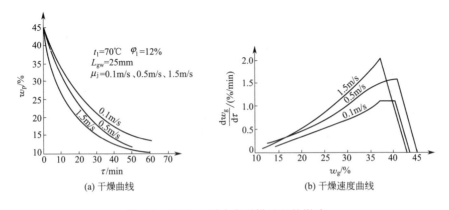

图 5-3 流速 μ_j 对小麦干燥过程的影响

干燥介质在干燥机出口处的温度、相对湿度的高低，对干燥过程也有影响。出口温度 t_2 高些，则干燥介质在干燥机内的平均温度也高一些，有利于强化干燥，但散热损失及空气升温损失却增大了，经济性较差。降低出口的相对湿度 φ_2，虽然可增大谷物麦面水分蒸发速度，但随着 φ_2 的减小，干燥介质出口处的含湿量 d_2 相应减小，从而使单位气耗量增大，经济性也较差。所以，为提高干燥机的经济性，应使 t_2 低些，φ_2 高些，但 t_2 的降低及 φ_2 的提高受谷物平衡含水率及露点的限制。据此，设计干燥机时，应使 t_2、φ_2 所对应的平衡含水 $w_{p,g}$ 小于干燥机出口处的谷物的含水率 $w_{p,g}$，使 t_2、φ_2 所对应的露点 t_{1d} 高于谷物的出口温度 θ_2。

五、干燥介质和谷物接触的状况

从谷物表面蒸发水分的速度与干燥介质和谷物接触的状况有关。图 5-4 示出四种接触状况，图(a)介质平行于谷物层表面流动；(b)为气流穿过静止谷物层；(c)为介质穿过流动的谷层，并使谷物处于半悬浮的"流化状态"或"沸腾状态"；(d)为介质在输送谷物中对谷物进行加热等。显然(d)的接触状况最佳，不仅放热系数及单位重量（或单位体积）的干燥面积较大，而且从谷物表面蒸发出来的水蒸气立即为干燥介质所接收，因而干燥速度最大，（b）次之，（a）最小。

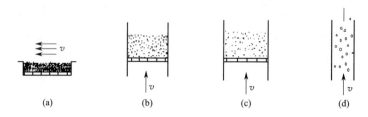

图 5-4　几种介质与谷物的接触状态
（a）介质平行于谷层表面流动；（b）介质穿过谷层（静止状态）；
（c）介质穿过谷层（处于流化或沸腾状态）；（d）介质在输送谷物中干燥

六、干燥机的形式

干燥机的形式不同，则干燥介质的状况及其与谷物接触的状况、谷物运动的形式等都不同，因而干燥速度及干燥的均匀性也不同。

以上分析说明，影响谷物干燥过程的因素是很多的，设计干燥机时，必须综合考虑上述因素，才能使所设计的干燥机既能保证谷物干燥后的品质，又达到较好的技术指标及经济指标。

第四节　薄层干燥理论

薄层干燥时间的预热阶段很短，在一般试验中看成零，故试验的薄层干燥曲线为一指数曲线（图 5-5）。关于此类曲线，国外学者研究很多，现介绍美国学者 Hukill 教授提供的经验公式。该公式理论推导基础是：干燥速度（$\dfrac{\mathrm{d}M}{\mathrm{d}\tau}$）与谷物水分高于平衡水分差值成正比，即

$$\frac{\mathrm{d}M}{\mathrm{d}\tau} = -K(M - M_e) \qquad (5\text{-}1)$$

式中　$\dfrac{\mathrm{d}M}{\mathrm{d}\tau}$——干燥速度，%/h；

　　　M——谷物水分（干基）；

　　　M_e——谷物平衡水分（干基）；

　　　K——干燥常数，因为是降水，式中为 $-K$。

解微分方程：

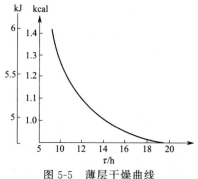

图 5-5　薄层干燥曲线

$$\int \frac{\mathrm{d}M}{M-M_e} = \int -K\,\mathrm{d}\tau$$

即：
$$\ln(M-M_e) = -K\tau + C$$

C 为积分常数，以 $\tau=0$ 为初始条件，$M=M_0$，则导出：
$$C = \ln(M_0-M_e)$$

代入：
$$\ln(M-M_e) = -K\tau + \ln(M_0-M_e)$$

$$\ln \frac{M-M_e}{M_0-M_e} = -K\tau$$

$$\frac{M-M_e}{M_0-M_e} = e^{-K\tau}$$

$$MR = \frac{M-M_e}{M_0-M_e}$$

则：
$$MR = e^{-K\tau\frac{1}{2}} \tag{5-2}$$

式中　MR——谷物水分比（即谷物去除的水分与最大可能去除水分之比），其值
为 $0\sim1$；

　　K——干燥常数，因谷物种类而异，也与谷物水分及介质状态有关，其值
用以下经验公式推导，即：

$$MR = e^{-K\tau\frac{1}{2}} \tag{5-3}$$

式中　$\tau\frac{1}{2}$——半个响应的干燥时间，即谷物水分由原始水分（M_0）干燥到距平衡
水分 M_e 的一半程度（由 $MR=1$，降到 $MR=0.5$）的时间，即：

$$MR = 0.5 = e^{-K\tau} \quad 或 \quad \ln0.5 = -K\tau\frac{1}{2}$$

$$K = -\frac{\ln0.5}{\tau\frac{1}{2}} = -\frac{0.693}{\tau\frac{1}{2}}$$

此 $\tau\frac{1}{2}$ 值可查表 5-1 确定。

如干燥玉米，其原始水分为 $M_0=25\%$，其介质温度采用 60℃，查表
其 $\tau\frac{1}{2}=2.9\mathrm{h}$，

则
$$K = -\frac{0.693}{2.9} = -0.239$$

即公式为：
$$MR = e^{-0.239\tau}$$

利用上式可推出任何干燥时间后的谷物水分比 MR 值，进而可导出该谷物水
分 M。

$$\because \qquad MR = \frac{M-M_e}{M_0-M_e}$$

$$\therefore \qquad M = MR(M_0-M_e) + M_e$$

式中　M_e——平衡水分，可查表找出。

薄层干燥公式是研究各类深层干燥过程及其干燥曲线的基础。

表5-1 玉米的 $\tau\frac{1}{2}$ 值 　　　　　单位：h

$\dfrac{\tau\frac{1}{2}}{M_0/\%}$	介质温度/℃						
	15.5	26.6	28	49	60	71	82
35	5.6	5.5	4.5	3.3	2.4	1.5	1.2
30	6.0	5.0	3.9	3.0	2.6	2.1	1.7
25	6.3	5.2	4.3	3.2	2.9	2.6	3.4
20	6.6	6.4	5.8	4.4	4.0	3.5	3.4

第五节 深层干燥理论

实际干燥作业都属深层干燥，现以定床式深层干燥为例研究深层干燥过程及其干燥公式。

定床式谷物深层干燥过程可看成有三种谷层。其最下层因首先与热介质接触其干燥过程较快，首先达到了平衡水分，称其为已干燥层；其上面的一层因其所接触的介质温度较低、相对湿度较大，故其干燥速度较慢尚未达到平衡水分，属于仍在干燥的谷层，称其为正在干燥层；在上面的一层因其所接触的介质均是温度很低、湿度较大，处于对谷物没有干燥能力的状态（即大于谷物最大吸湿水分的状态参数），因而该层谷物没有受到干燥，故称其为干燥层。

实际深层干燥的过程中，可把全部谷层分成若干个薄层，而每个薄层的介质状态参数不同，因而各层的干燥曲线也不同，如图5-6所示。

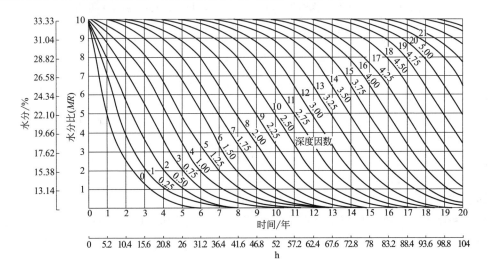

图5-6 定床深层干燥曲线

美国学者 Hukill 教授以这种想法，做了大量的试验，从而得出了可描述各个谷层干燥过程的公式。运用该公式可绘制各层的干燥曲线，并可按给定的干燥介质参数、谷物原始水分及干燥时间，算出谷床各位置的谷物水分及全谷床的平均水分。该公式为：

$$MR = \frac{2^D}{2^D + 2^Y - 1}$$ (5-4)

式中　MR——谷物水分比，$MR = \dfrac{M - M_e}{M_0 - M_e}$；

　　　M_e——谷物平衡水分（干基）；

　　　M_0——谷物原始水分（干基）；

　　　M——谷物在某时某位置处的水分；

　　　D——谷床上某层的层次代号，称为深度单元数，该值为该层以下的干谷
物质量与一个深度单元干谷物质量之比，即 $D = \dfrac{G_g}{G'_g}$；

　　　G_g——所求某谷层以下（包括该谷层）的干谷质量；

　　　G'_g——一个深度单元的干谷物质量，该质量 G'_g 是以热介质在半个响应时
间（$\tau_{\frac{1}{2}}$）内所付出的显热（由于降温所付出）全部用于蒸发一个深
度单元的谷物水分并使其达到平衡水分，以这种显热与潜热的相等
关系确定的。即

$$\frac{Q}{v} C(t_g - t_f) \tau_{\frac{1}{2}} = G'_g (M_0 - M_e) h$$ (5-5)

式中　Q——介质流量，m^3/h；

　　　v——介质比容，m^3/kg 干空气；

　　　$\dfrac{Q}{v}$——介质质量流量，kg/h；

　　　C——介质比热容（为干空气和水蒸气的平均比热容），$kJ/(kg \cdot ℃)$；

　　　t_g——介质干球温度，℃；

　　　t_f——介质废气温度，℃；

　　　$\tau_{\frac{1}{2}}$——半个响应时间（由 $MR = 1$ 的状态降到 $MR = 0.5$ 所需的时间），h；

　　　M_0——原始水分（干基）；

　　　M_e——平衡水分（干基）；

　　　h——蒸发谷物中每公斤水所需要的热量，$kJ/kg\ H_2O$，$h = 2730kJ/kg\ H_2O$。

$$G'_g = \frac{QC(t_g - t_f)\tau_{\frac{1}{2}}}{v(M_0 - M_e)h}$$ (5-6)

式中　Y——时间单元数，为干燥时间与半个响应时间之比，即 $Y = \dfrac{\tau}{\tau_{\frac{1}{2}}}$。

现举例说明深床干燥模型的应用：

【例 5-1】　设有通风干燥仓，其直径 $d = 5.5m$，内装有 $1.8m$ 高玉米，含水量
为 22%（$M_g = 28\%$），用介质为 $32.2℃$，$\varphi = 50\%$ 状态进行干燥。流量 $Q =$

$31068m^3/h$，干燥时间 $\tau=15h$。求：

（1）各深度单元的谷物水分；（2）全仓平均水分。

解 求 Y 和 D

$Y=\dfrac{\tau}{\tau_{\frac{1}{2}}}$。查表得知：在用 $t_g=32.2℃$，$\varphi=50\%$介质干燥玉米时，$\tau_{\frac{1}{2}}=5.4h$

$$Y=\frac{15}{5.4}=2.77$$

$D_{max}=\dfrac{G_g}{G_g'}$，$D_{max}$ 为全仓最顶层的最深单元数。

$$G_g=\frac{\pi d^2}{4}h_g\rho(1-M_g)=21797$$

式中　h_g——装机谷层高度，$h_g=1.8m$；

　　　ρ——谷物重量。

$$G_g'=\frac{QC(t_g-t_f)\tau_{\frac{1}{2}}}{v(M_0-M_e)h}=3851(kg)$$

$$D_{max}=\frac{21797}{3851}=5.66$$

每个单元的谷层厚度 δ 为：

$$\delta=\frac{h_g}{D_{max}}=\frac{1.8}{5.66}=0.318(m)$$

各深度单元的谷物水分及各层含水量如表 5-2 所示。

表 5-2　各层谷物水分及各层含水量

D	各层高度 /m	各层的 MR $MR=\dfrac{2^D}{2^D+2^Y-1}$	各层的 $M/\%$ $M_g=MR(M_0-M_e)+M_e$	各层的含水量 $W=G'M_g/kg$
1	0.319	0.256	16.2	623.8
2	0.639	0.40	18.46	712.4
3	0.959	0.579	21.2	816.4
4	1.279	0.733	23.7	912.9
5	1.598	0.846	25.5	982
5.63	1.80	0.88	26	630.8

通过表 5-2 求得：

$$\sum W=4678kg$$

$$M_g=\frac{4678}{21797}=0.215 \text{ 或 } 21.5\%$$

以上是用手工计算的方法进行全仓的水分分析与计算，计算方法比较繁琐。建议研究者采用 C 语言或者 Matlab 将上述公式编写成计算机程序，用计算机进行计算与分析，可用计算机绘出各谷层干燥曲线和各层的含水量及全仓的平均水分，同时也可以任意改变干燥参数看其曲线变化规律及干燥结果，以使按人们的愿望选择适当的参数。

　　用计算机进行上述分析的方法，称为计算机谷物干燥参数模拟分析。计算机模拟是当今比较流行的研究手段，愈来愈多的科技人员从事这方面的研究，而且计算机模拟的范围越来越广泛。

第六章

智能谷物干燥机的设计

第一节 谷物干燥机的设计过程

一、谷物干燥机的设计内容

谷物干燥机（塔）实际是一个成套设备；其设计的主要内容包括以下几个方面：

① 谷物干燥系统的工艺流程设计。

② 谷物干燥机的设计（包括干燥能力的计算；干燥室、缓苏室、冷却室的容积计算；干燥参数的选择；热介质的流量计算；有效供热量的计算；热风机的压力计算与选型；冷风机的流量、压力计算与选型等）。

③ 进料及出料的控制机构（排料器）的设计及输送、升运机构的设计与选型。

④ 换热器的设计和炉灶的设计或选型。

⑤ 自动控制系统（包括出粮水分自控、热风温度自控、风速风量自控、料位自控、险情报警等）的设计。

二、设计中的注意事项

在设计之前，首先要确定供热燃料和供热方式及干燥机的工艺流程和干燥机的结构形式。

1. 关于供热燃料和供热方式

供热有三种方案选择，其一是以有烟煤为燃料通过烟、风换热器，以热风进行干燥。这种方案是国内大量采用的方法，其特点是由于煤的价格较低使粮食烘干成本较低（每吨粮降1%的水的成本为2元左右）；并且烘干中对粮食没有烟气的污染。但目前生产上应用的热风炉（包括燃烧炉和换热器）大都结构庞大、造价较高（为烘干机主机价格的1/4～1/3）、热效率较低（为60%左右）、使用寿命较短（一般为2～3年）；有待性能更好、价格更便宜的新型热风炉问世。其二是以燃油（柴油）为燃料用烟与空气的混合气进行干燥，这种方式供热较简单，供热设备较便宜（为烘干机主机价格的 1/20～1/10）、工作可靠性大、热效率高（95％左右）并便于恒温自动控制。但这种方式由于燃油的价格高（每吨柴油价格为每吨煤价的 10 倍，而每吨柴油的发热量仅为每吨煤发热量的 2 倍），造成粮食干燥成本过高（一般是以煤为燃料成本的 3 倍左右）；且烘干中对粮食有轻度烟气污染。考虑我国缺煤而交通不便的地区，采用以燃油或天然气为燃料的烟气干燥也是可行的。其三是以无烟煤为燃料的烟气与空气混合气干燥，这种供热方式比较古老、简单，设备投资少、使用方便，但烘干中对粮食的烟气污染（苯并芘超标）严重，一般对食用粮干燥已禁止使用，对饲料粮烘干还可采用。

2. 关于干燥机的工艺流程和基本结构的选择

谷物干燥机的工艺流程和结构形式种类很多，根据不同的客观要求恰当地选好适宜的干燥机工艺及其结构形式是至关重要的问题。一般的选定原则如下：

① 对于小生产率的用户，一般宜选择小型批量作业的干燥机。如以干燥小麦、玉米和杂粮为主可选取圆筒形径向通风干燥机或地板通风干燥仓。如考虑干燥水稻并要求干燥质量高，可采用小型循环干燥机。如考虑玉米干燥并能干燥果穗与籽粒兼顾，可采用方仓斜床式干燥机。

② 对于大生产率的用户，应选择连续作业的干燥机。如以干燥小麦为主，可采用横流式干燥机结构，因为该机一次降水幅度较小（5％左右）、结构简单、造价较低。如以干燥玉米为主，要求降水幅度大（20％以上），则应采用干、湿粮混合干燥机或多级顺流式干燥机。

总之，干燥机总体方案的选择是否恰当，是干燥机设计先进与否的关键。

另外在选择风机时，要根据计算的风量与风压从国家系列产品中选用，一般不宜自行设计。

3. 关于干燥机设计的其他问题

① 对于外观设计，应在结构及工艺性方面，做到美观大方、经济实用。

② 在选择风机及其他动力时，应考虑噪声指标低于国家规定的标准，尽量采用低噪声设备，综合噪声≤90dB。

③ 结构和工艺必须保证烟尘排放量及干燥灰尘排放量符合环保质量要求。

三、 谷物干燥机干燥能力

谷物干燥机干燥能力，有两种表达的指标，其一是小时去水量（kg H_2O/h）；其二是小时干燥能力（t·1％H_2O/h）。国外谷物干燥机的干燥能力，一般以降水幅度为 5％的生产率来表示。

1. 小时去水量计算

根据单位时间进入干燥机的物料总质量 g_1（kg/h）与单位时间从干燥机输出物料总质量 g_2 之差来确定小时去水量 W_h，其公式推导过程如下：

$$g_1 = g_g + W_1$$
$$g_1 = g_g + W_2$$

式中　g_g——单位时间干质谷物进入干燥机或由干燥机输出的质量，kg/h；
　W_1，W_2——单位时间进入干燥机及从干燥机带出的水量，kg/h。

则

$$W_h = g_1 - g_2$$

而

$$g_g = \frac{g_1(100 - M_1)}{100} = \frac{g_2(100 - M_2)}{100}$$

代入后得：

$$W_h = g_1 \frac{M_1 - M_2}{100 - M_2} = g_2 \frac{M_1 - M_2}{100 - M_1} \quad (\text{kg/h}) \qquad (6\text{-}1)$$

2. 小时干燥能力 g_t 计算

当已知某干燥机的降水幅度 ΔM（%H_2O），并已知其湿粮生产率 g_1 时，则其小时干燥能力 g_t 为

$$g_t = g_1 \Delta M \qquad (\text{t} \cdot 1\% H_2O/h) \qquad (6\text{-}2)$$

对于批量干燥的干燥机来说，上述小时去水量 W_h 和小时干燥能力 g_t 可按平均值计算，设 g_{p1} 为每批入仓的湿谷质量，g_{p2} 为每批出仓的谷物质量，则平均小时去水量 W_h 及平均小时干燥能力 g_t 分别为：

$$W_h = \frac{g_{p1}}{\tau} \times \frac{M_1 - M_2}{100 - M_2} \text{或} = \frac{g_{p2}}{\tau} \times \frac{M_1 - M_2}{100 - M_2} \quad (\text{kg/h}) \qquad (6\text{-}3)$$

$$g_t = \frac{g_{p1}}{\tau} \times \Delta M_p \qquad (6\text{-}4)$$

式中　τ——每批干燥的时间，h；
　ΔM_p——每批干燥的降水幅度，%。

四、干燥参数的确定

所谓干燥参数，是指与本设计有关的几项参数，即介质温度、干燥时间、缓苏时间、冷却时间、热风在谷层断面处的平均流速（称为表现速度）或对于定床式干燥机的风量比，即每分钟、每立方米谷物与吹入的热风量之比[m³ 风/(m³ 谷·min)]等。

上述各参数的确定，有的可参照前人提供的经验范围（如热风温度、表现速度

或风量比等）选取，有的是通过计算确定。

对于定床式低温干燥机来说，其热风最高温度范围为：种子粮——32~43℃；商品粮——43~60℃；饲料粮——80℃左右。其通过粮层断面的平均风速即表现速度为 0.1~0.5m/s，风量比为：粒状谷物——2.4~6.4m³/(m³·min)；玉米果穗——4~6.4m³/(m³·min)。

对于高温干燥机来说，由于各种干燥机的谷物流动速度和干燥路径的长短不同，其热风的温度范围较大，为 80~200℃，个别达 300℃（气流输送式干燥机），其谷层断面的平均风速即表现速度为 0.15~0.5m/s。

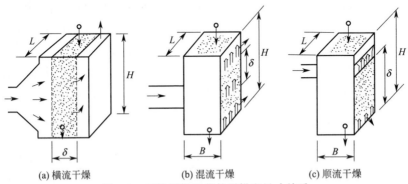

(a) 横流干燥　　　　　(b) 混流干燥　　　　　(c) 顺流干燥

图 6-1　三种干燥工艺的干燥室尺寸关系

谷物干燥时间，一般根据选取的降水幅度 ΔM 和小时降水率来推算。对于低温干燥机，其小时降水率为 0.5%/h 左右；对于高温干燥机由于其流程不同则小时降水率范围较大，一般为 2%~5%/h。

当确定了小时降水率和降水幅度之后，则干燥时间 τ 即可推出：

$$\tau = \frac{M_1 - M_2}{\Delta M_\mathrm{h}} \qquad (6\text{-}5)$$

式中　M_1——原粮水分，%（湿基）；

M_2——干燥后要求的水分为 13%~14%（湿基）；

ΔM_h——小时降水幅度，%/h。

谷物缓苏和冷却时间，各种干燥机选择范围较大。缓苏时间为 0~3h；冷却时间为 0.3~0.5h，具体选择还要根据当地作业时的大气条件而定，使冷却后的谷物温度不高于大气温度 5℃。

五、干燥机主要尺寸的确定

（一）批量生产干燥机的设计尺寸

1. 干燥仓容积的确定

批量生产的干燥机容积尺寸，主要根据每批装粮的质量和粮层堆积高度而确定。粮层堆积高度，对于浅层干燥来说一般为 0.5～1m，而对颗粒较大的物料可有所增加，如花生可堆积 1.5m 高，玉米穗可堆积 2～3m 高。

在谷层高度 h_g 确定之后，就可以计算谷仓的断面积（m²）F：

$$F = \frac{G_p}{h_g \rho} \tag{6-6}$$

式中　ρ——谷物容重，kg/m³；

　　　h_g——谷层高度；m；

　　　G_p——每批装仓的湿谷质量，kg。

当谷床断面积 F 和谷层高度 h_g 确定之后，则可确定其他尺寸，如谷床下方要有 0.5～1m 高的配风室，在谷层上面还要有 1～1.5m 的人工操作高度等。

对于圆形仓来说，应尽量向国家已定型的系列产品尺寸靠拢，以便于加工和购买备件；对于方形仓来说，要注意干燥仓的跨度不宜过大，以防过大增加谷床下面支撑板负荷，一般取其断面为 3m×4m 或 4m×4m 或 5m×5m 为适宜。

2. 谷床孔板参数的确定

谷层下方的孔板是该机的重要部件，一般取其厚度为 1～2mm，孔形有圆孔及长孔两种，圆孔直径 $\varphi = 2～2.4$mm，长孔尺寸为 $\varphi = (2～2.4)$mm×8mm。孔板冲孔面积为原面积的 10%～15%。对于只干燥玉米穗的干燥机，其孔板的孔径可加大到 $\varphi = 4$mm。

斜床式干燥机和孔板倾斜度，一般取其为 20°左右。

（二）连续生产干燥机的设计尺寸

连续生产干燥机的主要尺寸，包括热介质穿过的流动谷层厚度、加热室的有效容积、缓苏室的容积及冷却室的容积等。

在现有三种连续生产谷物干燥机（横流式、混流式和顺流式）中，加热室的流动谷物层厚度 δ 有所不同（图 6-1）。一般横流式和混流式谷层厚度较小，为 20～30cm；而顺流式谷层厚度较大，为 50～100cm。

加热室容积是根据干燥机干燥强度（每立方米容积每小时的去水量）而确定的，高温干燥机的干燥强度 $A = 20～50$kg/(m³·h)，其中横流式和混流式干燥机较小些，为 20～40kg/(m³·h)，而顺流式干燥机较大为 40～50kg/(m³·h)。加热室容积的计算公式为：

$$V = \frac{W_h}{A\lambda} \tag{6-7}$$

式中　V——加热室容积，m³；

　　　W_h——该干燥机的小时去水量，kg/h；

　　　A——干燥强度，kg/(m³·h)；

λ——加热室有容积（扣除通气管容积）系数，$\lambda=0.6\sim0.8$。

加热室容积确定之后，继而是确定加热室的长、宽、高的尺寸。在确定中同时考虑到加热室内部的进气与排气管路的结构尺寸与谷层厚度，其计算公式为：

$$H_j = \frac{V}{BL} \tag{6-8}$$

式中　H_j——加热室高度，m；

B——加热室宽度，m，对于横流式干燥机 $B=\delta$（谷层厚度），对于混流式干燥机 B 等于进、出气角状管的长度，考虑强度限制一般取其为 <1.5m；

L——加热室长度，m。

对于大型干燥机设计，如采用横流式或混流式结构则多采用左、右双室对称配置，两室之间设进风道，结构比较紧凑。

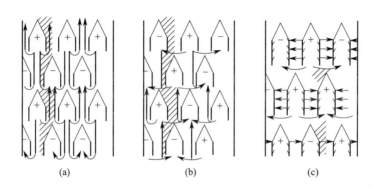

图 6-2　三种配置的角状管方案

对于混流式干燥机设计，其角状管配置可有三种型式（图 6-2）。

图 6-2(a)是进、排气角状管上、下排间隔配置。

图 6-2(b)是进、排气角状管在每排内横向间隔配置。

图 6-2(c)是进、排气角状管在每排内横向间隔配置，生介质横向穿过谷层。

上述三种配置的混流式干燥机，其性能无大差异。

我国常用的角状管尺寸及其配置关系如图 6-3 和表 6-1 所示。

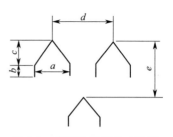

图 6-3　常用角状管尺寸附图

表 6-1　我国常用角状气道及排列尺寸　　　　　单位：mm

符号	a	b	c	d	e
尺寸范围	100~150	60~80	60~80	180~250	180~240

关于缓苏室的容积，各种干燥机差别较大，一般按缓苏 1～2h 计算，个别的干燥则缓苏 3h，有的干燥机还设有缓苏室。关于冷却室的容积，其计算方法与加热室计算相似，其室内有与加热室相同配置的角状管，但冷却时间较加热时间为短，约为加热时间的 0.5 倍。

六、小时介质流量

现以连续干燥机的介质流量计算为例，分析如下：

介质流量 Q，是根据单位时间谷物和介质带进干燥机的总水量与同一时间谷物与介质（废气）带出干燥机的总去水量相等而导出的，即

$$\frac{g_1 M_1}{100} + \frac{Q}{v} d_1 = \frac{g_2 M_2}{100} + \frac{Q}{v} d_2$$

式中　g_1，g_2——谷物干前、干后的生产率，kg/h；

　　　Q——介质体积流量（认为干前、干后不变），m^3/h；

　　　v——介质干前与干后的比容（认为干前、干后不变），m^3/kg 干空气；

　　　d_1——热介质干前的湿含量，kg H_2O/kg 干空气；

　　　d_2——废气的湿含量，kg H_2O/kg 干空气。

整理后，得：

$$Q = \frac{v\left(\dfrac{g_1 M_1}{100} - \dfrac{g_2 M_2}{100}\right)}{d_2 - d_1} = \frac{v W_h}{d_2 - d_1} \qquad (m^3/h) \qquad (6\text{-}9)$$

批量作业干燥机的小时流量计算方法，与上述相同，仅把小时降水量 W_h 用平均小时去水量 W_{hp} 代替。

七、小时耗热量

谷物干燥机的小时热耗量，包括以下三部分：

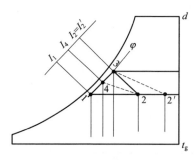

图 6-4　干燥过程焓湿图

① 提高谷物温度所需的热量；

② 蒸发谷物中水分所需的热量；

③ 加热室散热损失所消耗的热量。

上述①、②项热量可利用焓湿图加以分析计算，③项一般都采用经验系数推算。

从焓湿图（图 6-4）看出：介质状态点由环境空气的 1 点被加热至 2 点，然后沿等焓方向到达 3 点，3 点是理想干燥过程状态点，即理论上所需的热量 H_h 为：

$$H_h = \frac{Q}{v}(I_3 - I_1) \tag{6-10}$$

实际由于谷物升温和散热损失掉了一部分热量后,干燥最后的状态点已由 3 点变到 4 点 (I_4),较理论应得热量 (I_3) 为小,若想达到应得热量必须预先将状态点 2 加热到 $2'$。因此在设计炉灶时要有一定量的贮备,其贮备系数 β 一般为 $\beta = 1.3 \sim 1.8$。

八、 谷物干燥的热利用率

由于谷物干燥中有部分废气放出,因而有部分热量未能利用,其热利用程度可用热利用系数表示,即

$$\eta_H = \frac{W_h h_f}{H_h \beta} \tag{6-11}$$

式中 η_H——热利用系数;

β——热贮备系数;

h_f——谷物的汽化热,一般 $h_f = 2720 \text{kJ/kg H}_2\text{O}$;

W_h——小时去水量,kg/h;

H_h——小时供热量,kJ/h。

九、 风机参数的计算

(一) 风量计算

根据前人提供的通过谷层的风速(表现速度)的最佳参数范围及根据去水量所要求的热风量及冷风量,综合选择风量。

低温干燥机的表现风速为 $0.1 \sim 0.3 \text{m/s}$,,高温干燥机为 $0.2 \sim 0.5 \text{m/s}$。对低温干燥仓的风量选择,也可以按风量比[m³ 风/(m³ 谷·h)]计算,可参照表 6-2。

表 6-2 风量比的经验值

干燥方法	风量比/[m³ 风/(m³ 谷·h)]
自然通风干燥	93~243
分层干燥	93~468
加热空气干燥	1398~4462

在角状管干燥机的风量确定上,要注意使进、出气角状管的端头断面风速不能超过 $5 \sim 6 \text{m/s}$,否则谷粒将被吹入废气室或在干燥室内将谷物吹向一侧。必要时,需调整角状管数和角状管长度。

(二) 风压计算

风机的风压,包括动压力 h_d、静压力 h_j。动压力是根据风道的风速大小来计算的,即 h_d 为动压 (Pa),可参照表 6-3 选取。

γ 为热介质容重，应根据 20℃的 γ_{20} 进行换算：

$$\gamma = \gamma_{20} \frac{273+20}{273+t}$$

式中　t——介温，℃。

静压力 h_j 是由管道各部阻力及谷层阻力等所组成，即

$$h_j = h_g + h_e + \sum h_s \tag{6-12}$$

式中　h_g——谷层阻力，Pa，可根据第二章第三节的有关谷层气流阻力公式计算，
也可参考图 6-4 的试验曲线值进行推算；

h_e——沿程压力损失。

$$h_e = 9.8 \frac{\lambda}{D} \times \frac{\gamma V^2}{2g} \quad \text{（Pa）} \tag{6-13}$$

式中　λ——管道摩擦因数，可查表确定；

V——风机出口管道风速，m/s；

g——重力加速度，m/s²。

D——管道直径，m。

如为矩形断面可换算成当量直径 D_d，即 D_d 为：

$$D_d = \frac{2ab}{a+b} \quad \text{（m）} \tag{6-14}$$

式中　a，b——矩形断面长、宽两个尺寸，m。

各局部损失公式为：

$$h_s = 9.8\xi \frac{\gamma V^2}{2g} \quad \text{（Pa）}$$

式中　h_s——各局部压力损失；

ξ——局部损失系数，可由表 6-3 查出。

表 6-3　局部阻力系数

名称	简图	局部阻力系数 ξ	计算用流速
管道入口与墙壁平齐		$\xi = 0.5$	管内流速
管道入口伸出墙壁		当 $\delta/D \approx 0$ 时 $a/D \geqslant 0.2$ 时，$\xi = 0.1$ $0.05 < a/D < 0.2$，$\xi = 0.85$ 当 $\delta/D \geqslant 0.04$ 时，$\xi = 0.5$	管内流速

续表

名称	简图	局部阻力系数 ξ	计算用流速
管道入口成圆角		当 $r/D=0.05$ 与壁面平，$\xi=0.25$ 伸出壁外，$\xi=0.40$ 当管道入口与壁面平或伸出壁外 $r/D=0.1,\xi=0.12$ $r/D=0.2,\xi=0$	管内流速
管道入口成圆锥形		与壁平或伸出壁外 $l=0.2D$　$l\geqslant0.3D$ $\alpha=30°$　$\xi=0.4$　$\xi=0.2$ $\alpha=30°$　$\xi=0.2$　$\xi=0.15$ $\alpha=30°$　$\xi=0.25$　$\xi=0.2$ 对于矩形管道，采用较大 α 值时的 ξ 值	管内流速
从 f_1 到 f_2 突然扩大的断面		f_1/f_2　|　ξ ≈0　|　1.00 0.1　|　0.81 0.2　|　0.64 0.3　|　0.49 0.4　|　0.36 0.5　|　0.25 0.6　|　0.16 0.7　|　0.09 0.8　|　0.04 0.9　|　0.01 1.0　|　0.00	小内管流速
逐渐收缩成圆锥形的断面		$\xi=0.10$	小内管流速
从 f_1 到 f_2 突然缩小的断面		f_1/f_2　|　ξ ≈0　|　0.50 0.1　|　0.48 0.2　|　0.46 0.3　|　0.42 0.4　|　0.37 0.5　|　0.32 0.6　|　0.26 0.7　|　0.20 0.8　|　0.13 0.9　|　0.06 1.0　|　0.00	小内管流速
圆滑弯曲90°角的圆形、方形、矩形管		$r/D=1,\xi=0.35$ $r/D=1.5,\xi=0.15$ $r/D=2\sim5,\xi=0.1$ $r/D>5,\xi=0.05$	管内流速

名称	简图	局部阻力系数 ξ	计算用流速
弯曲成 135°角的圆形、方形、矩形管		$\xi = 0.35$	管内流速
弯曲 90°角的圆形、方形、矩形管		$\xi = 1.0$	管内流速
弯曲 90°直角的圆形、方形、矩形管		$\xi = 1.5$	管内流速
从侧孔流出管道		$\xi = 2.5$	管内流速
从侧孔流入管道		$\xi = \left(1.707\dfrac{f_2}{f_1} - 1\right)^2$ 当 $f_1/f_2 \leqslant 0.3, \xi = 1.0$	管内流速
经过栅或隔板流入管道		$\xi = \left(1.707\dfrac{f_2}{f_1} - 1\right)^2$	管内流速
从管道内经过栅或隔板流出		$\xi = \left(\dfrac{f_2}{f_1} + 0.707\dfrac{f_2}{f_1}\sqrt{1 - \dfrac{f_2}{f_1}}\right)^2$	管内流速
气流经过隔板或转动挡板		全开, $\xi = 0.17$ 3/4 开, $\xi = 0.9$ 1/2 开, $\xi = 4.5$ 1/4 开, $\xi = 24$	管内流速
气流经过管内的栅或隔板		$\xi = \left(\dfrac{f_2}{f_1} - 1 + 0.707\dfrac{f_2}{f_1}\sqrt{1 + \dfrac{f_2}{f_1}}\right)^2$	管内流速

当风量和风压计算后，可参照国家风机系列型号的性能进行选型。选型时要考虑有一定的储备系数。

第二节　正压式谷物干燥机设计

根据全国粮食市场的发展形势，结合地方烘干项目需要，以 5HSN-15 型谷物干燥机为例，采用混流式干燥原理，阐述正压式送热风的干燥机设计过程，给干燥机设计者提供实际生产中结构参数设计的参考。

一、设计依据

主要设计参数：

经过清理后的湿玉米含水 30%、一次烘干降水幅度 15%、外界气温 −20℃、相对湿度 65%、原粮温度 −20℃、玉米烘后温度 $T_2 = 55℃$、日处理能力 450t/d（湿）、300t/d（干）玉米（24h）。

二、小时处理能力 q 的计算

$$q = \frac{Q}{dt_q} = \frac{300}{24} = 12.5(t/h) \tag{6-15}$$

式中　q——小时处理能力，t/h；

$\quad\quad Q$——日处理能力，$Q = 300t/d$；

$\quad\quad d$——日，$d = 1$；

$\quad\quad t_q$——作业时间，$t_q = 24h/d$。

三、干燥段毛容积 V_1 计算

$$V_1 = \frac{M}{P} \quad (m^3) \tag{6-16}$$

式中　V_1——干燥段毛容积，m^3；

$\quad\quad M$——干燥段小时水分蒸发量，kg/h；

$\quad\quad P$——干燥段水分蒸发强度（一般取 25~40），$kg/(m^3 \cdot h)$，北方地区一般暂取 $P = 25[kg/(m^3 \cdot h)]$。

$$M = q\frac{w_2 - w_1}{100 - w_1} = 12500 \times \frac{30 - 15}{100 - 15} \approx 2250(kg/h) \tag{6-17}$$

式中　q——干燥段水分蒸发强度，kg/h；

$\quad\quad w_1$——烘干后粮食水分，%；

$\quad\quad w_2$——烘干前粮食水分，%。

$$V_1 = \frac{M}{P} = \frac{2250}{25} = 90 \,\mathrm{m}^3 \tag{6-18}$$

四、机型选择与计算

1. 工作原理

5HSN-15 型谷物干燥机属于正压式送热风的干燥机型，采用混流式干燥工艺换热三壳程式换热技术。该机由储粮段、五段混流干燥段、两段冷却段以及各干燥段之间的缓苏段组成。基本结构如图 6-5 所示，5HSN-15 型干燥机组由主干燥机体、混凝土底座、热风炉 JL420、塔架 TJ-26、提升机 DT-50、滚筒筛 TCQY100、皮带输送机 YPS-60、锅炉房、集尘罩、控制系统等构成。其特点是由一个主风机提供总的热风量，由环抱式送风管道逐次送入各个烘干段，控制系统可以分别调节各干燥段的通风量，使烘后粮食达到最好的烘干效果。

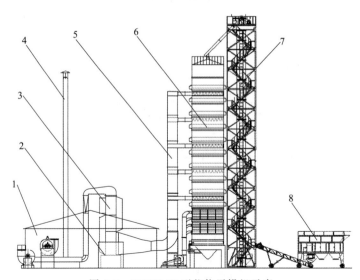

图 6-5　5HSN-15 型谷物干燥机示意
1—锅炉房；2—燃煤炉；3—壳程式换热器；4—烟囱；
5—热风道；6—干燥主机；7—提升和旋梯；8—初清机

2. 干燥段尺寸的计算

本设计为大型玉米烘干机，为方便运输和安装，在结构上采用金属板拼装组合形式，塔顶中间进料，机器截面采用方形结构。塔型选择，初步确定截面积 $3.25 \times 3.25 = 10.56\,\mathrm{m}^2$，5 段混流加热，1 段逆流冷却的烘干塔。

（1）干燥段的长、宽、高的确定　根据粮层厚度、角盒尺寸以及钢板材料的规格，在保证结构要求的基础上本着合理利用原材料的原则，确定干燥段长度 L、宽

度 B 和高度 H。

 干燥段长度 $L = dn_{10} = 3.25$m

 干燥段宽度 $B = dn_{12} = 3.25$m

 干燥段高度 H 的计算：

$$H = [e(n_{21} + n_{22} - 1) + (b + c)] \times 5 = 8.4m \tag{6-19}$$

式中 e——角盒层间距离，$e = 0.658$m；

 d——角盒中心距离，$d = 0.325$m；

 b——角盒直边高度，$b = 175.5$mm；

 c——角盒斜边高度，$c = 189.5$mm；

 n_{21}——每段进气角盒层数，$n_{21} = 1$；

 n_{22}——每段排气角盒层数，$n_{22} = 2$。

 配置 4 个缓苏段，缓苏段高度 H_L 的计算：

$$H_L = 4 \times l \times n_{21} = 4(m) \tag{6-20}$$

式中 l——每个缓苏段高度，$l = 1$m。

 ① 按毛容积计算 理论高度 H：$H = V_1 \div (LB) = 8.52(m)$。

 ② 烘干段实际结构高度 $H = 12.4$m。

 （2）干燥段（缓苏）的实际容积 V_2

$$V_2 = LBH = 88.7m^3 \tag{6-21}$$

 P 为干燥段水分蒸发强度（一般取 25～40）[kg/(m^3·h)]

 实际干燥段水分蒸发强度 $P = \dfrac{M_1}{V_2} = \dfrac{2250}{88.7} = 25.37$[kg/(m^3·h)]在理想范围内。经计算干燥段的实际容积 V_2 小于毛容积 V_1，可以在原粮水分略大于设计值时确保烘干机的处理能力，同时配置 4 个缓苏段，每个缓苏段高 1m，提高烘干后谷品质。

 （3）干燥段热风道分配结构 5HSN-15 型谷物干燥机采用多风道环绕结构，如图 6-6 所示。左侧设计二个通道和右侧三个通道，交错排列，增加横向和纵向通风面积。充分保证供热主风机的风量流畅性。

 （4）干燥介质的数量 干燥介质的数量的极限值取决于排气角盒口处的排气速度，本设计排气角盒数量是进气角盒的两倍，因此取角盒口排气速度 $v = 5$m/s。

 ① 干燥介质的容积风量 U

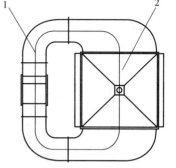

图 6-6 热风道分配结构图
1—环形风道；2—干燥机主塔

$$U = 3600vFn_e(m^3/h) \tag{6-22}$$

式中 F——角盒截面积，m^2。

$$F = a \times b + \frac{a \times c}{2} = 0.19 \times 0.1755 + \frac{0.19 \times 0.1895}{2} = 0.05(m^2) \tag{6-23}$$

其中：$a=190\text{mm}$，$b=175.5\text{mm}$，$c=189.5\text{mm}$

n_{11} 为排气角盒总数量，$n_{11}=5\times10\times2=100$。

$$U=3600\times5\times0.05\times100=90000(\text{m}^3/\text{h})$$

② 进气角盒进口风速 v_1 进气角盒共 5 层，每排 10 个，总共 50 个；

进气采用单（双）侧进气角盒面积 F_1 与排气角盒面积 F 相同，$F=F_1=0.05\text{m}^2$；

进气角盒是单（双）侧开口，单（双）侧向进气，进气角盒进风口总面积应是角盒高度增加一倍。

$$F=5\text{m}^2$$

进气角盒的进风速度 $v_1=5\text{m/s}$。

根据资料：玉米籽粒的悬浮速度为 $9.8\sim14\text{m/s}$。

如果低于上述速度，只能吹走灰尘，所以该进风速度不会搬走玉米籽粒。

③ 干燥（废气）介质的重量风量 G

$$G=U\gamma \tag{6-24}$$

式中 γ——废气的容积重度。

$$\gamma=\frac{353}{273+T_3}=\frac{353}{273+30}=1.165(\text{kg/m}^3)$$

$$G=104850(\text{kg/h})$$

④ 干燥介质校核

$$V_0=U/T=1477.8\text{m}^3/(\text{t}\cdot\text{h}) \tag{6-25}$$

式中 U——干燥介质的容积风量；

T——干燥段谷物重量，$T=0.75v=60.9t$。

干燥段（缓苏）的总容积 V_2

$$V_2=LBH=3.25\times3.25\times8.4=88.7(\text{m}^3)；$$

角盒总容积 $V_{21}=7.5\text{m}^3$；

实际容积 $V=V_2-V_{21}=88.7-7.5=81.2$（$\text{m}^3$）；

玉米容重为 0.75t/m^3。

五、热平衡计算

根据热平衡原理，烘干机消耗的全部热量 I 应该等于热空气带入烘干机的热量。

$$I=I_1+I_2+I_3 \tag{6-26}$$

式中 I_1——玉米升温热耗量；

I_2——蒸发水分的热耗量；

I_3——废气带走的显热。

1. 玉米升温热耗量 I_1

$$I_1=(q-M)(T_2-T_1)C_1 \tag{6-27}$$

式中，$q = 12500\text{kg/h}$，$M = 2250\text{kg/h}$，$T_2 = 55℃$，$T_1 = -20℃$
$C_1 = 2.45\text{kJ/(kg} \cdot ℃)$（$C_1$ 为含水 30% 时湿玉米的比热容）
$I_1 = 1883437.5\text{kJ/h}$。

2. 蒸发水分的热耗量 I_2

$$I_2 = M\gamma'' \tag{6-28}$$

式中，$M = 2250\text{kg/h}$；$\gamma'' = 2600\text{kJ/kg}$（$\gamma''$ 为每千克谷物水分蒸发热）。

$$I_2 = 5850000\text{kJ/h}$$

3. 废气带走的显热 I_3

$$I_3 = G(T_3 - T_1)C_p \tag{6-29}$$

式中，$G = 104850\text{kg/h}$，$T_3 = 30℃$，$T_1 = -20℃$，废气比热容 $C_p = 1\text{kJ/(kg} \cdot ℃)$

$$I_3 = 5242500\text{kJ/h}$$

$$I = I_1 + I_2 + I_3 = 12975937.5\text{kJ/h} \tag{6-30}$$

（折合成大卡为 3099249.43kcal/h，选取 $310 \times 10^4 \text{kcal/h}$）

实际上还有烘干机及热风管道表面散失的热量没有计算进去，但由于这部分热量相对比于上面 3 项热量占的比重很小，而且计算起来相当困难，一般情况下就忽略不计。

4. 热空气温度 T_4 的计算

设进入烘干机干燥段的热空气温度为 T_4，可以用下式推算：

$$I = G(T_4 - T_1)C_p \tag{6-31}$$

$$T_4 = \frac{I}{GC_p} + T_1 = \frac{12975937.5}{104850} + (-20) = 103.76(℃)$$

注：根据实际生产经验，由式(6-31)计算出来的热空气温度 T_4 在实际应用中偏低，一般应在此温度上增加 20℃，本设计之烘干机进风温度应达到 125℃ 为佳。

5. 理论干燥风量

废气排出的温度为：

$$T_3 = \frac{T_1 + 2T_2}{3} \tag{6-32}$$

取玉米烘前温度 $T_1 = -20℃$
取玉米烘后温度 $T_2 = 55℃$
烘干废气的温度 $T_{F1} = 60℃$

冷却废气的温度

$$T_3 = 30℃$$

冷却后的粮温 $T_{L3} = 5℃$

烘干降水 15%，冷却降水 $0.5\% \sim 1\%$。

粮食中水分汽化潜热 $r'' = 620 \times 4.1868 = 2595(kJ/kg\ H_2O)$

（1）计算理论干燥风量（经验公式）：

$$G_{Q1} = \frac{(Q-M_1)(T_2-T_1)C_{L1}+W_1 r}{C_g(0.95T_1-T_{F1})} = 73508(kg/h) \tag{6-33}$$

容积风量：$V_热 = G_热 r_g = G_热 \times 353/(273+125) = 65796.8(m^3/h)$

式中，烘干降水量 $\quad W_1 = q\dfrac{w_2-w_1}{1-w_1} = 2250(kg/h) \tag{6-34}$

干燥粮食平均水分比热容：

$$C_{L1} = (0.37+0.0063 \times 22.5) \times 4.1868 = 2.14[kJ/(kg \cdot ℃)]$$

平均水分 $\quad M_{P1} = \dfrac{w_2+w_1}{2} = \dfrac{30\%+15\%}{2} = 22.5\% \tag{6-35}$

干空气的比热容 $\quad C_g = 1.005kJ/(kg \cdot ℃)$

（2）计算理论干燥风量（yh公式）：

$$G_{Q1} = \frac{I}{C_g(t_4-T_1)} = 89489.22(kg/h) \tag{6-36}$$

容积风量： $\quad V_热 = G_热 r_g = 79370.9(m^3/h) \tag{6-37}$

6. 核算重量风量能带进去的热量

能带进去的热量 $I_0 =$ 重量风量(kg/h)×干空气的比热容 C_p×使用温度

$F_0 = 104850kg/h \times 1kJ/(kg\ 干空气 \cdot ℃) \times 125℃ = 14154750kJ/h \approx 338 \times 10^4 kcal/h$

热风机能够带进去的热量大于 $338 \times 10^4 kcal/h$ 的需求量，可以保证烘干机的处理能力。

六、烘干机选型计算

（1）烘干塔塔型的选择 烘干塔截面积初定 $3.25 \times 3.25 = 10.56m^3$，5 段混流加热，2 段逆流冷却的烘干塔。

（2）计算表现风速按以上塔型校核

$$表现风速\ V = \frac{G_{Q1}}{10.56 \times 5 \times 2 \times 3600 \times r_{125}} = 0.31(m/s) \tag{6-38}$$

式中，$125℃$时空气容重 $r_{125} = 0.89kg/m^3$，干燥（废气）介质的重量风量 $G = 104850kg/h$。由以上计算可知，塔型选择合理，即表现风速在 $0.2 \sim 0.5 m/s$ 的理想范围。

(3) 理论干燥时间 $\quad T_{LG}=\dfrac{F\,hnr}{G_{L1}}=5.32(\text{h})$ $\qquad\qquad$ (6-39)

式中，干燥段理论高度 $h=1.68\text{m}$；玉米容重 $r=0.75\text{t}/\text{m}^3$。

(4) 实际干燥时间 $T_{SG}=T_{LG}\times0.75=3.99(\text{h})$

(5) 理论缓速时间 $T_{LH}=F(H-h)nr/G_{L1}=8.33\text{h}(1.67\text{h}/\text{段})$

(6) 实际缓速时间 $T_{SH}=T_{LH}\times0.75=6.25\text{h}(1.25\text{h}/\text{段})$

七、冷却段计算

(1) 冷风量 v_{g2}

冷风量按热平衡方式进行近似计算。

$$I_{l2}=I_{s2}+I_{g2} \qquad\qquad (6\text{-}40)$$

冷却过程蒸发水分的耗热 $I_{s2}=M_{s2}\times\gamma''$，其中

$$M_{s2}=(q-M_{s1})\frac{w_{f1}-w_{f2}}{1-w_{f2}}=2250(\text{kg/h}) \qquad (6\text{-}41)$$

$$\gamma''=2512.2\text{kJ/kg}$$

谷物降温放热的热量 I_{l2} 计算如下：

$$I_{l2}=\left[(q-M_{s1})\times T_{l2}-(q-M_{s1}-M_{s2})\times T_{l3}\right]\times C_1=57(\text{kJ/h}) \qquad (6\text{-}42)$$

式中，T_{l2} 为冷却前谷温，$T_{l2}=55℃$；T_{l3} 为冷却后的谷温，取 $T_{l3}=55℃$，C_1 为谷物的比热容，查得 $C_1=2.45\text{kJ/(kg}\cdot℃)$。

冷却废气获得显热 I_{g2} 为：

$$I_{g2}=G_{g2}(T_{g4}-T_{g1})C_p。 \qquad\qquad (6\text{-}43)$$

式中，T_{g4} 为排除废气的平均温度。

$$T_{g4}=\frac{T_{l2}+2\times T_{l3}}{3}=5.32(℃) \qquad\qquad (6\text{-}44)$$

$T_{g1}=-5℃$，$C_p=1$

$$I_{g2}=G_{g2}\times[21.7-(-5)]\times1=26.7G_{g2} \qquad (6\text{-}45)$$

将 I_{l2}、I_{s2}、I_{g2} 代入热平衡式得

$$571443=71346.5+26.7G_{g2}$$

$$G_{g2}=18730(\text{kg/m}^3)$$

$$G_{g2}=U_{g2}\gamma_g$$

式中，$\qquad\qquad \gamma_g=\dfrac{353}{273+T_{g4}}=1.2(\text{kg/m}^3) \qquad\qquad$ (6-46)

$$U_{g2}=\frac{G_{g2}}{\gamma_g}=\frac{18730}{1.2}=15600(\text{m}^3)$$

(2) 角盒层数计算 $\quad$ 排出废气需要的角盒的数量为

$$n'_s=\frac{U_{g2}}{3600v_{f2}F}=55\text{ 根} \qquad\qquad (6\text{-}47)$$

冷却废气排出速度 $v_{f2} = 5 \text{m/s}$

上述计算的 n'_s 为排气角盒的根数，那么进气角盒的根数应和排气角盒的根数相等。已知每层角盒的根数是 10，冷却角盒的层数 $n_2 = \dfrac{2 \times 55}{10} = 11$，取 $n_2 = 10$（层）。

（3）冷却段其它计算　冷却段的高度 $h_2 = e(n_2 - 1) + a = 2310(\text{m})$　　　（6-48）
冷却段的实际容积为

$$V_{m2} = LBh = 5.37(\text{m}^3) \tag{6-49}$$

八、耗热量计算

干燥机的耗热量为

$$\gamma'' = \frac{I_1}{M_{s1} + M_{s2}} = 6707(\text{kJ/kg}) \tag{6-50}$$

九、粮层阻力 h 的计算

农产物料由于颗粒的大小、形状不规则、所含杂质的多少及杂质成分不同，影响粮层阻力的因素相当复杂，很难用一个通式准确地计算出每种谷物的阻力系数，下面采用一种经验公式对本设计的烘干机粮层阻力进行核算：

$$\text{对于玉米粮层阻力 } h = KS\omega^n \quad (\text{Pa}) \tag{6-51}$$

式中　K，n——与粮食颗粒形状、颗粒大小、粮层堆集密度有关的系数，$K = 6.57$，$n = 1.55$；

　　　　S——粮层厚度，mm；

　　　　ω——通过粮层的气流速度，m/s。

$$\omega = U \div (LB) \div N_{22}\,90000 \div (3.25 \times 3.25) \div 5 \div 2 \approx 0.235(\text{m/s}) \tag{6-52}$$

式中　U——干燥介质的容积风量，$U = 90000\text{m}^3/\text{h}$；

　　　　L——烘干段长度，$L = 3.25\text{m}$；

　　　　B——烘干段宽度，$B = 3.25\text{m}$；

　　　　N_{22}——烘干段进气角盒层数，$N_{22} = 5 \times n_{22} = 10$（层）。

$$h = 6.57 \times 650 \times 0.235^{1.55} = 452.5(\text{Pa})$$

十、热风机的选型配套

热风机的选型配套主要根据风量为 $281413\text{m}^3/\text{h}$、风压为 452.5Pa 以及烘干机的具体结构来决定，

（1）当用 2 台风机供热风时，其中 1 台向第一级和第二级烘干段供热风，分担的风量为总风量的 2/3，风量为 $187000\text{m}^3/\text{h}$，可以选用 4-72 №20B，560r/min，

174890m³/h，全压 1505Pa，电机功率 110kW。

（2）另 1 台供第三级烘干段，风量为 93804m³/h，可以选用 4-72 №16B，630r/min，95503m³/h，全压 1309Pa，电机功率 55kW。

第三节　负压式智能干燥机的设计

节能减排是贯彻落实科学发展观、构建社会主义和谐社会的重大举措，"十二五"期间单位国内生产总值能耗力争降低 30% 左右，提高能源的利用效率，以降低一次能源的消耗和提高单位能耗的产值是干燥节能关键。我国谷物烘干技术发展有 40 多年的历史，干燥设备行业已经开始进入较成熟的发展阶段，能够比较好地满足各个领域用户的实际需要，但是与国外相同产品相比，技术含量低，自动化水平低，而且耗能高，成熟机型不多，缺乏适合农机专业户、种粮大户及村组使用的中小型节能烘干机械。自 2000 年以来，我国在东北地区投资建设的 187 套粮食烘干系统，其中顺流粮食干燥机占有一定的比重。顺流干燥机具有干燥均匀，直接供热单位热耗低，生产率高的特点。但是对提升粮食品质，满足节能减排要求，降低环境污染等方面存在缺陷。因此，从高温粮食干燥机的结构和工艺出发，实现粮食干燥行业节能与减排工艺的有机结合是发展现代干燥技术的关键。目前，国内外负压干燥技术的应用较少。本文首次将负压送风技术应用在大型粮食干燥系统中。负压干燥利用微压原理，可以部分解决干燥过程的内控问题。负压利于收集籽粒产生的粉尘，创造优良生产环境，实现安全生产。负压送风过程的静压和动压损失较小，节省电能消耗，且更易于控制风量和调整热风介质参数实现智能化控制。通过本技术研发的粮食烘干机系统，节能率和良品率显著提高，烘干成本大幅度降低，首创我国干燥行业节能领先水平。

1. 设计依据

（1）多级顺流热风干燥工艺分析　在顺流干燥过程中，热介质始终与温度最低、水分最大的湿谷物接触，由于温差较大，谷物温度迅速达到湿球温度，且谷物受高温加热时间较短，而受中温加热的时间较长，故其干燥质量较好。如图 6-7 所示，虚线为热介质温度，实线为谷物温度。在 275℃ 的热风顺流干燥下，谷物的温升随深度的增加不明显。随深度的增加

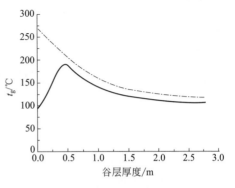

图 6-7　顺流干燥温度变化图

谷物的温度逐渐降低。因此，顺流干燥易于满足快速干燥的需求。

顺流干燥须结合缓苏工艺，才能达到内外并济的效果。在顺流降水后，颗粒内部会产生水分梯度，颗粒表面水分比颗粒内部低，如保持恒定脱水速率，导致谷物颗粒内控问题严重。缓苏环节实际是"保温堆放"，使谷物颗粒内部水分均匀一致，提高谷物进入下一个干燥段的去水速率。多级顺流缓苏结合工艺如图 6-8 所示。

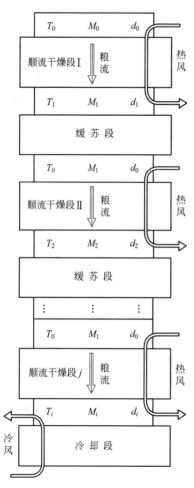

图 6-8　多级顺流干燥缓苏工艺原理

结合北方地区玉米收获期的生理特性（水分高达 30％以上），依据顺流深床降水实验确定 5 级顺流缓苏干燥工艺。玉米靠自重在机内缓慢向下流动，干燥介质通过角状管向下穿透谷层，实现玉米与热风的质热量交换。玉米和热风一直处于并行不间断地连续流动状态。假设玉米初始含水率为 M_0，玉米经过第一级干燥段后含水率降至 M_1，经过大空间的容积段缓苏后，粮食颗粒内部水分梯度得到缓和并趋向均匀一致。由 M_1 的含水率状态进入第二级干燥段。依次经过 5 段干燥和缓苏，经冷却定水，到达安全水分。干燥过程中起降水作用的是高温和低温顺流干燥段，冷却段也能去除一小部分水分，储粮段和缓苏段不起降水作用。

（2）负压送热风节能模式分析

① 负压送风式结构使干燥机主机箱体内空气密度低，流动热介质的压强小于标准大气压，其相对湿度也会随介质压力的下降而降低，从而使干燥介质接纳水分的能力增强，同时玉米籽粒的温度也持续降低，进而增强了玉米与介质间的传热传质效率，利于解决干燥过程的内控问题。该技术不仅保证玉米等热敏性物料的干燥品质，而且显著降低干燥能耗，在节能减排方面效果显著。

② 负压送风是吸入式原理。负压总压力包括动压 h_d 和静压 h_j，动压 h_d 是根据风道的风速大小来计算的。根据测算，负压风机的流速低于正压风机，因此，动压较正压小。静压力由风道各部分阻力及谷层阻力等组成。其静压力比正压送风方式小得多，这主要是由于负压干燥的沿程压力和局部压力损失小。因此节省能耗。正压式通风的局部损失系数 φ_1 为 0.84～0.90，负压式局部损失系数 φ_2 为 0.41～0.46。谷层阻力 h_g 主要由干燥机工作参数和谷物特性参数决定，沿程压力损失和局部压力损失由送风通道的结构与管道材料特性决定。

$$h_j = h_g + h_e + \sum h_s \tag{6-53}$$

式中，h_g 为谷层阻力，Pa；h_e 为沿程压力损失，Pa；h_s 为局部压力损失，Pa。

③ 正压送风时，箱体内部压力大于外界大气压，造成粉尘较大，尤其烘干杂质较多的谷物时，易出现喷尘现象。负压送风解决此问题，干燥环境好，粉尘小，保证生产安全。

基于上述节能优势，结合实际生产工艺，设计了 5HFS 型多段顺流缓苏负压智能粮食干燥机。

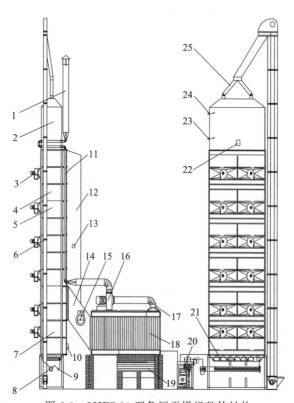

图 6-9 5HFS-10 型负压干燥机整体结构

1—烟筒；2—储粮（分粮）段；3—排气风机；4—干燥段；5—缓苏段；

6—提升机；7—冷却段；8—出粮搅龙；9—出粮水分测试装置；

10—进风口；11—烟道；12—高温风道；13—温度传感器；14—低温风道；

15—冷风配额调控装置；16—烟风机；17—废气支管道；18—换热器；

19—燃煤炉灶；20—智能控制器；21—变速排粮机构；22—入机粮食

水分测定装置；23—下料位器；24—上料位器；25—分粮管路

2. 结构与原理

（1）基本结构 多段顺流缓苏负压式干燥主机由储粮段、四段高温干燥段、一段低温干燥段、冷却段以及各干燥段之间的缓苏段组成。基本结构如图 6-9 所示，5HFS-10 型负压智能干燥机由主塔体、底座、热风炉、提升机、排粮装置、排气风机、冷风机、助燃风机、输送搅龙、集尘罩、智能控制系统等部件构成。其主要特点为无热风机，由 12 个排风机分布在各个烘干段，控制系统可以分别调节各干燥段的通风量，使水蒸气排放侧低，烘后粮食达到最好的烘干效果，缩小了风机装机容量，达到了省煤省电的效果，降低了烘干成本。

（2）工作原理　5HFS-10 型负压干燥机是采用多级顺流高温烘干－缓苏－低温烘干→缓苏→冷却的复合工艺原理。

湿谷物（玉米）首先由提升机提升到储粮段暂存，热风炉烟道设计从热风道和粮仓中通过，使储粮段中稻谷预热，提高烘干效率。DM510 谷物水分传感器分别安装在储粮段和排粮段，为自适应控制系统提供前馈调节和反馈控制依据。湿谷物首先与高温热风接触，风温随谷物向下流动而下降，由于最热的热风与湿谷物是瞬时接触，所以高温对谷物品质影响甚微；顺流烘干与大容积缓苏结合，使谷物内部的水分向外部转移，降低谷物内部的水分梯度。经过三级高温顺流和缓苏干燥后，玉米内部的游离水和部分物理结合水已失去，进入低温顺流烘干段烘干。根据玉米温度和水分变化值，自动调节热风温度和负压风机流量。经过 4 级高温顺流和 1 级低温顺流的烘干和缓苏作用后，有效地预防玉米爆腰增值率，提高玉米的干后品质。烘后玉米经冷却段冷却后，由排粮段排出机外。

（3）工作特性与指标　该机采用负压多级顺流干燥加缓苏的复合干燥工艺，符合谷物干燥过程中降水规律。负压进风和烟气管道余热利用结构设计，节能效果明显，单位热耗低。采用风温、风量和粮食水分智能控制系统，根据入机和出机粮食水分实现由一个热源供给烘干机多级干燥段所需的不同风温和风量的热空气，保证粮食烘干品质。干燥机性能指标如表 6-4 所示。

表 6-4　5HFS-10 型负压干燥机的主要技术参数

项目	参数	项目	参数
外形尺寸(长×宽×高)/mm	10350×4200×18670	一级降水率/%	2～3
整机质量/kg	1708	裂纹增率/%	≤2.0
配套电机功率/kW	76.5	水分蒸发量/(kg H_2O/h)	1627.9kg/h
生产率/(t/h)	8～10	总供热量/(kJ/h)	5000～5600
装机容积/m³	66	高温顺流干燥介质温度/℃	≥110
破碎率/cm	≤1.0	低温顺流干燥介质温度/℃	≤87

3. 关键部件设计

（1）负压干燥段设计　5HFS 型负压干燥机干燥段由进气段和排气段构成。负压调速离心风机安装在每个排气段的外侧壁面上。分析并联风机的工作特性曲线，在管道阻力较小时，并联风机的风量较大。负压排风均匀性效果较好。因此，每个排气段上安装两台 3kW 调速离心风机。根据干燥机小时去水量、干燥强度和有效容积系数，初步确定干燥段容积，遵循进气段和排气段的外形尺寸一致的原则，设计有效干燥室截面积尺寸为 2.5m×1.8m。确定干燥段高度为 60cm，缓苏段高度为 110cm。

多级排气段结构可根据在线测定入机谷物的含水率实现负压风机实时分段调速。一方面，为了保持通风量恒定，采用密集型布置角状管。减小角状管截面积，增加角状管的数量为 7 个，减小角状管的间距，间距为 295mm。并采用变径角状管结构实现均风排气，如图 6-10 所示，干燥室内空气流动状况可大大改善。另一方面，在排气口接盘设计上采用加接扩张段结构，扩张角度为 9°。

对比测试采用 9° 扩张角的出口管的体积流量比原型流量增大了约 15%。结合 GB/T 1236—2000 通风机空气动力性能试验方法，风量与功率的 1/3 次方成正比，与风机管口的截面积的 2/3 次方成正比，与空气的密度的 1/3 次方成反比。核算相同风量条件下，出风口的面积越大的风机，折算功率消耗越小，节省风机能耗约 12%。因此，并联负压风机出口采用扩张结构，在节能方面有突出的贡献。

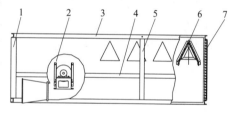
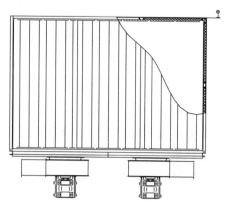

图 6-10　排气段结构
1—框架立柱；2—离心风机；3—排气段接盘；4—风机支梁；5—侧框体；6—角状管；7—保温岩棉

$$\frac{N}{N'}=\left(\frac{Q}{Q'}\right)^3;\frac{Q}{Q'}=\left(\frac{F}{F'}\right)^{\frac{2}{3}} \quad (6\text{-}54)$$

式中　N——风机的功率，kW；

Q——风机的风量，m^3/h；

F——风机管口的截面积，m^2。

（2）负压角状管设计与流场验证　负压气流的均匀性是决定负压干燥段工作性能的关键所在。本设计采用变径角状管作为干燥机内部进排气通道。为了检验变截面与等截面角状管在顺流场的分布情况，在空载状态下进行不同截面角状管风场分布测定的试验，以期获得合理设计。在排气段的侧面开设多排风速采集孔，用于采集干燥室内的风速分布情况。风速测量点的位置如图 6-11 所示。

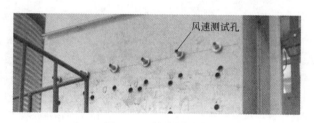

图 6-11　风速测量点

角状管的尺寸设计参照实际生产机型和《谷物干燥原理与谷物干燥机设计》，确定其截面尺寸 $a=120\text{mm}$；$b=80\text{mm}$；$c=70\text{mm}$，变截面尺寸 b 值高度由 80mm 递减到 40cm，如图 6-12 所示。

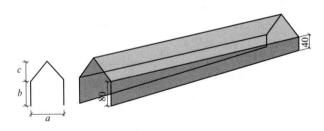

图 6-12　变径角状管

在空载条件下开启负压风机，利用德图 testo425 型热线式热敏风速仪联机测定干燥段区域内断层内风速分布情况，风速仪探头所在测定位置在进、排气角状管的中间区域。在半个干燥区域内读取 5×5 个网格点的风速值，取平均值为该区域风速测试值。为了较直观地区分应用等截面角状管和变径角状管的风速分布对比情况，利用 Matlab 绘图功能对测得的风速数据阵列进行网格化和插值处理，风速分布立体图，如图 6-13 所示。

在横向测试断面内，沿进风方向的两端测试区的风速值较高，接近入风口位置和四角区域的风速明显高于干燥段中心区，最大风速为 2.79 m/s，而最小风速为 0.47 m/s，可见等截面角状管布置的顺流干燥段横截面风场分布呈现较大的不均匀性。该不均匀性会导致干燥区域的干燥速度差异。对温度和表现风速的自动控制造成较大的困难。

安装变径角状管后的干燥段的风速分布如图 6-14 所示，风速分布区域明显平缓，入风口位置的风速明显降低，并接近于干燥段中心处的风速，横向风速均匀性较好。两侧角状管纵深区域的风速略高，在 1.7～2.1 m/s，平均风速在 0.72 m/s 左右。因此，同比条件下，采用变径角状管的干燥段的风速较均匀。

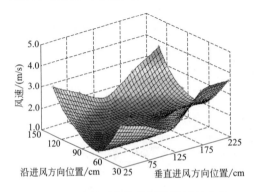

图 6-13　等截面角状管干燥段风场分布

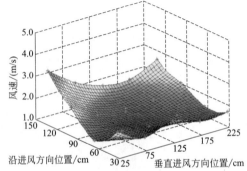

图 6-14　变径角状管干燥段风场分布

（3）冷风配额调控机构设计　　冷风配额调控装置如图 6-15 所示，安装在低温风道上，用于混合冷风，增加低温干燥段的风量，快速降低热风温度。该装置由电动执行器通过机械传动机构控制圆形拼接叶片的闭合角度。安装在顺流干燥段的温度传感器反馈控制电动执行器的行程量，从而快速地控制干燥段内的粮食温度。冷风配额调控装置设计为圆形接盘形式，尺寸为 $\phi 360 mm$，叶片转角开度最大 45°。

图 6-15　冷风配额调控装置示意

　　（4）智能控制系统的设计　　粮食干燥控制过程是复杂的系统工程，干扰量较多，如粮食入机水分、冷风温度、外界环境温湿度和干燥机工况条件等都是控制系统的扰动量。因此，本系统设计旨在将干燥系统的扰动量（进风温度和环境温湿度、入机粮食水分值等）进行前馈调节，把出机粮食水分作为反馈量提供给干燥自适应系统，由自适应系统通过自主学习功能来判断粮食干燥机工况调整，并为控制器提供智能控制策略。

　　智能控制系统的组成如图 6-16 所示。由各种传感器（温湿度传感器、风量传感器、料位传感器、变送器、DM510E 水分在线传感器）实时采集的在线检测参数（如风温、风量、入出机粮食水分值等）经过控制器转送到上位计算机（自适应系统）。由自适应系统根据初期对干燥机内粮食的检测指标值，进行模型计算，经过几个干燥循环后控制器给出适应值，经过双向通信模式传递给上位计算机，并将自适应参数值传给控制器。通过变频排粮优化控制谷物的干燥品质。

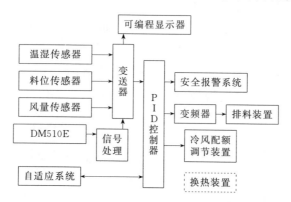

图 6-16　智能控制系统的组成

　　在这种由前馈和反馈结合的自动控制系统中，控制器作为独立控制单元，既是数据输出者又是数据输入者，与上位计算机之间实现数据互联，既为自适应系统提供在线传感器采集的数据，也实时地接受来自自适应模块的计算结果，使控制系统能够自动地迎合进风条件和环境温度湿度变化、进料水分和干燥设备工况波动，实时调整控制策略，构成一个具有高速度响应、精确控制质量的粮食干燥智能控制系统。该系统的自学习功能强大，在北方冬季低温条件下，进行玉米室外烘干作业具有高度的计算准确性。实际测试数据显示随干燥时间增长，智能控制出机玉米水分与人工测水的相近度越来越高，小时检测玉米水分平均相对误差小于0.1%。

4. 技术和经济性指标分析

（1）小时去水量

$$W_h = \frac{g_1 \times (M_1 - M_2)}{100 - M_2} = 1627.9 (\text{kg H}_2\text{O/h}) \tag{6-55}$$

式中　g_1——单位时间进入干燥机的玉米总质量，以 10000kg/h 计；

　　　M_1——入机玉米初始水分，以 28% 计；

　　　M_2——出机玉米终了水分，以 14% 计。

（2）干燥时间 τ

$$\tau = \frac{M_1 - M_2}{\Delta M_h} = \frac{28 - 14}{2.56} = 5.47 (\text{h}) \tag{6-56}$$

式中　ΔM_h——分钟降水幅度，%/h，根据玉米深层干燥实验确定为小时降水幅度 2.56%/h。

（3）介质流量

$$Q = \frac{v \times \left(\dfrac{g_1 \times M_1}{100} - \dfrac{g_2 \times M_2}{100}\right)}{d_2 - d_1} = \frac{v \times W_h}{d_2 - d_1} \tag{6-57}$$

式中　Q——介质体积流量，m^3/h；

　　　v——介质干前与干后的比容，m^3/kg，取 0.90；

　　　g_2——单位时间从干燥机输出玉米总质量；

　　　d_1——热介质干前湿含量，kg H_2O/kg，取 $d_1 = 0.012$；

　　　d_2——废气的湿含量，kg H_2O/kg，查表得：$d_2 = 0.033$。

$$Q = \frac{v \times W_h}{d_2 - d_1} = \frac{0.9 \times 1627.9}{0.033 - 0.012} = 66595.90 (\text{m}^3/\text{h}) \tag{6-58}$$

（4）热风炉供热量　供热量按小时去水量和单位热耗量计算，即：

$$H = W q_r \tag{6-59}$$

式中　H——热风炉供热量；

　　　W——小时去水量，1627.9kg H_2O/h；

　　　q_r——单位热耗，是指蒸发 1kg 水所消耗的热量，kJ/kg H_2O。

参照《粮食干燥试验方法》，考虑到测试时一般不具备标准的环境条件和规定的物料初始含水率，需要对测试结果在一个热量衡算平台上进行换算。单位热耗量由下式计算得出：

$$q_r = \Delta I \frac{Q}{vW} \qquad\qquad (6\text{-}60)$$

式中　$\Delta I = C_g(t_1 - t_2) + [C_s(t_1 - t_2) + 2500]d$

　　　Q——热介质的流量，m^3/kg；

　　　v——热介质的比容，m^3/kg 干空气；

　　　C_g——干空气的比热容，$kJ/(kg \cdot ℃)$；

　　　C_s——湿空气的比热容，$kJ/(kg \cdot ℃)$；

$t_1 - t_2$——介质干燥前后温度差，℃；

　　　d——湿含量，kg/kg 干空气；

　　　W——去水量，kg/min。

　　　计算单位热耗，$q_r \approx 5.5MJ/kg\ H_2O$。

　　　则 $H = 8953MJ/h$。

（5）耗煤量

$$G_{煤} = \frac{H}{R\eta} \qquad\qquad (6\text{-}61)$$

式中　$G_{煤}$——小时耗煤量，kg；

　　　H——热风炉供热量，$8953MJ/h$；

　　　R——煤的发热值，$22990 \sim 25080kJ/kg$（煤）；

　　　η——热风炉热效率，$\eta = 0.65 \sim 0.75$。

　　　则 $G_{煤} = 476.0kg/h$。

（6）所需动力配备　动力消耗最大部分是风机组消耗的电能，根据设计计算所需热风量为 $73020m^3/h$，冷风风量 $13500m^3/h$，烟气流量为 $10690m^3/h$，热风压为 $728.7Pa$，冷风压力 $869.2Pa$，烟气压力 $1625Pa$。选用两台风机并联作业，选用 4-72-Y-100L-2-3.6A 离心风机，转速 $n = 2900r/min$，流量为 $4527m^3/h$，压力 $1256Pa$。冷风机 4-72-Y-1325-4C，流量为 $19102m^3/h$，压力 $1069Pa$；配套烟风机为 4-72-Y180M-4C，功率为 $18.5kW$，流量为 $12123m^3/h$，压力 $2093Pa$。提升机及其他输送所需动力如表 6-5 所示。合计总配套动力为：$76.5kW$。

表 6-5　干燥机动力分配表

序号	干燥机动力分配	配备功率/kW	数量	序号	干燥机动力分配	配备功率/kW	数量
1	负压风机总动力	36	12	5	冷风机动力	5.5	1
2	排料及输送电动机	1.5	1	6	提升机动力	5.5	1
3	助燃风机电动机	3	1	7	出渣及炉排动力	3	1
4	烟风机动力	18.5	1	8	皮带机动力	3.5	1

　　（7）干燥成本估算　干燥生产成本主要包括：燃料费、电费、人工工资、维护保养费及设备折旧费等。以北方烘干季节为时间节点统计估算。该干燥机的烘干能力为 $1627.9kg\ H_2O/h$，每小时耗煤约 $476.0kg$，按照动力煤价市价 0.5 元/kg 计；

以满负荷计算耗电量，小时耗电 76.5 度，电费按 1.0 元/度计；三人倒班操作（主要是司炉工作，兼抽检玉米水分）每人每小时工资按 30 元/h 计算，智能控制系统可以代替 1 名人工；机械设备投资按 70 万元计算，每年累计作业 60d，每天作业 20h，机械设备的折旧年限为 15 年，残值率为 5%，则其每小时设备折旧费为 36.94 元，小计玉米吨成本约 38.14 元。

表 6-6　烘干玉米的成本折算

干燥机种类	小时煤耗/元	小时电费/元	小时人工工资/元	小时折旧费/元	费用总计/(元/t)
5HFS-10	238	76.5	30(1 人)	36.94	38.14
5HSS-10	238	98.3	60(2 人)	33.33	42.96
5GSH-15	474	153	60(2 人)	44.6	48.77

由表 6-6 可知，与生产能力相同的机型对比，虽然智能控制设备成本高，致使折旧费用高 17.3%，但是在电量消耗和人工费用等方面合计节约 39.7%。干燥玉米吨成本节省 12.8%。比大型干燥机节省成本 20% 以上。

5. 生产性能分析

生产试验地点选在黑龙江省农垦总局二龙山农场粮食收贮中心进行试验。烘干玉米品种为德美亚 1 号，籽粒含水率为 28%～33%（w.b），2015 年 11 月联合黑龙江省农垦农业机械产品质量监督检验站进行了性能测试，测试结果如表 6-7 所示。测试和实际生产作业考核表明：5HFS-10 型干燥机完全满足寒地优质玉米、水稻保质干燥的技术要求，在节能和自适应控制方面性能显著。对于玉米和水稻的水分检测都有良好的稳定性和检测精度，在谷物含水率在较高范围时，检测精度可达 ±0.3%，控制干燥机出粮水分偏差≤±0.5%（w·b）。烘干产生的粉尘浓度极低，大部分灰尘及杂质由主机外围的集尘罩沉降收集。完全符合中华人民共和国农业行业标准（NY/T 463—2001）要求。较正压传统干燥工艺的裂纹增值率降低 15.0%，与国家行业质量标准相比，单位耗热节能 28.1%，成本降低 12-20%。

表 6-7　5HFS-10 型干燥机性能测试结果

测试指标	数值	测试指标	数值
环境温度/℃	−17.0	干燥介质温度/℃	127
相对湿度/%	36.8	降水幅度/%	14.5
入机温度/℃	−17.0	处理量/(t/h)	10
玉米含水率/%	28.5	干燥周期/h	5.25
煤低位发热量/(MJ/kg)	19.95	干燥能力/(t·1%/h)	27.35
工作环境噪声/dB	70.2	干燥强度/[kg/(m³·h)]	46.00
粉尘浓度/(mg/m³)	0.90	水分汽化量/(kg/h)	1619.0
排粮速度/(m³/h)	13.6	单位耗热量/(MJ/kg)	5.75
冷却风流量/[kg/(m³·h)]	14100	水分检测精度/%	±0.3
高热风流量/[kg/(m³·h)]	59180	裂纹增值率/%	≤3
低热风流量/[kg/(m³·h)]	13700	出机含水量/%	14.0
低温热风温度/℃	80	含水不均匀度/%	1.21

6. 结果与讨论

（1）负压干燥方式使谷层内的干燥介质压力低于外界的环境压力，随介质压力降低，其相对湿度也随之下降，从而使干燥介质接纳水分的能力增强。可以显著提升高湿谷物的脱水速率。在理论上解决，无须格外热功，就达到理想的干燥效果。负压烘干较正压烘干能耗降低，节能显著。

（2）5HFS-10 型干燥机采用负压多级顺流干燥加缓苏的复合干燥工艺。在干燥段采用并联风机加扩张段引风和变径角状管组合。在风量调节方面，应用冷风配额调控机构和风机变频控制相结合。在自动控制方面，集成前馈和反馈耦合智能控制系统，自适应完成高稳定性和高精度执行的谷物干燥过程。适合寒区高水分谷物干燥降水特性，节本增效显著。

（3）通过干燥机的技术和经济指标分析，确定该机具的工作性能参数和生产运行成本。并通过地方技术部门测试，检验该机的生产性能优良，符合中华人民共和国农业行业标准（NY/T 463—2001）。较比同类产品节省干燥成本 12％以上。单位能量消耗降低 20％以上。内部风场分布较均匀，充分保证玉米等热敏性物料的干燥品质。

第四节　小型移动式干燥机的设计

根据在顺流干燥试验中所得的优化后的工艺参数，结合生产实际，进行处理量 1t/h 的移动式、多功能谷物干燥机设计与制造。

（一）设计依据与技术要求

1. 作业条件

（1）环境条件　水稻干燥一般在 10 月左右，环境温度零度左右，相对湿度 70％。

（2）含水率　含水率在 17％～24％。

（3）清洁率　干燥之前进行必要清选，清洁率需达到 95％以上。

2. 技术要求

（1）生产率　1t/h。

（2）一次降水幅度　<1.5％。

（3）干燥不均匀度　<2％。

（4）粮食品质　水稻爆腰率增值<3％，色泽正，无焦煳粒。

（5）伤种或破碎率　<0.3%。

（二）移动式谷物干燥机结构设计

设计一小型移动式干燥机。为了降低整机的高度和重量，降低加工成本，在设计时储粮段作为缓苏段；干燥段同时作为冷却段。

该烘干机由上盖、储粮段、干燥段、排粮机构、进气管道、热风炉、提升机、热风机、助燃风机、冷风机、机架、牵引装置、行走机构等组成，其结构与工艺流程如图6-17所示。通过控制排粮辊转速来控制排粮时间，调整干燥时间，干燥时间长，缓苏时间也长。

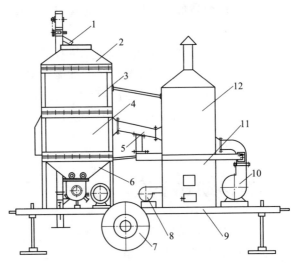

图 6-17　1t/h 谷物烘干机结构简图

1—提升机；2—上盖；3—储粮段；4—干燥段；5—进气段；

6—排粮机构；7—行走机构；8—助燃风段；9—机架；

10—热风机；11—燃烧室；12—换热器

（三）主要参数的计算与选择

1. 干燥机的小时去水量 W_h

小时去水量是谷物干燥机干燥能力的表达指标之一，根据单位时间进入干燥机的物料总质量与单位时间从干燥机输出物料总质量之差来确定。

$$W_h = G_s \times \frac{M_1 - M_2}{100 - M_2} \tag{6-62}$$

式中　G_s——入机粮生产率，t/h，根据设计要求 $G_s = 1t/h$。

$M_1 = 20\%$，$M_2 = 15\%$

$$W_h = 1000 \times \frac{20-15}{100-15} = 58.8 (\text{kg } H_2O/h)$$

2. 干燥机的尺寸

加热室容积是根据干燥机的干燥强度（每立方米容积每小时的去水量）而确定的，高温干燥机的干燥强度 $A = 20 \sim 50 \text{kg}/(\text{m}^3 \cdot \text{h})$，而顺流式干燥机较大，为 $40 \sim 50 \text{kg}/(\text{m}^3 \cdot \text{h})$。

加热室容积的计算公式为：

$$V_r = \frac{W_h}{AK} \tag{6-63}$$

式中　W_h——干燥机的小时去水量，$\text{kg } H_2O/h$；

　　　A——干燥强度，$\text{kg}/(\text{m}^3 \cdot \text{h})$；

　　　K——加热室有效容积（扣除通气管道容积）系数，$K = 0.6 \sim 0.8$。

$$V_r = \frac{58.8}{40 \times 0.6} = 2.45 (\text{m}^3)$$

加热室容积确定后，确定加热室的长、宽、高的尺寸。在确定中同时考虑到加热室内部的进气与排气管路的结构尺寸与谷层厚度，计算公式为：

$$H_i = \frac{V}{BL} \tag{6-64}$$

式中　H_i——加热室高度，m；

　　　B——加热室宽度，m，$B = 2.0\text{m}$；

　　　L——加热室长度，m，取 $L = 1.5\text{m}$。

$$H_r = \frac{V_r}{BL} = \frac{2.45}{2.0 \times 1.5} = 0.81 (\text{m})$$

3. 计算角状管列数

根据试验结果，取角状管纵向间距 700mm，横向间距 400mm。
角状管列数：

$$M = \frac{B}{d} = \frac{2000}{400} = 5，\text{取 } M = 5 \text{ 列}。$$

4. 小时耗热量的计算

谷物干燥机的小时耗热量由以下几部分组成：提高谷物温度所需的热量；蒸发谷物中水分所需的热量；加热室散热损失所消耗的热量等。

（1）供热量

根据公式：　　　$H_1 = Q \times c \times \gamma (t_2 - t_1) = 214285 (\text{kJ}/h)$ 　　　(6-65)

式中　C——热介质的比热容，kJ/(kg·℃)，$C = \dfrac{1.005 + 1.85d}{1+d} = 1.059$；

　　　γ——热介质的容重，根据20℃的γ_{20}进行换算，$\gamma = \gamma_{20}\dfrac{273+20}{273+t}$；

　　　t——介质温度，℃；

　　　t_1——谷物干前温度，$t_1 = 10℃$；

　　　t_2——热介质的温度，$t_2 = 100℃$。

（2）有效供热量

根据公式：
$$H_2 = W \times h_f \tag{6-66}$$

式中　h_f——谷物汽化潜热，一般取 2730kJ/kg H_2O。

则 $H_2 = 58.8 \times 2730 = 160524$（kJ/h）。

（3）单位热耗

根据公式：
$$H_3 = \frac{H_1}{W} = 3644(\text{kJ/kg } H_2O) \tag{6-67}$$

5. 风机参数的计算

风机是把机械能传给空气，使空气产生压力差而流动的机械。风机是谷物干燥机的主要部件，按空气在风机内部流动的方向来分类，风机可分为轴流式、离心式、混流式三大类。离心式风机主要由进风口、出风口、叶轮、机壳等组成。

（1）热风机的流量计算
$$Q = W\frac{\tau}{\Delta d} = 2271(\text{m}^3/\text{h}) \tag{6-68}$$

校核 V_D（角状管端部排气速度）值：
$$\because Q = p_i \times M \times f_0 \times V_D \tag{6-69}$$

式中　f_0——角状管排气断面积，$f_0 = 0.06\text{m}^2$。

$$\therefore V_D = \frac{Q}{p_i \times M \times f_0 \times 3600} = \frac{2271}{5 \times 0.07 \times 3600} = 2.9(\text{m/s})，符合 V_D < 5\text{m/s} 的$$

要求。

（2）热风机压力的计算　热风机的压力包括：风机的动压力 h_d 及静压力（h_g 为谷层阻力，h_1 为沿程压力阻力，$\sum \Delta h$ 为管道各项压力损失）h_j 两部分，而 $h_d = 9.8\dfrac{rV^2}{2g}$，$h_j = h_g + h_e + h_s$，分别计算。

$$h_d = 9.8\frac{\gamma V^2}{2g} \tag{6-70}$$

式中　γ——热介质容重，根据20℃的γ_{20}进行换算，$\gamma = \gamma_{20}\dfrac{273+20}{273+t} = 0.996\text{kg/m}^3$；

　　　t——介质温度，℃；

V——风机出口速度，初选 $V=10\text{m/s}$。

则
$$h_d=9.8\times\frac{0.996\times100}{2\times9.8}=49.5(\text{Pa})$$

$$h_g=10(al_gu+bl_gu^2) \tag{6-71}$$

式中 l_g——谷层厚度，取 70cm；

u——谷层断面的气流平均速度，取 0.3m/s；

a、b——系数，水稻 $a=282$，$b=357$。

则 $h_g=817\text{Pa}$

$$h_e=9.8\times\frac{\lambda}{D}\times\frac{rV^2}{2g} \tag{6-72}$$

式中 λ——管道摩擦因数，取 $\lambda=0.02$；

D——管道直径，取 $D=256\text{mm}$。

则
$$h_e=9.8\times\frac{0.02}{0.256}\times\frac{0.996\times10^2}{2\times9.8}=3.9(\text{Pa})$$

$$\sum h_s=9.8\times\frac{0.996\times100}{2\times9.8}+9.8\times0.5\times\frac{0.996\times100}{2\times9.8}=74.7(\text{Pa}) \tag{6-73}$$

则风机的压力为 $h=50+817+4+75=946(\text{Pa})$

（3）选择热风机 根据所需的风压和风量来确定通风机的大小，即机号。从理论上讲，只要有一台风机，把转速提高到一定程度，都可达到某一风压和风量，但实际上由于结构强度的限制，效率低和不经济等原因，不能这样做。因此，要选择的是一台在特定的风压和风量下，能以高效率工作的风机。4-72型离心式风机是一种新型风机，它具有效率高、节能省电、运转平稳、噪声低和结构完善便于维修等优点。它的最高效率达到 91% 以上，比同类风机提高了 27% 以上。

根据烘干机所需热风量为 2271m³/h，压力为 946Pa，选用 4-72No.4.0 A 的通风机，其转速 $N=2900\text{r/min}$，流量 3640～1975m³/h，压力 784～1245Pa，功率 2.2kW。

离心式通风机由叶轮、机壳和机座三个基本部分组成。叶轮是通风机的最主要部件，它由轮毂后盘、叶片和前盘组成。轮毂是后盘和主轴的连接件，后盘用螺钉固定在轮毂上，前盘是通风机吸气侧的圆盘，叶片的两端分别与后盘和前盘铆接。离心式通风机的机壳呈蜗壳形，由钢板焊接而成。在机壳的侧面设有圆形进口，在蜗壳方向设有出风口。离心式通风机叶轮的旋转方向必须与机壳的蜗卷方向一致。

冷风机和助燃风机的选择：冷风量为热风量的 0.3～0.5 倍，取 984m³/h，风压为谷层阻力的 1.2～1.5 倍，取 117.6mm H_2O，则选冷风机型号为 4-72-11 No.3.0 A，助燃风机风量很小，可选型号为 4-72-11 No.2.8A。

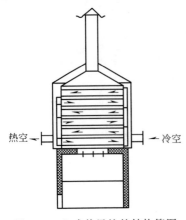

图6-18 立式热风炉的结构简图

立式热风炉采用炉体与换热器一体结构（图6-18）。炉膛与换热器均用正压，空气从炉缝隙通过，空过煤层进入炉膛，燃烧的烟气由烟囱排出。

6. 换热器计算

在热风炉上所用的换热器，都是属于两种温度不同湿度不同的流体通过固体间壁进行换热，其换热过程为一种温度较高的流体向固体间壁放热，然后固体间壁内部进行导热，最后从间壁另一侧向低温流体放热。

（1）换热器的换热量　根据低温流体在换热进、出口的温度要求和流量来计算。

$$H_{h}=\frac{Q}{v}C_{g}'(t_2''-t_2') \tag{6-74}$$

式中　v——低温流体比容，为 1.293m³/kg；

Q——低温流体的流量，m³/h；

C_g'——干空气的比热容，$C_g'=1.007$kJ/(kg·℃)；

t_2''——冷空气经换热后的温度，为 100℃；

t_2'——冷空气进入换热器的温度，为 0℃。

则　　　　　$$H_{h}=\frac{2271}{1.293}\times1.007\times100=176868(\text{kJ/h})$$

（2）计算两种流体的"对数平均温度差"　换热形式有三种，顺流换热、逆流换热及交叉换热。该题中用交叉换热方式。

根据公式：

$$\Delta t=\frac{\Delta t'-\Delta t''}{\ln\dfrac{\Delta t'}{\Delta t''}} \tag{6-75}$$

式中　$\Delta t'$——热冷流体进口处的温度差，$\Delta t'=t_{yj}-t_{yc}=800-200=600$（℃）；

$\Delta t''$——热冷流体出口处的温度差，$\Delta t''=t_{kj}-t_{kc}=100$（℃）。

则　　　　　$$\Delta t=\frac{600-100}{\ln\dfrac{600}{100}}=\frac{500}{1.71}=279(\text{℃})$$

（3）选取换热系数 K　取 K 值为 60W/(m²·℃)。常见情况下 K 值范围见表6-8。

（4）计算换热器的总换热面积

根据公式：

$$F=\frac{H_{h}}{K\Delta t} \tag{6-76}$$

则
$$F = \frac{176868}{60 \times 279} = 10.6 (\text{m}^2)$$

（5）计算总管子数 N

根据公式：
$$N = \frac{F}{\pi d_m l} \qquad (6\text{-}77)$$

式中 d_m——换热管平均直径，取 60mm；

l——管长，取 1.2m。

则
$$N = \frac{10.6}{3.14 \times 60 \times 10^{-3} \times 1.2} \approx 47 \ \text{根}$$

表 6-8 常见情况下 K 值的大致范围

换热器型式	热交换流体		换热系数 $K/[\text{W}/(\text{m}^2 \cdot \text{℃})]$
	内侧	外侧	
管壳式 （光管）	气	气	12～35
	气	高压气	163～174
	高压气	气	174～465
	气	清水	23～70
	高压气	清水	233～698
	清水	清水	1163～2326
	清水	水蒸气凝结	2326～4071
	高黏度液体	清水	116～291
	高温液	气体	35
	低黏度液体	清水	233～465

（6）计算高温流体的质量流量

根据公式：
$$\frac{Q_e}{V_e \eta} = \frac{H_h}{C_e(t_{yj} - t_{yc})} \qquad (6\text{-}78)$$

式中 C_e——干炉气比热容，取 1.005kJ/(kg·℃)；

Q_e——烟气流量 m³/h；

t_{yj}——烟气进入换热器的温度，800～1000℃；

t_{yc}——烟气离开换热器的温度，一般为 120～200℃。

则
$$\frac{Q_e}{V_e \eta} = \frac{205412}{1.005 \times 800} = 255.5 (\text{kg/h})$$

（7）校核换热管数 N' 根据传热面积 F 和所确定的换热管平均直径及管长计算总管子数。

根据公式：
$$N' = \frac{Q}{3600V \times \frac{\pi}{4} d_2^2} \qquad (6\text{-}79)$$

式中　V——管中空气流速，取 0.5m/s；

　　　d_2——换热管内径，取 54mm。

则
$$N'=\frac{2271}{3600\times0.5\times\frac{3.14}{4}\times54^2\times10^{-4}}\approx5.5$$

（8）干燥系统供热装置——手烧炉计算　燃烧室采用耐火砖、红砖、钢板三层结构。立式换热器不适合用在大、中型干燥设备上，因为此类干燥机需要热量大，若按需要提供，热风炉的结构尺寸增大，并且立式热风炉采用水平布置，当管道长度超过 1m 时，管道受到高温热烟气的作用，易产生挠曲变形，寿命降低。

① 耗煤量

$$B=\frac{H_h}{H_{GW}\eta_H\eta_{SH}} \tag{6-80}$$

式中　H_{GW}——燃料低位发热量，选烟煤为 25326kJ/kg；

　　　η_H——换热效率，取 0.6；

　　　η_{SH}——燃烧效率，取 0.9。

则
$$B=\frac{214285}{5000\times4.12\times0.6\times0.9}=19.3(\text{kg/h})$$

②炉膛截面面积

$$F=\frac{BH_{GW}}{q_k} \tag{6-81}$$

式中　q_k——炉膛面积放热率见表 6-8，取 $q_k=1675\times10^3$kJ/(m²·h)。

则
$$F=\frac{19.3\times5000\times4.12}{1675\times10^3}\approx0.24(\text{m}^2)$$

炉栅缝隙的选择及活截面的计算：为了使炉膛内能进入应用的空气量和不使燃料从炉栅缝隙中漏下而造成损失，炉栅间的缝隙要选择适中，考虑燃料的粒度情况，一般炉栅缝隙为 3～15mm。木材和劣质褐煤的炉栅活截面积系数 $A_F=0.28～0.3$，而一般烟煤 $A_F=0.32～0.3$，确定炉栅缝隙时，还要注意到通过缝隙的风速为 0.3～1.3m/s。

③ 炉膛容积

$$V_T=\frac{BH_{DW}}{q_v} \tag{6-82}$$

式中　q_v——炉膛容积放热率，取 $q_v=1256\times10^3$kJ/(m³·h)。

则
$$V_T=\frac{19.3\times20600}{1256\times10^3}=0.31(\text{m}^3)$$

④ 炉膛高度

$$H_T=\frac{V_T}{F}=\frac{0.31}{0.23}=1.3(\text{m}) \tag{6-83}$$

炉膛的长与宽之比 3：2，则计算得 $L=0.6\text{m}$，$B=0.4\text{m}$。

⑤ 烟囱直径 d　取烟囱直径 0.2m，高度 2m。

⑥ 炉体材料　炉衬采用普通耐火砖，外壳采用红砖。

7. 提升机的选型与设计

选用斗式提升机，其优点是：结构简单；提升高度和输送能力大；有良好的密封性；横截面外形尺寸小；占用生产面积小。选逆向进料，畚斗速度 2.5m/s，畚斗装备系数值 0.85。

(1) 输送量的计算

根据公式：
$$Q=3.6\frac{i}{a}V\gamma\varphi \tag{6-84}$$

式中　Q——斗式提升机的输送量；

　　　i——畚斗容积，L；

　　　a——两相邻畚斗之间的距离；

　　　γ——被输送物料的容量，一般为 $0.56\sim0.58$，取 0.57。

则
$$Q=3.6\times\frac{0.233}{0.2}\times2.5\times0.57\times0.85=5(\text{t/h})$$

(2) 功率计算　斗式提升机驱动的轴功率：

根据公式：
$$N_0=\frac{QH}{367\eta} \tag{6-85}$$

式中　H——提升高度，$H=5.5\text{m}$；

　　　η——斗式提升机效率，为 0.7。

则
$$N_0=\frac{5\times5.5}{367\times0.7}=0.11(\text{kW})$$

斗式提升机需要电动机的功率：

根据公式：
$$N=\frac{N_0}{\eta}K \tag{6-86}$$

式中　η——传动效率，取平皮带传动 0.85；

　　　K——电动机的功率储备系数，$H<10\text{m}$ 时为 1.45。

则　$N=\frac{0.11}{0.833}\times1.45\approx0.19(\text{kW})$。

8. 螺旋输送机的设计与选型

(1) 选型　螺旋输送机是一种无挠性牵引构件的连续输送设备，是利用螺旋叶片的旋转推动散粒物料沿机槽运动的设备。在螺旋输送机机槽内装有轴，轴上固定有螺旋叶片，轴由两端的轴承支承，由电动机通过传动装置带动螺旋轴旋转而工作。

螺旋输送机工作时，粮食由进料口进入机槽后，在旋转的螺旋叶片的推动下，粮食沿机槽以滑动方式做轴向运动，直至卸料口卸出。物料在机槽内的轴向运动就像螺母在旋转的螺杆上做平移运动一样，但物料不能随螺杆旋转，是由于物料的重力和物料对槽壁的摩擦力两者共同作用的结果。同时物料与螺旋叶片之间还存在一个摩擦力的作用，使物料发生翻滚运动。螺旋输送机由螺旋体、机槽、轴承和驱动装置等主要部件组成。

选 LSS16 型水平螺旋输送机，其技术规格如表 6-9 所示。

表 6-9　LSS16 型水平螺旋输送机技术规格

螺旋直径	螺距	转速	机槽宽	机槽高	机重
160mm	130mm	73r/min	260mm	342mm	41kg/m

（2）螺旋输送机输送量的计算

根据公式：
$$Q = 47D^2 \varphi S n \gamma c \tag{6-87}$$

式中　D——螺旋叶片的外径；

　　　φ——机槽内物料的装满系数，取 0.3；

　　　n——螺旋输送机的转速；

　　　γ——物料单位容积的质量，取 0.57；

　　　c——倾斜输送时机槽内物料横截面积的修正系数，为 1。

则 $Q = 47 \times 0.16^2 \times 0.3 \times 0.13 \times 73 \times 0.57 \approx 2 (\text{t/h})$

（3）所需电动机功率的计算

根据公式：
$$N = \frac{Q}{367\eta}(LW_0 + H)K = \frac{QL}{367\eta}(W_0 + \sin\beta)K \tag{6-88}$$

式中　L——螺旋输送机的输送长度；

　　　H——倾斜输送时物料提升的高度；

　　　β——倾斜输送机的倾斜角；

　　　W_0——总阻力系数，通常为 1.3～1.5，取 1.3；

　　　η——传动效率，平皮带传动为 0.85；

　　　K——电动机功率储备系数，通常为 1.2～1.4，取 1.3。

则 $N = \dfrac{2 \times 1}{367 \times 0.85} \times 1.3 \times 1.3 = 0.01 \ (\text{kW})$

第五节　循环式智能干燥机的设计

循环式谷物干燥机，多用于热风温度不大于 60℃的环境中，对应的每小时降水率在 0.6% 左右，国内外常将该类机型用于水稻、黄豆、种子等对干后品质要求较高的物料。通常循环式谷物干燥机干燥粮食时，谷物经提升机从干燥机的顶端进入后，自上而下地使谷物从分粮段→缓苏段→干燥段→冷却段（排种段），周期性地使谷物得到干燥和缓苏，直到其达到目标水分再将其排出。循环式谷物干燥机的优点在于每次干燥降水幅度小、对谷物热损伤小、营养成分损失少，因谷物在其干燥过程中为周期性的干燥和缓苏，协同智能控制系统，使在均衡温度和风速的作用下，被干燥的谷物内部水分有充分的时间均匀扩散，有效地预防稻谷爆腰率的增加，综合提高谷物干后品质。

一、工艺流程设计

循环干燥工艺系统如图 6-19 所示。按照谷物的运动方向，谷物循环干燥依次经过进料斗、提升机、分粮器、缓苏段、干燥段、含水率在线检测装置、排粮段和提升机。循环结束，干燥完成，谷物经过排粮管排出，入库打包处理。干燥段的热风供给系统包括热风炉、换热器、除尘器和风机等。

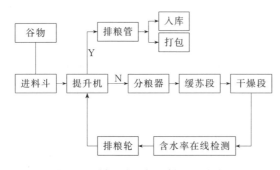

图 6-19　循环式谷物干燥机工艺流程

二、整机结构与工作原理

1. 整机结构

循环式谷物干燥机由供热系统、送风系统、输送系统、干燥系统和智能控制系统等组成，循环式谷物干燥机结构简图如图 6-20 所示。

供热系统由热风炉、换热器等组成；送风系统由风机、除尘器和热风管道等组成；运输系统由进料斗、提升机、分粮器、下搅龙、排粮轮和排粮管道等组成；干燥系统由储粮段、缓苏段和干燥段组成，智能控制系统由含水率在线检测装置（在线水分测定仪 HS-TM1S，日本静冈）和智能控制器等设备组成。

2. 工作原理

谷物经清选、除杂后由提升机送入干燥机并缓慢地自上而下流动，依次经过分粮段、缓苏段、干燥段、排粮段、含水率在线检测装置、输送机再到提升机，完成一次干燥循环。其工作流程如下：

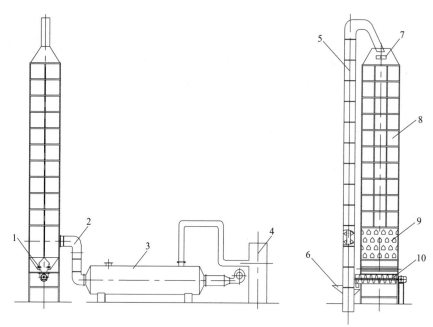

图 6-20　循环式谷物干燥机结构简图

1—排粮轮；2—热风管道；3—换热器；4—燃油炉；5—提升机；6—进料斗；

7—分粮器；8—缓苏室；9—干燥室；10—下搅龙

　　刚入机的谷物经分粮器分散后，均匀缓慢地由缓苏段进入干燥段，经热风炉和换热器间接加热后的热空气，在风机的作用下，被送入干燥段热风室，热风自热风室连续横向逆流穿过干燥段的薄谷层，热风流动的方向与谷物移动方向互呈交叉，在混合干燥的作用下，热风气流与谷物获得较充分的接触，使谷物加热、升温、降水，经含水率在线检测装置检测，通过智能控制器对热风温度的实时调控，实现不同阶段等速变温降水控制，完成一次干燥循环。干燥一次的谷物再由提升机送入干燥机，进入缓苏段期间，不通风受热，但这时的谷物刚离开干燥段，仍然保持着一定的温度，由于谷粒的内部和外部存在温差和湿差，在温度梯度和湿度梯度共同作用下，促进谷物内部水分向外移动，水分逐渐趋势于平衡，为下一个循环升温、降水创造条件。这样周而复始地实现循环干燥，直至谷物含水量符合所要求的入仓标准为止。

3. 主要性能参数

　　主要性能参数如表 6-10 所示。

表 6-10　循环式谷物干燥机性能参数

参数名称	技术规格	参数名称	技术规格
外形尺寸（长×宽×高）/mm	2500×2000×7000	小时降水率	稻谷 0.6%～1.5%/小麦 0.6%～1.5%
使用范围	水稻；玉米；小麦等	干燥能力	1t·1%(H_2O)/h

参数名称	技术规格	参数名称	技术规格
热风温度	40～60℃	电源	380V
干燥不均匀度	≤1.0	机体重量	1810kg
风机	GSF600(1450r/min)	总功率	5.5kW
燃烧炉	燃油热风炉	安全装置	风压开关、异常过热开关、热
换热器	气相旋转管壳式换热器		继电器、断路保护器、满量报警

三、循环式谷物干燥机的总体设计

循环式谷物干燥机的设计要满足循环干燥作业的工艺要求。循环干燥中，一次干燥谷物质量为 10t。以水稻为例，谷物初始含水率在 20% 左右，一般要求干燥至安全水分 14%，降水幅度在 6%，四个循环干燥完成，每次降水 1.5% 左右，热风温度为 40℃，在 10h 内完成干燥作业。干燥环境温度一般为 6～15℃，空气相对湿度为 50%。

1. 干燥能力计算

循环式谷物干燥机采取的是批量干燥的方式，小时干燥能力 g_t 和小时去水量 W_h 均按平均值计算。循环干燥中，每批降水幅度 ΔM_p 按照 6%H_2O 计算，每批干燥水稻的质量 g_p 按照 10t 计算，每批干燥时间 t 按 10h 计算。根据式(6-89)，计算出循环干燥中干燥机的小时干燥能力 g_t，为 6t·1%(H_2O) h。

$$g_t = \frac{g_p}{t} \Delta M_p \tag{6-89}$$

式中　g_t——干燥机的小时干燥能力，t·1%(H_2O) h；

　　　g_p——每批干燥谷物质量，kg；

　　　t——每批干燥的干燥时间，h；

　　　ΔM_p——每批干燥谷物降水幅度，%。

循环干燥中，水稻初始含水率 M_1 为 20%，水稻干后含水率 M_2 为 14%。根据式(6-90)，计算出循环干燥中干燥机的小时平均去水量 W_h 为 69.77 kg/h。

$$W_h = \frac{g_p}{t} \times \frac{M_1 - M_2}{1 - M_2} \tag{6-90}$$

式中　W_h——干燥机的小时去水量，kg/h；

　　　g_p——每批干燥谷物质量，kg；

　　　t——每批干燥的干燥时间，h；

　　　M_1——水稻初始含水率，%；

　　　M_2——水稻干后含水率，%。

2. 主要尺寸设计

(1) 干燥室尺寸设计 谷物干燥机的主要尺寸包括谷层厚度、干燥室的有效容积、缓苏室的容积。因为薄层干燥均匀性较好，稻谷品质稳定，因此谷层厚度设计为 0.2m。加热室的容积根据干燥强度而定，干燥强度指每立方米容积每小时去水量。干燥强度越小，干燥品质越好。在考虑干燥效率的同时，为了保证稻谷的干燥品质，干燥强度设为 30kg/(m³·h)。加热室有效容积系数 λ 取 0.6。按照循环干燥工艺要求，经计算出的干燥机小时去水量为 69.77kg/h。根据式(6-91)，计算出干燥室的容积为 3.8m³，取 4m³，取干燥室长度为 2.5m，宽度为 2m，则高度为 0.8m。

$$V = \frac{W_h}{A\lambda} \tag{6-91}$$

式中　V——加热室体积，m³；

W_h——干燥机的小时去水量，kg/h；

A——干燥强度，kg/(m³·h)；

λ——加热室的有效容积系数（扣除通气管的容积），一般在 0.6~0.8 范围内取值。

(2) 缓苏室尺寸设计 缓苏室的容积跟加热室的容积与缓苏比有关。即缓苏室容积：加热室有效容积＝缓苏比，其中加热室有效容积为加热室容积乘以有效容积系数。循环干燥工艺需要较大的缓苏比，经前文分析，谷物循环干燥宜采用 1∶5 的缓苏比。因此按照 1∶5 的缓苏比设计缓苏室的体积，缓苏室的体积是加热室的有效容积的五倍，即 $5\lambda V$，经计算得 20m³，长度为 2.5m，宽度为 2m，则高度为 4m。

整机尺寸为：2500mm×2000mm×7000mm。

3. 风机的选型

取环境温度为 10℃，相对湿度为 50%，谷物初始含水率在 20% 左右，四个循环干燥至安全水分 14%，风量与谷物质量比为 1.5m³/(h·kg)。循环式谷物干燥机的装机容量为 10t，因此，所选用的风机风量应大于 15000m³/h。本机选用 GSF600 型风机，排风量为 15800m³/h，转速为 1450r/min，配用电机功率为 3.7kW。

4. 加热系统的设计

(1) 热风炉参数计算与确定 燃煤热风炉是整个干燥装置的重要组成部件之一。合理的结构设计能提高热风炉的供热量和煤炭的利用率，并减少热风炉的体积。多排并列的散热片有效增加热风炉的散热面积；助燃风机的开闭有效增减了炉腔内部与外部空气的交换量，达到动态控制热风炉供热量及调节整个干燥室内温度的目的。供热量是热风炉设计的关键指标，根据式(6-92)和式(6-93)通过计算干燥室内物料的单位耗热量，可确定热风炉的供热量 Q，进而确定热风炉的机构。该机选取燃油式热风炉，型号为 KRB-120RB。

$$q = C\rho AV(T_1 - T_2)t \tag{6-92}$$

$$Q = Mq \tag{6-93}$$

式中　q——物料单位耗热量，kJ/kg；

$\qquad Q$——热风炉的散热量，kJ；

$\qquad M$——干燥装置的装载量，kg；

$\qquad C$——空气的比热容，J/(kg·℃)；

$\qquad \rho$——热空气密度，kg/m³；

$\qquad A$——进风口的截面积，m²；

$\qquad V$——进风口风速，m³/s；

$\qquad T_1$——进风口温度，℃；

$\qquad T_2$——出风口温度，℃；

$\qquad t$——干燥时间，s。

（2）换热器的选型　选取自行设计的气相旋转管壳式换热器作为换热设备，换热效率在80%以上，可以满足粮食干燥机的热量需求。这种气相旋转换热器如图6-21所示，由壳体及烟气列管组成的一体式结构，外壳及框架为不锈钢钢板焊合而成，壳体的两端为气流分配室，壳体中间为旋转滚筒式换热室，气流分配室由集气室和空气流通道构成，为高温烟气进入换热段与进入空气初步接触阶段，左右气流分配室分别安装在旋转滚筒式换热室两端，为固定机构，集气室是将高温烟气均匀分配给正三角形布置的烟气列管内，用于换热，同时具有沉降室的作用，集气室还有除尘口，可以定期清除滚筒内聚集的烟气灰尘；烟气列管的两端分别与壳体两端气流分配室的集气室固定连接，烟气列管为正三角列管束。烟气入口设置在集气室处，烟气出口设置在另一个集气室处，冷空气入口、热空气出口分别设置在相应的空气流通道处；旋转滚筒式换热室具有旋转滚筒，旋转滚筒内侧壁安装螺旋导向叶片，螺旋导向叶片焊接在旋转滚筒内壁板上，为变螺距焊接，中间螺距比两端的螺距大20mm。旋转滚筒外侧安装有被动齿圈，被动齿圈连接齿圈驱动机构；旋转滚筒在非传动区域设计保温层，夹层内填充珍珠岩，保温层箍在旋转滚筒壁板外侧，起到绝热保温的作用；被动齿圈的两侧对称设置有滚筒旋转支撑机构，旋转滚筒与气流分配室连接处均设置磁流体密封机构。

四、智能自动测控系统的设计

本干燥系统采用虚拟仪器技术开发了一套循环式谷物干燥机自动检测与智能控

制系统，采用进口在线水分测量装置，测得谷物水分含量更贴近谷物的实际水分含量，并将在线测得谷物水分含量与目标水分含量进行比较，通过 PLC 等控制执行机构改变循环干燥过程的运行状态，从而实现干燥控制过程的智能化自动控制。

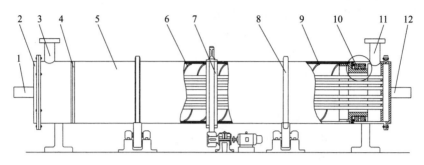

图 6-21 气相旋转式换热器示意

1—进气口；2—端盖；3—烟气出口；4—密封环；5—旋转筒体；6—螺旋叶片；
7—驱动齿轮组；8—支撑滚轮；9—保温层；10—磁流体密封；11—烟气入口；12—出气口

1. 系统总体设计

根据循环式谷物干燥的特点，采用水分含量在线测量与等速变温控制相结合的测控新方法，以水稻为干燥对象，采用以电阻法为原理的在线谷物水分测量装置，计算谷物实时水分含量。控制系统根据实时采集到谷物水分含量，结合目标水分含量实时调节热风温度，实现不同阶段等速变温降水控制。总体设计方案如图 6-22 所示。

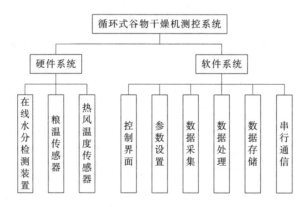

图 6-22 循环式谷物干燥机测控系统总体设计方案

2. 测控系统硬件设计

智能自动测控系统由主机（工控机）、PLC、湿度传感器、温度传感器、电阻式在线水分仪、控制执行器及相应的仪表等组成，如图 6-23 所示。执行部分主要包括可编程控制器及其他硬件外围电路等。控制主机与温度测控仪表、水分仪、控制执行器等之间的数据交换，通过转换模块串行通信数据总线进行，一方面主机从温度测控仪表、在线水分仪等获取干燥机参数的测量数据，另一方面主机向 PLC、温度测控仪表、水分传感器等发出控制调节命令，进行相应的干燥控制。

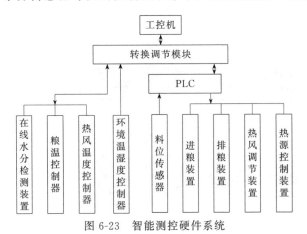

图 6-23　智能测控硬件系统

循环式谷物干燥机智能自动测控系统传感器及执行器包括热风温度传感器、粮食温度传感器、电阻式水分仪、高料位传感器、控制器 PLC 及环境温湿度传感器。

3. 测控系统软件设计

（1）测控系统工作模式　智能自动测控系统采用电阻式在线水分测量与等速变温控制技术，干燥机上分别布置电阻式水分仪及温度传感器等，实时检测相关参数数据并传送给计算机。计算机根据这些相关干燥参数信息建立一个干燥机工作的数据模型，然后根据烘干过程相关传感器的读数变化情况自动调整热风温度，实现等速干燥。测控系统的工作模式如图 6-24 所示。

（2）测控系统数据采集平台　智能自动测控系统软件采用 Labview 图形化编程语言来完成数据采集平台的设计。软件采用模块化结构设计，系统的工作软件由干燥模型控制系统、热风温度检测与控制、粮食温度检测、粮食水分检测与校正、目标水分控制等模块组成。其具体组成为系统初始化模块、数据采集与显示模块、数据存储与处理模块以及系统控制模块。通过系统初始化模

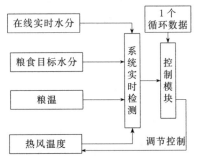

图 6-24　循环式谷物干燥机智能
自动测控系统工作模式

块对控制系统各个仪表参数及控制参数进行设定和修改；数据采集与显示模块实时采集各个仪表传输的数据，并实时显示在工作界面上；数据存储与处理模块将采集

到的数据进行存储，同时将采集的数据绘制成曲线图显示在工作界面上，根据各个时刻的数据值，系统控制模块按照模型控制算法进行实时自动控制。数据采集界面如图 6-25 所示。

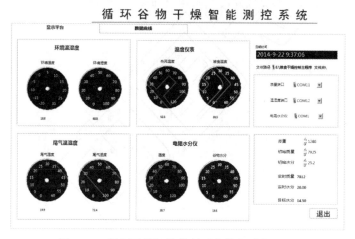

图 6-25　循环干燥智能控制系统数据采集界面

第六节　圆仓式低温干燥机的设计

设计一款圆仓式低温干燥机，在谷层为 1.5m 时能装粮 50t，拟用 45℃ 的热风通风干燥。在环境温度为 25℃（夏季）、相对湿度为 60％ 条件下干燥小麦，要求通风 16.25h 后能使湿小麦含水 20％ 降到 13.5％（湿基）。

求：

① 小时去水量，kg/h；

② 介质流量，m^3/h；

③ 小时供热量，kJ/h；

④ 热利用率，％；

⑤ 风机选型。

解：参考图 6-26，热介质从状态 1 点到状态 2 点变化。

① 小时去水量

$$W_h = g_1 \frac{M_1 - M_2}{100 - M_2} = \frac{50000}{16.25} \times \frac{20 - 13.5}{100 - 13.5}$$
$$= 231 \quad (kg\ H_2O/h)$$

② 介质流量（参照图 6-26 中相关参数进行计算，采用 d_2 和 d_1 值）

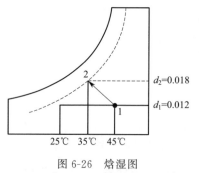

图 6-26　焓湿图

$$Q = \frac{VW_h}{d_2 - d_1}$$

$$= \frac{0.91 \times 231}{0.018 - 0.012}$$

$$= 35030 \quad (\text{m}^3/\text{h})$$

③ 小时供热量

$$H_h = \frac{Q}{V}(I_3 - I_1)$$

$$= \frac{35030}{0.91}(77 - 56.5)$$

$$= 789137 \quad (\text{kJ/h})$$

④ 热利用率

$$\eta H = \frac{W_h h_f}{H_h} = \frac{628497}{789137} = 0.796, \text{或} 79.6\%$$

⑤ 风机选型

根据计算：$Q = 35030\text{m}^3/\text{h}$

$$h = h_d + h_j + h_g = 620 + 740 + 675 = 2035 \quad (\text{Pa})$$

选 4-72-118 型风机，$n = 1600\text{r/min}$，$N = 22\text{kW}$。

第七节　粮食干燥用的供热设备

在对流式谷物干燥系统（设备）中，有两大主要设备：即干燥机主机和供热设备。供热设备又有供热空气和供热烟道气（简称炉气）两种，前者用于间接干燥，后者用于直接干燥。供热空气的供热设备是利用换热器把烟气的热量转换到空气中使之成为热空气，其热效率较低，一般为 60%～70%；供热烟道气的供热设备，由于把烟气的热量直接用于干燥中，其热效率较高，为 80%～90%。但如燃烧不完全则将对谷物有一定程度的污染。

为了深入地研究供热设备的合理机构、参数及合理利用热源，有必要对谷物干燥所用的燃料性能、炉型结构及热平衡计算等作进一步研究。

在对流式谷物干燥中所用的供热设备，是向干燥机输送炉气或热空气的炉灶，其种类很多，按燃料不同分为固体燃料炉灶、液体燃料炉灶和气体燃料炉灶；按供热方式分为直接供给炉气的炉灶和间接供给热风的炉灶（设有换热器）；按燃烧原理不同又可分为层燃式炉灶和悬燃式炉灶等。现介绍几种常用的几种炉灶的结构及其供热过程。

一、列管换热式热风炉

列管式热风炉是利用热烟气横越多层配置的冷风管，对管内流动的冷风进行加热。为了充分利用炉体的散热作用，一般将列管式换热器直接与炉体连在一起，或制成整式。但也有人从检修方便出发，将换热器制成独立式。两者的结构如图6-27及图6-28所示。

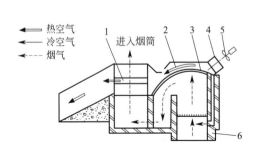

图 6-27　炉体与换热器为整体式

1—换热管；2—风道；3—换热板；

4—进气筒；5—风机；6—煤灶

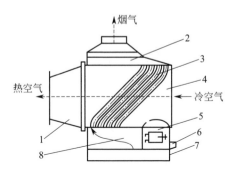

图 6-28　换热器为独立式

1—方圆接头；2—烟道室；3—换热器；4—热风炉器；

5—燃烧室；6—助燃进风口；7—支架；8—沉降室

列管式热风炉大都是错流换热，目前虽有多种机型，但都存在着使用上的问题，主要是风管的外壁经过长期使用后积存有烟垢，而清理烟垢又比较困难。该炉的换热效率为 60%～70%，随使用时间的延续、风管壁烟垢的增加则热效率逐渐下降，一般达 50% 左右。该炉可提供的热风温度为 200℃ 以内，如温度过高则热风管有烧毁或变形的危险。

二、机烧式及热管式热风炉

机烧式热风炉，其供热量较大，为 $60×10^4$ kcal/h（2520MJ/h）以上，采用机械上煤（链板或链斗式）、机械添煤（链条炉排或往复炉排）和机械除渣（搅龙式或链板式）。大大改善了司炉工的操作条件和环卫环境，并能提高其供热的稳定性。其热效率一般为60%～70%。

该炉的典型结构为卧式，如图6-29所示，主要由炉膛、沉降室、换热器（多为列管式）、链条炉排及除渣机等组成。一般是将炉体与换热器分开，便于维修和管理；但也有的热风炉为提高炉膛内部热辐射的热利用率，将换热器直接装在炉体之上，成为一个整体，但维修比较困难。

哈尔滨市松花江热风炉厂生产的

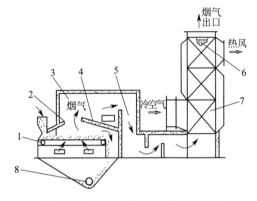

图 6-29　链条卧式热风炉结构简图

1—链条炉排；2—前拱；3—炉膛；4—后拱；5—沉降室

6—碳钢管；7—列管式换热器；8—除渣机

WRFL 系列机烧热风炉产品的规格及性能如表 6-11 所示。

表 6-11　WRFL 系列机烧热风炉的规格及性能

型号 参数	WRF L-120	WRF L-180	WRF L-240	WRF L-300	WRF L-360
供热量/(MJ/h) (10^4 kcal/h)	5040 (120)	7560 (180)	10080 (240)	12600 (300)	15120 (360)
炉排面积/m³	3	5.4	5.4	7.8	7.8
热效率/%	>68	>68	>68	>68	>68
耗煤量/(kg/h)	370	560	740	930	1120
装机容量/kW	38	55	66	94	114

我国近年来研制成功了一种热管式热风炉,其炉体为卧式,采用两组换热器串联工作,第一换热器为热管式,第二换热器为列管式,其结构和工作过程如图 6-30 所示。

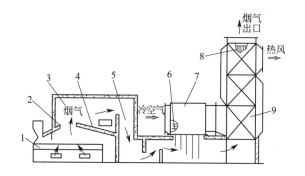

图 6-30　热管式热风炉结构简图

1—往复炉排;2—前拱;3—炉壁;4—后拱;5—沉降室;
6—热管;7—热管换热器;8—碳钢管;9—列管式换热器

热管式热风炉的热效率较高,为 70% 以上,金属消耗量较少,但其制造成本较一般热风炉高 1.5～2 倍。在热管式换热器上、下风道中装有若干根换热的热管(图 6-31),该热管是在抽真空状态下充入少量水(工质)的,热管内的水由于是真空状态极易蒸发,当下风道有热烟流过时烟气的加热可使管内的水迅速蒸发并冲向热管的上部,其上部处于冷风道之中,则管内的蒸汽急剧凝成水以相变的潜热和显热向管壁传递热量,使上风道的冷空气迅速加热;此后冷凝水又流回下部,由于下部的烟气加热又连续蒸发再连续冷凝,如此利用热管内水的循环相变换热实现烟气与空气的热量交换。由于热管是相变换热,其换热系数较大(为间壁换热的 60 倍),称为高效换热元件。该换热器的下风道内的前、后排热管长度不等,其目的是为适应烟温逐渐下降而保持各热管接受热量相等的最佳换热参数关系。

三、燃油炉

目前应用较广泛的油炉是喷射式燃油炉，其所用主要燃料是柴油，为直接供热式。由于液体燃料的燃烧比较充分，烟气中所含有害物质甚微，基本上不存在对谷物的污染。因此这种炉型在国外应用较多，如意大利 Agrex S. P. A 生产的 PRT250/ME 干燥机上应用燃油炉。但国内生产的干燥机由于柴油油价较高目前应用较少，仅黑龙江省农场有少量的应用。

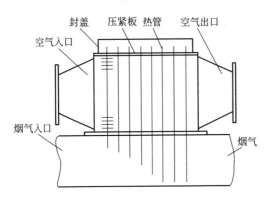

图 6-31　热管换热器示意

燃油炉由燃油器（或称喷油器）和燃烧室两大部分组成，其配置关系如图6-32所示。工作时首先由自动点火器（或人工点火）将燃油器喷出的雾状油气点燃，然后进入燃烧室，在该室内与引入的大量空气充分混合并燃烧。燃烧后的产物——烟气（炉气）由引风机引出并送向干燥机。为了增加该炉的热效率，在燃烧室的外层空气道内设有辐射板，可将燃烧室外散的热量经辐射板再反射回燃烧室，燃油器的机构如图 6-33 所示，由电动机、油泵、喷油嘴、助燃风机、点火杆及其他辅助装置等所组成。此类燃油炉，我国已有定型产品如上海产的 HYL-5 型及 HYL-20～50 型等。用燃油炉供热干燥

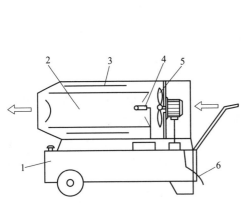

图 6-32　直接加热式燃油炉结构示意
1—油箱；2—燃烧室；3—辐射板；
4—燃油气；5—风机；6—电源线

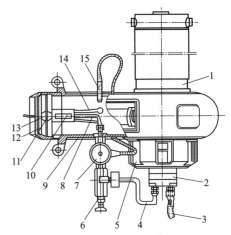

图 6-33　HYL-5 型燃油器
1—电动机；2—油泵；3—输油软管；4—油泵出口管；
5—风机；6—调压阀组合；7—电磁阀；8—喷油嘴座组合；
9—点火变压器；10—喷油嘴；11—扩散口；12—稳压器；
13—点火棒；14—高压线；15—光敏管组合

谷物，其成本较高，为煤炉供热成本的两倍以上。

第八节　炉灶及换热器设计

这里主要介绍固体燃料直接供热（供炉气）炉主要尺寸决定方法及列管式换热器的计算。

一、固体燃料燃烧炉的尺寸

固体燃料燃烧炉的主要尺寸包括炉膛容积、炉栅（炉排）面积、炉条缝隙及炉栅活截面等，现分别讨论如下。

（一）炉膛容积的计算

前人经过试验，得出了燃煤炉的炉膛热强度系数（即单位炉膛容积的供热量）和炉栅热强度系数（单位炉栅面积的供热量）。根据供热量要求，并参考这些系数（表 6-12）可决定炉灶尺寸。

表 6-12　炉排和炉膛的热强度

炉排型式	燃料种类	炉排热强度 $q_F \times 10^3 / [\text{kJ}/(\text{m}^2 \cdot \text{h})]$	炉膛热强度 $q_V \times 10^3 / [\text{kJ}/(\text{m}^3 \cdot \text{h})]$
水平炉排	木材和块状泥煤	2511～3348	837～1046
	优质煤（油质烟煤）	2092～2720	837～1046
	次煤（挥发分较低的烟煤）	2092～2511	1046～1255
	块状无烟煤	2092～2511	1046～1255
	无烟煤（小于 100mm）	2092～2511	837～1046
	无烟煤屑（小于 6mm）	1647～2092	837～1046
	褐煤	2092～2511	837～1046
倾斜炉排	木材废料	1255～2092	627～837
	奢糠、种子壳等	837～1465	627～837

若干燥机要求炉灶的供热量为 H_h（kJ/h），则：

$$H_h = \frac{G_m H_{gw}^y}{\eta} = q_v \times 10^3 \times V_L \tag{6-94}$$

式中　G_m——小时燃料量，kg/h；

　　　H_{gw}^y——燃料的高位发热量，kJ/kg；

　　　q_v——炉膛热强度，即单位体积的炉膛能提供的热量，kJ/(m³·h)；

　　　V_L——炉膛容积，m³；

　　　η——炉灶的综合热效率，$\eta = 80\% \sim 85\%$。

$$V_L = \frac{G_m H_{gw}^y}{q_v \times 10^3 \eta} \quad (m^3) \tag{6-95}$$

（二）炉栅面积的计算

用上述类似的方法，可导出炉栅应有的面积 F_l（m^2）为：

$$F_L = \frac{G_m H_{gw}^y}{q_F \times 10^3 \eta} \tag{6-96}$$

式中　q_F——炉栅热强度系数，kJ/（$m^2 \cdot h$）；
　　　F_L——炉栅面积，m^2。

（三）炉栅缝隙的选择及活截面的计算

为了使炉膛内能进入应有的空气量和不使燃料从炉栅缝隙中漏下而造成损失，炉栅间的缝隙要选择适中，考虑燃料的粒度情况，一般炉栅缝隙为 3～15mm。木材和劣质褐煤的炉栅活截面积系数 A_F 为 0.28～0.3，而一般烟煤 A_F 为 0.2～0.3，确定炉栅缝隙时，还要注意到通过缝隙的风速为 0.3～1.3m/s。

（四）炉膛高度的确定

上述炉膛容积和炉栅面积确定后，炉膛的高度 H_L 按下式确定，即：

$$H_L = \frac{V_L}{F_L} \quad (m) \tag{6-97}$$

但在最后决定 H_L 时，一般要注意使炉膛高度 H_L 稍高一些，以保证燃料能在炉膛内燃烧充分。

二、换热器计算

（一）换热基本理论

在热风炉上所用的换热器，不论是"列管式"还是"无管式"都是属于两种温度不同湿度的流体通过固体间壁进行换热，其换热过程为一种温度较高的流体向固体间壁放热，然后固体间壁内部进行导热，最后从间壁另一侧向低温流体放热。其换热方程如下：

$$H_h = KF\Delta t \tag{6-98}$$

式中　H_h——换热量，kJ/h；
　　　F——换热面积，m^2；
　　　Δt——两种热流体的温差，℃；
　　　K——传热系数，kJ/（$m^2 \cdot ℃ \cdot h$）。

换热形式有三种（如图 6-34 所示），即顺流换热、逆流换热及交叉流换热；不同形式的换热其两者温差沿换热面移动中的变化有所不同。

(a) 顺流　　　　　　　　(b) 逆流　　　　　　　(c) 交叉流

图 6-34　换热器内流体流动方式示意

如顺流式换热及逆流换热的两种流体其温度变化曲线（图 6-35）各不相同。

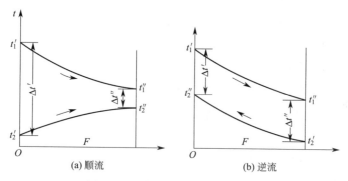

(a) 顺流　　　　　　　　(b) 逆流

图 6-35　流体温度沿换热面的变化

但若两种流体在"进口"（进入换热器处）温差 $\Delta t'$ 与"出口"（离开换热器处）温差 $\Delta t''$ 两者相差不甚大时，无论是采用哪种换热形式其两种流体的温差 Δt 都可以按平均温差处理，或采用对数平均温差处理，其换热值计算结果均比较相近。如采用平均温差处理，则

$$\Delta t = \frac{1}{2}(\Delta t' + \Delta t'') \tag{6-99}$$

式中　$\Delta t'$——两种热流体的入口温差；

　　　$\Delta t''$——两种流体的出口温差。

传热系数 K，可由下式计算，即

$$K = \frac{1}{\dfrac{1}{\alpha_1} + \dfrac{\delta}{\lambda} + \dfrac{1}{\alpha_2}} \tag{6-100}$$

式中　α_1——热流体对固体壁的对流换热系数，kJ/(m²·℃·h)；

　　　α_2——冷流体对固体壁的对流换热系数，kJ/(m²·℃·h)；

　　　δ——固体壁厚，m；

　　　λ——固体壁的热导率，kJ/(m·℃·h)。

K 的计算结果，一般为 50～70kJ/(m²·℃·h)。

(二) 换热器计算步骤

以单管程列管式换热器为例，说明它的计算方法

(1) 根据低温流体在换热器进、出口的温度要求和流量，计算换热器的换热量

$$H_h = \frac{Q}{v} C'_g (t''_2 - t'_2) \quad (\text{kJ/h}) \tag{6-101}$$

式中　H_h——换热量，kJ/h；

　　　　Q——低温流体的流量，m^3/h；

　　　　v——低温流体的比容，m^3/kg；

　　　　C'_g——干空气的比热容，$C'_g = 1.005 \text{kJ}/(\text{kg} \cdot \text{℃})$；

　　　　t''_2——冷空气经换热后的温度，℃；

　　　　t'_2——冷空气进入换热器的温度，℃。

(2) 计算两种流体的"对数平均温度差"

$$\Delta t = \frac{\Delta t' - \Delta t''}{\ln \dfrac{\Delta t'}{\Delta t''}}$$

(3) 计算或选取换热系数 K 值

(4) 根据换热方程式初步计算换热器的总换热面积 $F(\text{m}^2)$：

$$F = \frac{H_h}{K \Delta t} \quad (\text{m}^2) \tag{6-102}$$

(5) 根据传热面积 F 和所确定的换热管平均直径 d_m 及管长 L 计算总管子数 N

$$N = \frac{F}{\pi d_m L} \quad (\text{根}) \tag{6-103}$$

(6) 根据换热量 H_h，并考虑换热器造成的热损失计算高温流体（烟气）的质量流量 $\dfrac{Q_e}{v_e \eta}$

$$\frac{Q_e}{v_e \eta} = \frac{H_h}{C_e (\Delta t' - \Delta t'')} \quad (\text{kg/h}) \tag{6-104}$$

式中　Q_e——烟气流量，m^3/h；

　　　　v_e——烟气的比容，m^3/kg；

　　　　η——换热效率，$\eta = 0.8 \sim 0.9$；

　　　　C_e——干炉气的比热容，取 $C_e \approx C'_g = 1.005 \text{kJ}/(\text{kg} \cdot \text{℃})$；

　　　　$\Delta t'$——烟气进入换热器的温度，为 $800 \sim 1000$℃；

　　　　$\Delta t''$——烟气离开换热器的温度，一般取 $\Delta t''$ 为 $120 \sim 200$℃。

南方地区可取低限，北方则应取高限，以防冬季烟囱里积存硫化物或结冰。

(7) 根据空气的流量 Q 和换热管的内径 d_2，并参照管中的空气流速 V（一般

为 0.5m/s)。校核换热管数 N'

$$N' = \frac{Q}{3600V \times \frac{\pi}{4}d_2^2}$$

（6-105）

如 N' 与 N 一致则可确定单管程换热管的管数 N，若两者不一致，则需调整有关参数使其达到一致。

（8）根据手册上的经验数据，确定换热管的间距及排列方式

注：例中的换热器为冷空气从管中通过。

第七章 谷物干燥过程智能控制

第一节 谷物干燥控制系统

粮食烘干的自动控制系统在粮食干燥过程中起着至关重要的作用，烘干工艺的执行，烘干后谷物的品质直接反映控制系统的性能。整个干燥过程要最大限度地保证谷物的品质，提高设备的工作效率，尽可能地降低能耗，减少对于环境的污染，保证整个生产过程的安全进行。评价烘干机干燥过程可通过检测值偏离设定值的大小来衡量。粮食的干燥过程是一个集生物、化学、热力学、热物理、机械学、流体力学等交叉学科的综合技术，多年来的实际应用自动化程度不高，根据控制系统的人为介入多少可以将控制系统分为人工控制、自动控制、智能控制。自动控制是在人工控制的基础上产生的，智能控制是在自动控制的基础上发展来的，人工或自动控制系统所体现的参数，在智能控制系统中都有所体现。

早在 20 世纪 60 年代，发达国家如美国、日本产的谷物干燥机已经实现了干燥作业半自动化和干燥介质温度控制的自动化。到了 70 年代，随着电子技术的飞速发展，应用传统控制理论实现了谷物干燥过程的自动化。至今由于微型计算机的迅速普及，智能控制系统，如专家系统、模糊逻辑控制等已经开始应用于谷物干燥过程控制。

一、谷物干燥控制系统的基本目标

（1）在喂入干燥机的谷物水分和温度及干燥作业条件变化的情况下，保证要求的干燥品质。

（2）以最低的干燥成本、最低的能耗达到最大的处理量。

（3）避免干燥过度或欠干燥。欠干燥，谷物水分过高，没有达到要求的水分含量，谷物会霉烂变质；干燥过度，导致能耗增加，可能降低谷物品质，同时由于干燥过度，水分含量过低，还会增加谷物损耗，造成不必要的损失。

（4）避免火灾及环境污染。

（5）排除外部干扰。

（6）保持干燥过程稳定。

（7）使干燥过程实现最优化。

由于谷物干燥过程是一个复杂的热质交换过程，有很多因素影响谷物干燥品质，因而干燥过程自动化要考虑很多过程参数，如干燥过程的动态特性，干燥过程中需要控制或监测的过程变量个数，热介质的温度允许范围，热介质的流量，谷物流量，谷物的初始水分和终了水分含量等。此外还有保护用的临界过程参数及互锁功能，控制系统和传感器应易于校正，系统应易于维护保养，作业应可靠，控制系统的成本及系统的可靠性都是重要因素。

二、谷物干燥机控制系统的性能要求

干燥系统性能的好坏直接决定了谷物干燥后的品质，由此，对于控制系统提出了以下基本要求。

（1）精确性　控制系统的精确性即控制精度，一般以稳态误差来衡量。所谓稳态误差是指以一定的变化规律的输入信号作用于系统后，当调整过程结束而趋势稳定时，输入量的实际值和期望值之间的误差值，它反映了动态过程后期的性能。出机谷物水分含量必须接近于要求的水分含量。

（2）稳定性　由于控制系统都包含储能元件，若系统参数匹配不当，便可能引起振荡。稳定性就是指系统动态过程的振荡倾向及其恢复平衡状态的能力。对于稳定的系统，当输出量偏离平衡状态时，应能随着时间收敛并且最后回到初始的平衡状态。稳定性是保证控制系统正常工作的先决条件。系统必须稳定，无振荡，否则，出机谷物水分含量将严重不均匀。

（3）响应速度　是指当系统的输出量与输入量之间产生偏差时，消除这种偏差的快慢程度。响应速度快的系统，它消除偏差的过渡时间就短，就能复现快速变化的输入信号，因而具有较好的动态性能。对任何干扰（如喂入谷物水分含量的变化）控制器都应该迅速调节平衡，以保证系统的稳定性。

（4）适应性　控制系统应该能够在较大范围的过程条件下正常工作。即控制系统具备一定的稳定裕量和冗余量。对于干燥系统，即使干燥设备的工况特性发生了某些变化或某些部件发生故障，或外部环境条件发生较大变化时（如高温高湿、低温、高粉尘等恶劣环境条件）也不允许控制系统超差甚至失效。

三、干燥过程变量

（一）谷物干燥过程变量可以分为两类

① 输入变量；

② 输出变量或被控变量。

（二）控制变量

控制变量是可以被自动或手动调节的变量，谷物干燥机最重要的操作输入为：
① 热介质温度；
② 谷物流量；
③ 热介质的流量。

（三）扰动变量

控制系统不能调节的变量称为扰动变量，最常见的干燥机扰动变量为：
① 环境温度；
② 环境相对湿度；
③ 入机湿谷水分含量。

（四）输出变量或被控变量

可以分为可测量的输出变量和不可测量的（难于测量）输出变量，干燥机输出变量包括：
① 干燥后谷物水分含量；
② 干燥后谷物温度；
③ 排气温度；
④ 排气相对湿度；
⑤ 谷物品质（色泽、爆腰率、发芽率等）。

一般来说，谷物品质的在线测量是很困难的，常常根据经验来估计。在干燥过程中，如果采用适当的水分传感器，谷物水分含量可以作为测量输出变量。但是，在很多谷物干燥机上，没有安装谷物水分在线测量传感器，则谷物水分也是不可测量的输出变量。

如图 7-1 所示，输出变量、控制变量和扰动变量构成谷物干燥过程控制系统。

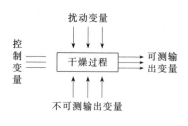

图 7-1 干燥过程变量示意

在谷物干燥过程中，最希望得到控制的输出变量是出机谷物水分含量，对出机谷物水分含量的控制可分为间接控制和直接控制。间接控制是通过检测和控制干燥机的排气温度来间接控制谷物水分。因干燥机的排气温度的测量简单、精确、价格低、容易实现，很多谷物干燥机采用了这种间接控制方法。然而由于干燥机的排气温度与出机谷物水分的相关程度并不很高，因此间接控制方法的控制精度低，控制性能差。

直接控制是采用谷物水分在线传感器，对干燥机出口谷物水分直接在线测量和控制。能够显著改进干燥机的控制性能。但谷物水分传感器价格较高，控制器成本高。

四、干燥过程控制方法

自动控制、智能控制相比于人工控制的最好的地方就是在工作过程中的连续的控制，保证干燥机的高效进行。原来处于稳定状态的干燥过程或者设备，一旦受到扰动作用（如进风温度及环境温度波动、进机物料原始水分不一致等），被控制量就会偏离给定值。要通过自动控制仪表或操作人员的调节，使被控制对象恢复到新的稳定状态的过程，称为控制过程。在智能控制过程中，可以极大程度地避免人为的介入。

按照控制系统的工作原理，可把控制系统分为手动控制系统、反馈控制系统、前馈控制系统、前馈-反馈控制系统、智能控制系统、复合控制系统。

（一）手动控制

手动控制是由操作者根据经验来判断干燥状态，控制干燥过程，具体步骤如下：

① 启动干燥机；

② 设定初始处理量；

③ 测量出机谷物水分含量，并与要求达到的水分含量比较；

④ 根据实测的水分含量与要求的水分含量的差的大小，调节控制变量（如燃油输入量、谷物流量等），来实现要求的水分含量。

手动控制简单，成本低，但控制精度差，出机谷物水分含量稳定性差，劳动强度大。

（二）反馈控制

反馈控制是干燥过程控制普遍采用的控制方法之一。干机反馈控制器的功能是使被控变量保持在设定值。控制过程是控制系统测得被控变量如谷物水分含量，并与设定值比较，产生一个误差信号，将误差值送给主控制器，主控制器调节控制变量，以减少该误差值。一般来说，主控制器并不直接调节控制变量，而是通过执行机构控制装置来实现对控制变量的调节，如控制燃油流量的电磁阀，控制谷物流量的排料电机等。理想状态，反馈控制对过程输出变量产生精确的校正，迫使输出变量回到设定值。图 7-2 为一典型干燥机反馈控制器。

三种基本的反馈控制是比例控制（P）、微分控制（D）和积分控制（I）。积分器能消除静误差，提高精度，但使系统的响应速度变慢、稳定性变坏。微分器能增加稳定性，加快系统响应速度，比例器为基本环节。三者可独立使用，也可组应用，如比例积分（PI）、比例微分（PD）和比例＋积分＋微分（PID），PID 控制器的控制输出为：

$$\mu(t) = K_p \left[p(t) + \frac{1}{T_i} \int_0^t p(t)d_t + T_d \frac{d_p}{d_t} \right] + \mu_0 \tag{7-1}$$

式中　μ——控制变量；

　　K_p——比例系数；

　　p——偏差；

　　T_i——积分常数；

　　T_d——微分常数；

　　μ_0——控制常量（$p=0$ 时的控制作用）。

选择适当的参数可实现稳定控制。

反馈控制的优点是不需要识别和测量扰动变量，对模型的不稳定性不敏感，对参数的变化不敏感，其缺点是要等到扰动变量对干燥过程起作用后才能实施控制，不适合太滞后系统的控制，否则可能产生不稳定性。

（三）前馈控制

干燥过程中，谷物在机内的驻留时间较长，因而当调节输入控制变量时，要经过较长时间才能在输出变量上得到反应，滞后较大。如果干燥机的一个流程时间过长，反馈控制将难以达到控制精度和稳定性的要求。预测型的前馈控制器可解决太滞后的问题。

在前馈控制器中，通过测量过程扰动变量，根据扰动变量的变化，直接调节控制变量作出补偿，而不是等到输出变量变化时再调节控制变量。在干燥机上前馈控制的实现通过测量扰动变量（例如人机谷物水分含量），在控制器中采用表达扰动变量（入谷物水分含量）、控制变量（例如谷物流量）和输出变量（例如出机谷物水分含量）的干燥过程模型。控制目标是使被控输出变量（出机谷物水分含量）保持在设定值。显然前馈控制的效果取决于干燥过程模型的精确度。前馈控制原理如图 7-3 所示。

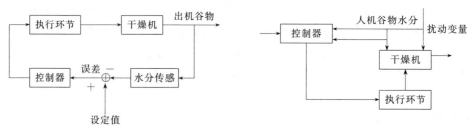

图 7-2　谷物干燥机反馈控制系统原理示意　　图 7-3　谷物干燥机前馈控制系统原理示意

前馈控制的优点是可以在扰动对干燥过程起作用之前，就对其作出补偿，适用于大滞后系统的控制，并不会降低干燥过程的稳定性；其缺点是要识别所有可能的扰动，并要直接测量这些扰动变量，不能对不可测扰动变量作出补偿，对过程参数的变化敏感，需要过程模型。

（四）前馈-反馈控制系统

图 7-4 所示为前馈控制和反馈控制的组合，由采用干燥过程模型的前馈控制单元、反馈控制单元及动态补偿单元组成。它具有上述前馈控制器和反馈控制器的优点，对系统的不确定性和模型的不精确性都不敏感。反馈控制单元的功能是校正前馈控制单元模型的不精确性和对扰动测量的不精确性。

（五）微机控制系统

微机控制系统可以容易实现各种控制算法，如 PID 或更复杂控制算法。一套微机控制系统可以通过分时控制来实现对多个回路进行控制。微机可以动态或静态显示过程变量，可以对不同的过程变量（如热介质温度、湿度、压力、流量及谷物水分含量等）进行数据采集和存储，可以对干燥过程进行优化控制和管理等。图 7-5 所示为谷物干燥机微机控制系统组成。微机系统从过程变量测量装置接收数据，根据已经编成并存储在微机的存储器中的控制算法，来计算控制变量，并对干燥过程实施控制。

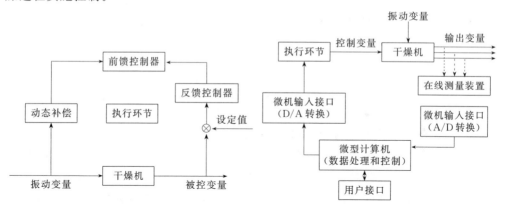

图 7-4　前馈-反馈控制系统　　　　图 7-5　谷物干燥机的微机控制系统

（六）专家控制系统

专家控制系统，又称复合控制系统，是反馈控制、前馈控制等两种或两种以上控制手段有机组合而形成的一种多段综合系统。在谷物干燥过程中，控制的任务是要保证出机粮食水分和产品质量符合工艺要求，控制手段是改变干燥室排料轮转动的速度。把进料水分、进风温度、环境温湿度变化等信号以前馈形式引入干燥过程控制系统中，而把出机粮食的水分反馈到输入端，以修正控制模型中的相关系数，消除因干燥设备工况变动引起的扰动。对于谷物干燥机来说，输入干燥机的热风温度是工艺要求控制的关键参数。把干燥过程的主要设备（热风炉）用一个单元子系统来控制，利用其输出的热量在调配室中，混合出不同温度的热风。通过风量分流调节阀开度改变调配冷风（空气）的比例，实现对干燥机进风温度的控制。该系统给定值的变化规律并不是预先确定的，它要在获得热风温度、环境温度、进粮水分等前馈干扰量的基础上，由干燥专家系统计算出粮食在烘干机干燥室的停留时间，从而给出控制变频器的既定赫兹数，通过服务器与控制设备之间的双向通信设定给控制器（调节单元）。在进料水分发生变化时，排料轮的转速要在相应的时间、位置处平稳地做相应的变动，才能排除各种干扰因素的影响，准确地复现控制信号的变化规律，这样可获得比单一系统更高的控制精度和稳定性。双向通信技术使干燥专家系统融入控制系统，也把干燥自动控制系统提升为干燥专家智能控制系统，使设备的工作效率、干燥效率、干燥质量等有了大幅度的提高。

（七）智能控制系统

智能控制系统是基于 BP 神经元网络的干燥机控制系统，BP 神经元网络针对非线性干燥机的控制，BP 神经网络具有任意非线性的表达能力，即使不清楚各输入参数与输出参数之间的关系，通过大量系统数据的训练也可得到响应的控制模型，相比于模型控制，BP 神经元网络在减少编程量的基础上得到更好的控制效果。BP 神经网络 PID 控制器的控制结构图如图 7-6 所示。

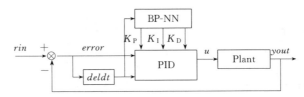

图 7-6　BP 神经网络 PID 控制器的控制结构

首先，温湿度偏差作为算法输入，通过 BP 神经网络算法训练，得出 PID 控制参数最优组合，系统设计采用三层 3-4-3 即神经网络结构；PID 计算得出最终所需的温湿度控制量，直接作用于控制对象；最终，不断重复循环地进行以上步骤，达到最终的稳定控制。BP 神经网络结构如图 7-7 所示。

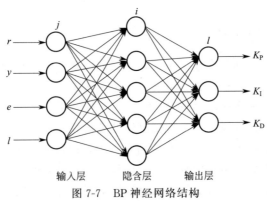

图 7-7　BP 神经网络结构

BP 神经网络 PID 控制算法结合了 BP 神经网络的优点和 PID 控制技术，根据实际情况，BP 神经网络对 PID 控制参数进行不断的训练自整定，得出最优化比例、积分和微分组合。再通过 PID 控制算法对控制对象的控制方式，最终达到对干燥系统温湿度的控制。BP 神经网络的计算可运用 NeuroShell 直接进行优化计算。可分为以下几步：

（1）设定初始状态与初始化参数值，包括随机产生初始状态下 BP 神经网络权值系数，将初始状态的输入输出状态设置为零，设定较优的学习速率 $\eta=0.5$ 和惯性系数 $\alpha=0.49$，计数器为 $k=1$，并设定计数上限。

（2）系统采用三层 3-4-3 BP 神经网络结构，首先需要计算产生 BP 神经网络隐含层输入。程序通过采集温湿度数据信息，计算得到 $e(k)$，并结合已采集并以同样方式计算所得，并已储存的 $e(k-1)$、$e(k-2)$，及常数 1 作为隐含层输入。初始状态时，前两次的 $e(k-1)$、$e(k-2)$ 并不真实存在，则直接取 0.00001 作为 0 代替。

（3）前向传播计算。包括：通过 BP 神经网络前向传播计算，得出输出层输出 k_p、k_i、k_d；增量式 PID 控制器利用增量控制方式计算，得出控制器控制输出量 $u(k)$，被控对象模型计算输出值 $y(k)$。

（4）逆向传播计算。包括：修正输出层的加权系数 $\Delta W_{ij}^{(3)}(k)$；修正隐含层的加权系数 $\Delta W_{ij}^{(2)}(k)$。

（5）参数更新

（6）如果 K 达到设定的次数上限，结束，否则返回步骤（2）。

通过实验对比传统控制系统的设备，在性能方面有显著提升，运用人工神经元网络控制的效果达到更好。

第二节　典型粮食干燥机控制系统

一、连续流动横流式谷物干燥机控制系统

早期的连续横流式谷物干燥机一直是手动控制。通过调节排料螺旋输送机的转速来控制谷物在干燥机内的驻留时间。手动控制常常导致过干。

在横流干燥机上最早采用的自动控制方法是对排气温度的反馈控制。由于干燥机的排气温度与出机谷物水分之司的不确定性，这种控制方法效果不理想。

近年来，在很多谷物干燥设备上都采用了直接控制谷物水分的控制系统。控制算法有传统的 PID 控制、前馈控制和前馈-反馈控制器。对横流谷物干燥机控制效果最好的是前馈-反馈控制系统。控制算法由基于模型的前馈控制器及用于对前馈控制器进行校正的反馈控制器和动态补偿器组成。在这系统中，被控变量是出机谷物水分含量，控制变量是排料螺旋输送机转速，主要的扰动变量是入机谷物水分含

量。控制系统由微机、谷物水分传感器、转速仪和控制软件等组成，如图 7-8 所示。

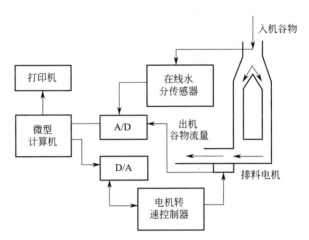

图 7-8　横流谷物干燥控制系统

当扰动变量变化或过程模型精度低，或入机谷物水分测量不精确时，反馈控制校正将迫使出机谷物水分回到设定值。通过对入机谷物水分加权平均的方法来实现动态补偿。干燥机出机谷物平均水分的控制精度为 $\pm 0.5\%$。

二、模糊逻辑控制系统

上述谷物干燥机的控制方法大多是采用数学方程或算法。古典控制理论采用差分方程或传递函数，而现代控制理论则采用状态空间方法。这些方法都要把干燥过程系统的知识和已有的信息表达成解析式。但是在使用和设计采用上述控制方法的谷物干燥机控制系统时会遇到很多困难，原因是：

① 谷物干燥过程是复杂的、时变的和非线性的；

② 某些干燥过程变量（如谷物品质和色泽）是不能直接测量的，有些变量（例如谷物水分含量）的测量可能是不连续、不精确、不完整或不可靠的；

③ 干燥机的过程模型是对实际过程的近似，而且需要大量的计算时间；

④ 几乎不可能用一个适当的模型来表示干燥过程这样一个非线性、滞后、时变的复杂系统；

⑤ 谷物干燥机的被控变量和控制变量之间存在交互效应，

⑥ 谷物干燥机的作业条件复杂，扰动变量的范围宽，难以调控。

显然，要克服上述困难需要对谷物干燥机的传统控制方法不断改进，同时要探索新的、更有效的控制方法，近年来人工智能控制理论开始在干燥机控制中得到应用，明显改善了干燥机控制系统的性能。下面介绍智能控制方法中的模糊逻辑控制。

模糊逻辑控制是以知识为基础的控制策略。它在规则集中采用模糊语言变量来模拟人类操作者的控制方法，用来解决过程动态特性及控制环境的不确定性。在模糊逻辑控制中，模糊逻辑用来将模糊语言变量转换成精确的数值控制操作。

模糊逻辑控制系统属于计算机控制的一种形式，因此模糊控制系统组成类同于微机控制系统。模糊控制的基本原理可由图 7-9 表示。它的核心部分为模糊控制器，其控制规律由计算机程序实现。实现一步模糊逻辑控制算法的过程是：计算机经中断采样获取被控制变量的精确值，然后将此量与设定值比较得到误差信号 E，然后把误差信号的精确量进行模糊化，变成模糊量，误差 E 的模糊量可用相应的模糊语言表示，至此有了 E 的模糊语言集合的一个子集 e（实际上是一个模糊向量）。再由 e 和模糊控制规则 R（模糊关系）根据推理的合成规则进行模糊决策，得到模糊控制量 u 转化为精确量，为了对被控对象施加精密控制，还需要将模糊量转化为精确量，这一步称为非模糊化处理（亦称清晰化）。得到了精确数字控制量后，经数模转换为精确的模拟量送给执行机构，对被控过程进行第一步控制，然后中断等待第二次采样，进行第二步控制，这样循环下去，就实现了对被控对象的模糊控制。

综上所述，模糊逻辑控制算法可概括为下述四个主要步骤：

① 根据本次采样得到的系统输出值，计算所选择的系统的输入变量；

② 将输入变量的精确值变为模糊量；

③ 根据输入变量（模糊量）及模糊控制规则，按模糊推理合成规则计算控制量（模糊量）；

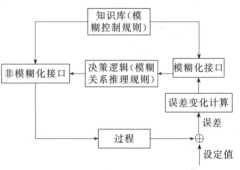

图 7-9　模糊逻辑控制原理框图

④ 由上述得到的控制量（模糊量）为计算精确的控制量。

三、自适应控制系统

粮食干燥自适应控制系统，由干燥专家系统、物料水分在线检测装置、温度检测装置、热风配额调节装置、控制器等构成。系统的输入量及其变化规律都是由专家系统根据在线检测量实时给定的，并不是预先确定的。进风温度和环境温度湿度变化、进料水分和干燥设备工况波动是该系统的扰动量，出机料水分是反馈量；控制量是变频赫兹数。该控制系统的控制器本身是一套完整的独立控制单元，同时它又是一个基本数据采集节点，为上位计算机智能化专家系统提供参数信息。能确保粮食产品的目标含水率的控制精度小于±0.5%，干燥效率以及品质指标保持在规定的范围内。

1. 控制系统的构成

控制系统的构成如图 7-10 所示，主要由传感器群、水分在线测量装置、变送器、小信号处理装置、可编程触摸屏、控制器、水分检测驱动电机、安全报警系统、变频器、排料装置、热风配额调节装置、热风导流装置、上位计算机（干燥专家系统）和热风炉装置构成。进风温度和环境温度湿度变化、进料水分和干燥设备工况波动是该系统的扰动变量并进行前馈调节。出机料水分是反馈变量并依此进行干燥设备工况判断。在该系统中所有的在线检测量，全部经过控制器转送到上位计算机（干燥专家系统）。由干燥专家系统根据在线的实时检测量计算出控制器的给定值，并通过控制器与上位计算机间的双向通信，自动设定给控制器。进风温度和环境温度湿度变化、进料水分和干燥设备工况波动是该系统的扰动变量，依照专家系统的给定值，进行前馈调节的做法，不仅大幅度提高了调节速度和干燥能量利用率、大幅度降低了干燥控制成本，同时又把出机料水分作为反馈量提供给干燥专家系统，干燥专家系统依此来判断干燥机械设备工况变动情况，并为控制器提供新的控制策略。在这样一种由前馈、反馈有机组合构成的复合控制系统中，控制器的设定值及其变化规律是由专家系统根据在线检测值，通过计算实时给定的，而不是预先确定的。控制器本身既是一个完整的独立控制单元，也是一个基本数据采集节点，与上位计算机之间实现的是双向通信，它不仅为干燥专家系统提供在线数据，同时，也在实时地接受来自干燥专家系统的计算结果，使得控制系统能够自动地迎合进风条件和环境温度湿度变化、进料水分和干燥设备工况波动，实时调整控制策略，构成了高质量的热风干燥自适应控制系统。

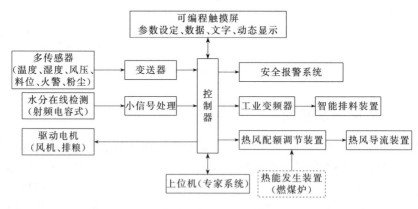

图 7-10 控制系统的构成

2. 控制器设计

控制器的任务是根据实时给定的干燥时间选择变频器的输出赫兹数，实现对排粮转速的控制；根据最优干燥温度和风量，按照控制规则改变冷风调配量，以达到调整干燥温度的目的。控制手段采用控制工程中技术成熟的 PID（proportional integral derivative）控制。在传统的 PID 控制方法和典型结构的基础上。扩充控制器参数调整知识，使系统在运行过程中，能够按照实时的系统输入值、输出偏差变化范围，以调整规则的形式存于知识库，即针对稻谷干燥特性和气流状态的变化特性，推理产生调整规则，确定控制模式和调整 PID 参数，实现控制器在线、实时地调整控制。控制系统流程如图 7-11 所示。

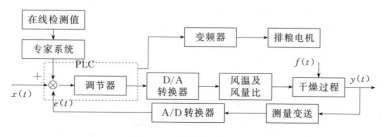

图 7-11　控制系统流程

专家知识库包含知识库和模型库。系统的设定值如稻谷种类、干燥最高和最低安全温度范围、用户要求，专家系统给出的各调节规律的输入值，干燥过程中的各种特征参数全部存储到专家知识库。按照干燥设备工艺特性，将其表达为合理的控制规则。

为按照干燥的进程实时利用知识库中的知识，专家系统必须具有搜索事实与规则，并根据搜索结果得出干燥设备最优工作制度，和调整方案的功能单元。

风量、风温调整控制器由开关控制与常规的 PID 控制构成。

3. 系统的特点

① 扰动变量是热风参数变化、进粮水分波动、干燥设备结构及工况波动，输入和输出的物料及介质量变化；

② 在传统的 PID 控制方法和典型结构的基础上，扩充了控制器参数调整知识，系统在运行过程中，能够按照实时的系统输入值、输出偏差变化范围，及时调整规则的形式并存于知识库，即针对粮食干燥和气流状态变化特性，推理产生调整规则，确定控制模式和调整 PID 参数，实现控制器在线实时控制；

③ 干燥设备与控制器，控制器与服务器之间均为双向通信。

4. 系统的应用效果

基于粮食深层干燥动态解析理论和粮食水分精确在线测量技术，开发出的粮食干燥自适应控制系统在黑龙江省北大荒集团建三江米业的塔式干燥机应用。能够使设备在工作过程中根据进排粮水分和排粮工况，自动变更工作制度，最优保证实时的干燥操作条件。干燥系统流程如图 7-12 所示。根据中华人民共和国农业行业标准（NY/T 463—2001，《粮食干燥机质量评价规范》）要求，进行整机检测。该系统能适应10%～35%较大水分变化范围、−30～+30℃温度急剧变化和极高粉尘等环境条件。与传统干燥工艺相比，爆腰增率降低2.5%，干燥效率提高30%。控制干燥机出粮水分偏差≤±0.5%（w.b）。该系统从根本上，改变了传统的靠检测出机粮水分控制进风条件的干燥开环控制。大幅度提升了粮食干燥的控制技术水平。

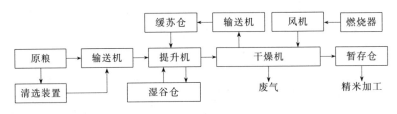

图7-12　干燥系统流程

四、模型预测控制系统

谷物的烘干过程一般为一连续的过程，建立干燥模型的目的是根据已有的参数同时在保证谷物的质量的条件下，达到干燥降水的要求。可通过质量守恒、热量守恒和动能守恒等定律来建立，对于含水率与热风温度、初始水分和时间的关系，可利用干燥动力方程，利用热平衡方程可建立物料温度和介质温度间的关系，对于复杂的干燥过程，可根据经验模型和理论模型结合的方法来实现。

生产上实际使用的谷物干燥机原理为深床干燥。由于在干燥过程中热空气的状态（温度和湿含量）随床深不同而不断变化，谷床中谷粒的水分也随时间不断变化，因此在分析和计算时需要把深床谷物分为若干个薄层，利用现有的薄层方程计算热空气状态和谷粒水分及温度的变化。这样逐层利用薄层方程来计算，最后得到深床谷物的干燥状态。把深床内的谷物均分为若干个薄层，假设热空气从深床的底部进入，顶部穿出，热空气先从谷物的最底一层中穿过，此时我们忽略其他几层谷物对该层的影响，利用已知的薄层干燥方程来计算谷物含水率的变化和热空气的状态参数。然后，利用薄层方程计算得到的热空气穿过第一层后的热风温度、相对湿含量和谷物含水率等参量，作为下一层的入口热空气的初始状态，计算第二层的热风温度、相对湿含量和谷物含水率等参量。重复第一层过程，循环往复逐层递推计算，就计算出某一时刻的所有薄层的谷物热力学状态参量。经过一定干燥时间间隔后，再将最底层经过一定干燥时间间隔之后的热介质状态作为第一层的初始状态，运用薄层干燥方程计算穿过该层的热风的状态。重复上一个干燥时间间隔的计算方法，将这一周期时间间隔下的各个薄层状态求出，就可得到所有时间间隔的干燥若干个薄层的谷物含水量、粮食温度和热风状态参数，也就能够计算出深床谷物的干燥状态数据变化。把深床划分为若干个薄层后所得到的简化模型如图 7-13 所示。

根据质量守恒和能量守恒原理，以深床热风干燥简化模型为研究对象，建立如下偏微分方程模型：

（1）质量守恒方程

$$\frac{\partial H}{\partial x} = -\frac{\rho_p}{G_a}\frac{\partial M}{\partial t} \qquad (7\text{-}2)$$

由谷物中蒸发掉的水分等于热空气湿含量的增加所得到的质量守恒方程，表明相对湿含量的变化与热空气的流量成反比，与干燥速度成正比。

（2）热平衡方程

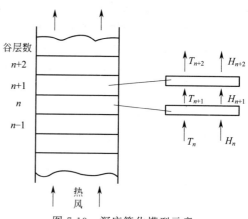

图 7-13　深床简化模型示意

$$\frac{\partial \theta}{\partial x} = \frac{h_a(T-\theta)}{\rho_p C_p + \rho_p C_w M} - \frac{h_{fg} + C_v(T-\theta)}{\rho_p C_p + \rho_p C_w M}G_a\frac{\partial H}{\partial x} \qquad (7\text{-}3)$$

单位面积内热空气通过对流换热方式传递给谷物的热量，等于谷物薄层蒸发水分所需要的热量、使水蒸气温度升高的热量和使谷物自身温度升高所需要的热量总和。

（3）热传递方程

$$\frac{\partial y}{\partial x} = \frac{-h_a}{G_a C_a + G_a H C_v}(T-\theta) \qquad (7\text{-}4)$$

对流传递过程中的热量等于空气穿过薄层前后的焓的差值和谷物颗粒间空隙内的气体在 dt 时间内焓值变化量的和。

（4）干燥速率方程

$$MR = \frac{M-M_e}{M_0-M_e} = \exp(-kt^N) \qquad (7\text{-}5)$$

假设热空气从谷床的下层进入，忽略其他层谷物对相邻的下层的影响，从整个深床的最底层开始计算，逐层向上计算出不同位置处谷物薄层的含水率、谷物温度、穿过该薄层的热空气的温湿度。如果计算谷物本身的特性参数，需要横向计算，根据前一个时间段的参数计算结果，将其作为已知量，计算下一个时间段的同一层的谷物含水率和粮温。当计算热空气的相关热力学参数时，需要纵向计算，根据下层的热空气介质的热力学状态，将其作为已知量，计算同一时刻上一层的热空气介质温度和湿含量。求解的过程需要按照一定的顺序，下一层或者上一个时刻的数值结果，作为上层计算时的已知量和参变量的最新初值，将会对上层或者下一时刻的计算结果产生决定性的作用。当整个谷床的谷物平均含水率达到所设定的安全水分，整个干燥过程就可以停止。

对于循环干燥机而言，如果是等速变温干燥，数学模型可以根据热介质的温度、风速、谷物的初始水分、降水速率等关系建立，要实现干燥作业控制，就要模拟干燥条件，得到参数数据，进行完善模型。

循环干燥机的等速变温控制模拟计算过程如下。

（1）空气相对湿度

① 干燥开始前的饱和蒸气压

$$P_s = \exp \frac{12.062 - 4039.588}{\theta + 235.379} \tag{7-6}$$

式中　θ——干燥空气的环境温度。

② 开始之前的空气水蒸气分压

$$P = \text{RH} \times P_s \tag{7-7}$$

式中　RH——干燥作业前环境相对湿度。

③ 干燥后的饱和蒸气压

$$P_{si} = \exp \frac{12.062 - 4039.588}{T_i + 235.379} \tag{7-8}$$

式中　T_i——经过 i 个循环之后的热风温度；

　　　P_{si}——经过 i 个循环之后的饱和蒸气压。

④ 空气相对湿度

$$\text{RH}_i = \frac{P}{P_{si}} \tag{7-9}$$

（2）水稻平衡水分

$$M_{e,i} = \left[\frac{-\ln(1 - \text{RH}_i)}{0.000019187(T_i + 51.161)} \right]^{\frac{1}{2.4451}} \tag{7-10}$$

（3）预测水稻水分

$$M_{i+1} = M_0 - (i+1) \times \Delta \times \eta \tag{7-11}$$

式中　Δ——单循环的干燥时间；

　　　η——单循环降水幅度。

（4）预测水稻水分比

$$MR_{i+1} = \frac{M_{i+1} - M_{e,i}}{M_0 - M_{e,i}} \tag{7-12}$$

式中　M_0——水稻初始水分。

（5）干燥热风温度

$$T_{i+1}=\frac{\left\{\ln\frac{1}{MR_{i+1}}-\ln 0.013113-(0.748+0.163V_{i+1})\times\ln[(i+1)\Delta]\right\}}{0.029}$$

$$(7\text{-}13)$$

（6）实际谷物水分比

$$MR_i=\exp(-kt^N) \tag{7-14}$$
$$MR_{i,j}=\exp(-kt^N) \tag{7-15}$$
$$k=0.01313\exp(0.029T_i)$$
$$N=0.748+0.163V_i$$

（7）实际水分值

$$MR_{i,j}=\frac{\dfrac{M_{i,j}}{1-M_{i,j}}\times100-M_{e,i-1}}{\dfrac{M_0}{1-M_0}\times100-M_{e,i-1}} \tag{7-16}$$

整理后为：

$$M_{i,j}=\cfrac{1}{\cfrac{100}{\dfrac{M_0}{1-M_0}\times100\times MR_{i,j}+(1-MR_{i,j})\times M_{e,i-1}}+1}$$

（8）实际单循环降水幅度

$$\eta_i=M_{i,1}-M_{i+1,1} \tag{7-17}$$

控制模型的建立：模型预测控制是基于某一过程的数学模型、参数动态优化并结合前馈预测结果、参数反馈校正的复合优化控制算法，虽然输入参数多变，但它都能够控制输出跟踪目标值的变化，对于解决存在参数非线性和大滞后过程的系统控制尤为有效。模型预测控制的特点结合连续横流谷物干燥控制特性，提出了如图7-14所示的连续干燥模型控制系统示意。主要组成部分有运行参数求解模块、干燥参数实时检测与数据转换和模型参数计算与校正等组成，即含有干燥过程模型、参数实时优化和参数反馈校正三个环节。这三个环节计算量大，干燥过程需要快速的计算，所以这三个环节由计算机执行干燥程序在线连续运算。模型控制系统包括前馈环（由过程模型、逆过程模型与排粮速度优化器组成）和反馈环节（参数估计/校正器）组成。该系统有如下输入参数：玉米初始水分含量、玉米的目标干燥水分、干燥空气的温度、热风的风速，需要优化控制的参数为排粮速度。

测控系统的硬件组成如图7-15所示。

模型控制对于干燥机的稳定性较强，抗干扰能力较强，控制模型需要进行不断的优化，才能够对烘干机进行精确的控制。

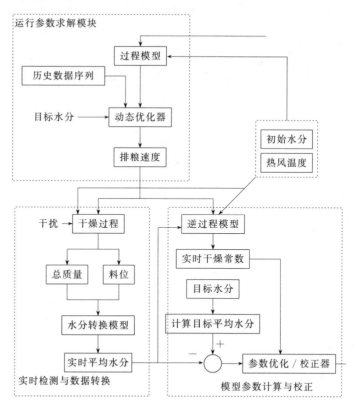

图 7-14　预测模型控制示意

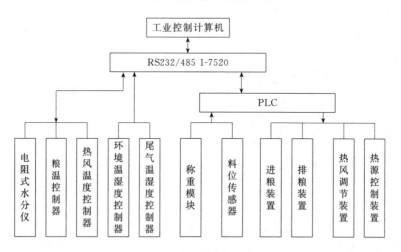

图 7-15　测控系统的硬件示意

五、太阳能热泵模糊控制系统

相对于智能控制系统的复杂性，运用模糊控制的恒温系统，能够很好地保证烘干后的粮食品质。下面将对一款太阳能热泵恒温烘干控制系统做简要介绍。烘干室温度的闭环控制原理是：利用温度传感器测出烘干室的实际温度，将温度信号转换为电压信号，经 A/D 转换后传入控制系统中，与预设的烘干温度值比较，并按相应的控制规则进行运算，最后由控制系统输出对应控制量。通过对热泵变压缩机工作频率的控制，使烘干室的温度稳定在预设范围内，系统闭环控制原理如图 7-16 所示。

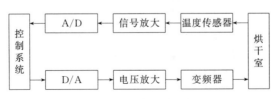

图 7-16 测控系统的闭环控制原理

烘干室的容积、温度传感器、物料车的结构和其摆放位置都会对烘干的滞后产生一定的影响。烘干机控制系统的纯滞后时间与烘干室温度大小密切相关，控制系统的纯滞后时间会随着烘干室温度的升高而逐渐减小。烘干室主要靠供热风机吹入的热风提供供热，温度的下降靠自然散热冷却，这样不利用额外供能进行降温，使系统具有好的节能特性，但是由于随着烘干室的温度升高，系统的响应速度快，但随着温度降低响应速度较慢。这样会使被控对象的递函数中静态增益和滞后时间的数值，在温度升高和降低时会有一定的不同。控制系统由上位机和下位机组成，在各个关键环节上安装了传感器：一是温度传感器，用于检测并采集烘干房环境温度、储水箱水温、太阳能集热管、进出口温度等模拟信号；二是水位传感器，检测并采集储水箱水位模拟信号。下位机通过输入电路接收传感器发来的模拟信号，判断烘干室内温度、太阳能集热器进出口温度等。同时，将处理过的烘干室温度信号传递给上位机，经上位机分析和处理之后得到相应的控制信号反馈给下位机，下位机根据上位机的反馈信号，结合相应的控制算法对水泵、变频压缩机等执行部件进行实时控制，实现对烘干机系统的控制。对于该系统而言，控制原理图可大致如图 7-17 所示。

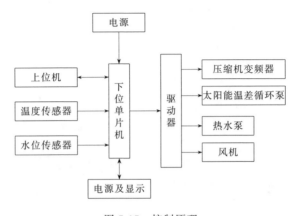

图 7-17 控制原理

上位机可基于 Labview 进行设计，上位机是整个控制系统的上层管理部分，它的作用主要是用来对烘干系统的参数进行显示和管理。其中，包括对烘干室温度数据的实时储存和提取、储热水箱水位的实时动态显示、压缩机工作占空比 PWM 显示等。同时，也负责完成对烘干室温度控制方式的智能决策，能够选择控制的方式为手动或者是智能控制模式。具体的流程如下：①在登录窗口输入用户名和对应的密码进行登录，根据烘干物种类的不同来设定各项参数，并点击始开始按钮。②下位机将对烘干室中温度采集的信号，通过串口电路发送至上位机，同时实时显示和保存检测的烘干室温度值。③当烘干房的实际温度高于或者低于设定的极限值时，系统会自动报警并通过控制算法得出对应的控制量。④将得到的控制命令传送给下位机，从而驱动执行机构来调节烘干室内的温度，实现对烘干室温度的精确控制。

下位机可选用集成度高，并且能够对功率进行管理的 STM32F103ZET6 单片机，STM32F103ZET6 单片机有充足的 I/O 接口，能够外接多种温度及液位传感器；具有 4 个 16 位的定时器，可以用于控制各水泵的工作状态，工作的频率可达 72MHz，能够根据对速度要求的不同分别挂在不同的总线，以确保系统运行速度达到最大化，可以满足采集多种数据和实时控制设备的要求。单片机含有睡眠、待机和停机三种工作状态，能够在没有烘干任务的间歇期进入休眠状态，能够有效地减小处理器的功耗。检测电路温度传感器可使用 DS18B20，可省去外围的 A/D 转换电路，测量精度也在 ±0.5℃内，满足正常的工作需求。水位的检测可用压力传感器通过 A/D 转换来进行测量。驱动器可用 STK621-031 来进行驱动变频器，显示部件可用 LCD1602 进行显示，通信电路可用 TTL 电平。

该基于模糊控制的烘干机控制系统能够满足干燥机所需的设定范围，通过模糊 PID 算法，能够更好地达到恒温的理想效果，具有响应快、鲁棒性强等优点。

第八章

现代谷物干燥机的应用

低温干燥仓

低温干燥仓在国外应用较多，但国内则发展较慢，只有几种机型逐步发展起来，现对几种主要机型的应用介绍如下。

一、圆形底板通风干燥仓

5DY-25Y 型圆形底板通风干燥仓是我国已有定型产品。该机结构如图 8-1 所示，由供热风设备、仓体、仓内的通风底板和底板的"扫仓搅龙"（能自转和公转）、底板下面的卸粮搅龙、提升机及上料搅龙等所组成。

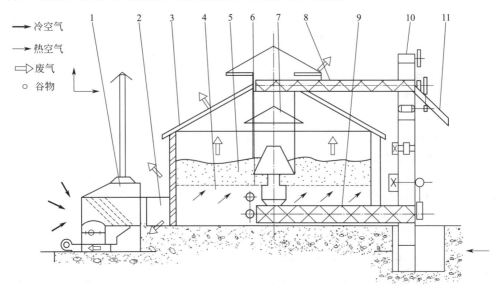

图 8-1　5DY-25Y 圆形仓低温干燥机原理

1—热风机；2—轴流风机；3—圆形仓体；4—风室；5—谷床；6—公转搅龙；

7—均分器；8—进仓搅龙；9—出仓搅龙；10—提升机；11—出粮槽

作业时，先将湿粮装入仓内，当谷物高度堆积达 1m 左右时，则停止进料，然后开动热风机向地底下方的配风室供给热风（温度为 50℃左右，）当谷物干燥到要求水分时（即平均水分接近于安全水分 14%），则开始卸粮。

卸粮时，首先开动提升机和卸粮搅龙，让谷仓内的谷物自然流向中心卸粮口，经卸粮搅龙及升运器送出机外。当谷物流到自然堆角状态时，则开动"扫仓搅龙"清除仓底部的积粮。因为低温干燥仓干燥的谷物上下层水分差较大，卸出的谷物应充分混合，使干、湿谷粒能均匀分布，靠其自然水分平衡使水分逐步达到一致，干后的热粮要堆成薄层晾凉，直到谷温不高于环境温度 5℃为止。

有的通风仓为了提高生产率，在仓内装有可移动的垂直搅龙，称其为搅松器，如图 8-2 所示。该搅龙回转时能使下层谷物向上方翻动，而上方谷物流入下方。装有搅松器的通风仓，其谷层高度可达 2～3m。

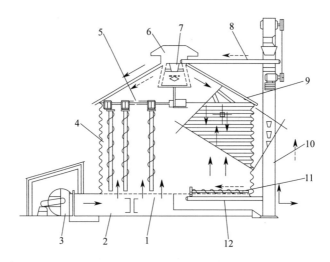

图 8-2 带搅松器的低温干燥仓结构示意

1—冲孔通风底板；2—风管；3—通风机；4—筒仓外壁；5—搅拌装置；6—排风口；
7—均布器；8—上水平输送带；9—仓顶；10—斗式提升机；11—公转搅龙；12—下水平输送带

圆形干燥仓目前国内无统一规格，其仓壁的材质有的为水泥和砖，有的为波纹形钢板。仓的直径一般为 6m（左右）、8m（左右）和 10m（左右）几种。5HD-25Y 干燥机的技术参数如表 8-1 所示。

表 8-1 5HD-25Y 型干燥机主要技术参数

项　目		单　位	技术参数
干燥仓	谷床形状		圆形
	谷床面积	m^2	25
	金属透风板孔形		长孔
	金属透风板孔的尺寸	mm	20×2
	金属透风板开孔率	%	24

续表

项　目		单　位	技术参数
加热器	形式	m²	间接加热
	炉膛面积		0.168
	小时耗时量	kg/h	15～20
	小时耗沼气量	m³/h	5.5～6
	热效率	%	50～60
	助燃风机功率	kW	0.249
	助燃风机全压	Pa	931.6
	助燃风机风量	m³/h	426
风机	型号		JFD-60(二级)
	风机直径	mm	600
	风机叶片	片	8
	风机动力	kW	7.5
	风机转速	r/min	2900
	风机全压	Pa	559
	风机静压	Pa	369.2
	风机风量	m³/h	173500
提升机	提升高度	m	5.5
	斗容积	L	1.5
	斗距	mm	250
	转速	r/min	107
	生产率	t/h	15
	配套动力	kW	15(与上搅龙同)
上搅龙	直径	mm	125
	长度	mm	4000
	螺距	mm	125
	转速	r/min	350
	生产率	t/h	16.5
	配套动力	kW	1.5
下搅龙	直径	mm	125
	长度	mm	420
	螺距	mm	125
	转速	r/min	250
	生产率	t/h	12
	配套动力	kW	1.5
翻仓搅龙	直径	mm	大端120,小端90
	长度	mm	2450
	螺距	mm	大端110,小端61
	转速	r/min	250
	生产率	t/h	10
	配套动力	kW	1.5(与下搅龙同)

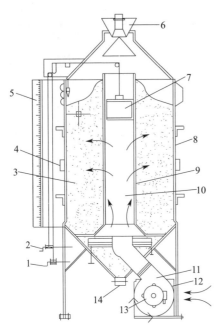

图 8-3　径向通风干燥仓结构示意

1—料位探测手柄；2—阀门定位手柄；3—谷物；
4—固定板；5—标尺；6—进料斗；7—活塞式阀门；
8—外通风板壁；9—内通风板壁；10—压力通风室；
11—风机；12—加热器；13—电机；14—出料口

二、圆形径向通风仓

该仓为径向通风干燥谷物，其结构如图 8-3 所示，由中心风道、内外通气网、上料口及均布器、卸料阀门及风机等组成。

工作时，先将谷物装满干燥仓，使谷层的最高峰高出中心通气道以上一定距离，然后开动热风机进行干燥，因该仓的谷层较薄（0.5m 左右），干燥后的谷物水分均匀性较地底通风仓为好。待谷物干燥到接近要求水分时（略高于安全水 0.5%～1%），则切断供给热风的热源，使风机向中心通气道吹入冷空气，使谷物达到应有降温程度，最后由卸粮口卸粮。

在干燥中要注意谷层最高峰的位置，如因谷物体积收缩其高峰下降到低于中心通气道的上帽时，则应及时调节该盖帽（活塞式）的位置，使之相应下降，以防热风不经过谷层直接跑掉。圆形径向通风仓，一般直径较小（2～3m），而高度较大，为 3m 以上，适于小批量生产作业。

三、倾斜底板通风干燥仓

该干燥仓为矩形仓房，内设有斜度为 20°左右的底板，热风由底板向上通风，并可由上方向下换向通风。换向通风可改善谷物上、下层的水分不均性。倾斜底板干燥仓有单列配置式和双列配置式两种形式。

（一）单列配置式

该干燥仓的结构如图 8-4 所示。由若干个干燥室并列配置而成。其一侧有上配风道和下配风道，各风道都有通向干燥室的进风口和可开、闭的风门。在并列配置的干燥室间还设有半高度的隔墙，其下部起隔粮作用，上部起相互通风作用。各干燥室的下部设有倾斜床，斜床之下有下进风口和可开闭的活门，干燥室上方设有上排风口和活门，上排风口也是进料口。在斜床的底位处设有出料口和可开闭的出料门，该仓的热风由供热设备提供，经三通管及换向阀通向上配气道或下配气道。

　　工作时，先用皮带输送机将料（谷粒或玉米穗）送至干燥室上方的进料口 3（即上排气口），经该口装入干燥室，当第一个干燥室装满谷物（谷粒的谷层高为 1m，果穗的谷层可达 2m 以上）后则移动皮带输送机向第二干燥室进料，以后依次将所有干燥室装满。此后，检查各阀门是否处于规定状态，即如果先由谷床下方向上通风时，则应将热风三通 1 上的换向口 2 的阀门打开，打开下阀门，将上配风室上进风口 10 的活门关闭，配风室的下进风口 9 的活门打开，将上排气风口 3 的活门打开，关闭谷层下方的排气口活门，然后接通热风源，通过三通阀向各干燥室的谷床下部供给热风，热风穿过谷层后其废气由上方排气口排出。经过一定时间（即全干燥时间的一半）后，则将上述各阀门反向变换，使热风由谷床的上方进入，穿过谷层后由下方排气口排出，当谷物接近要求水分（相差 0.5%～1%）时，则供热风停止，使谷物在仓内进行一定时间的缓苏（1～2h），缓苏后切断风机与热风源的连接，使风机向干燥室供冷风，将谷物温度降到要求的谷温，而后打开出料口 6 的放粮活门放粮。如出料口处连接有皮带输送机，为使输送量适度，则应先从第一干燥室的放料口开始逐次放料，直到各仓谷物放完为止。由于斜床的倾斜度略小于谷物自然堆角，以及由于出料口的宽度小于干燥室宽度，在各干燥室的卸料后期都要由人工辅助清仓。出仓后的谷物应充分搅拌和混合，使谷粒间的水分差经过水分平衡后消失。

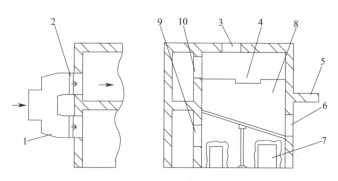

图 8-4　单列配置式斜床式通风仓结构示意

1—三通；2—换向口；3—上排气风口；4—间隔墙；5—防雨板；
6—出料口；7—下排气口；8—谷层；9—下进风口；10—上进风口

（二）双列配置式

　　该仓的各干燥室结构与单列配置式干燥室基本相同（图 8-5），仅是把配风道设在两列干燥室的中间。此外在上配风道与下配风道之间开设了一个连通口及开闭的活门，简化了供给热风管道的结构，使三通阀变为直接通向上配风道的风管。

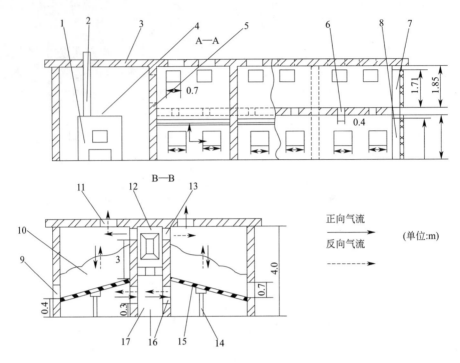

图 8-5　双列配置式斜床式通风仓结构示意

1—燃煤炉；2—烟囱；3—干粮仓主体；4—通风机；5—隔墙；6—补充进风口；7—上通风道进口；
8—下通风道进口；9—出料口；10—谷层门；11—排风口（进料口）；12—上通风道；13—上进风口；
14—支架；15—谷床；16—下进风口；17—下通风道

第二节　循环式干燥机

循环式干燥机主要有竖箱式（带孔的角状管式）和圆仓式两种。

一、竖箱式循环干燥机

我国于 20 世纪 80 年代初开始生产竖箱式循环干燥机。SHZ-3.2 型该干燥机是参考日本样机 "2355R" 自行设计的。该机可干燥小麦、水稻和玉米等各种谷物。生产率为 300~400kg/h，每循环平均降水率为 0.6%~1%；该机的特点是谷物每次加热时间较短（0.4h），缓苏时间较长（1.6h），干燥仓内是负压去水，因此单位热耗量较小，为 5000~6000kJ/kg H_2O。

该机的供热设备为燃油炉，以柴油为燃料（日本金子公司产的 2355R 型以煤油为燃料）。SHZ-3.6 型循环干燥机的流程如图 8-6 所示，其外形结构如图 8-7 所示。

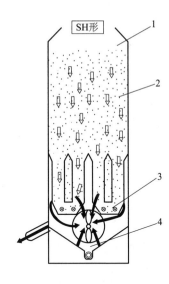

图 8-6 竖箱式循环干燥机工作原理示意

1—贮存室；2—谷物；3—排粮仓；4—下螺运器

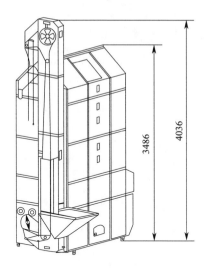

图 8-7 竖箱式循环干煤机外观

有关该机的技术资料及日产的"2355R"的技术参数见表 8-2 及表 8-3。

表 8-2 SHZ-3.2 型循环干燥机的技术参数

	项　目	单　位	指标参数
整机	外形尺寸	mm	4257×1796×4200
	重量	t	1
	加热方式		直接加热式
	热风温度	℃	50～70
	谷物循环周期		约 2
	平均小时降水率	%/h	0.6～1
	单位热耗	kJ/kg H$_2$O	5024～6280
	发芽率	%	与干前相同
	小时生产率	kg/h	300～400
	最高谷温	℃	35～43
主机	外形尺寸	mm	2980×1976×4200
	重量	t	0.9
	最大装机量	t	3.2（水稻含水 25%）
	电机型号		JO$_2$-31-4
	电机功率	kW	2.2
	风机转速	r/min	2300
	风机风量	m^3/h	5000
	风机型号		双级轴流
燃油炉	型号		PYL-5 型
	外形尺寸	mm	1277×776×1400
	重量	t	0.086
	燃料种类		轻柴油及农用柴油
	电机型号		2200/20-200 直流电机

项　　目		单　位	指标参数
燃油炉	电机功率	kW	0.2
	油泵压力	MPa	0.49～0.98
	热容量范围	MJ	125.6～209.3
温度自控箱	检测温度误差	%	<2.5
	自控温度范围	℃	3.5～8.5
	自控温度误差	℃	±1
	程序启动无故障次数		>10000 次
	环境温度	℃	<50
	电源电压	V	180～240
	工作振动		加速度<2g
	外形尺寸	mm	473×254×200
	重量	kg	9
	测温指示范围	℃	0～100

表8-3　日本竖箱循环式稻谷干燥机技术指标

技术指标		一心号 SM-121	一心号 SM-211	一心号 SM-3216	三菱 MNCD-17D	三菱 MNCD-20D	三菱 MNCD-30D	佐竹 MDR-405
机床	全长/mm	1510	1610	1610	1680	1680	1680	1540
	全宽/mm	2612	3318	3318	2400	2400	2400	2600
	全高/mm	2423	3006	3996	3260	4050	4100	4900
	升运器高/mm	2820	3636	4436	3260	4050	4400	5940
	全重/t	385	630	730	510	615	650	—
竖箱贮存室	宽度/mm	1800	2000	2000	1770	1770	1770	
	长度/mm	900	1150	1150	1220	1400	1400	
	高度/mm	1200	1170	1970	800	850	1200	
干燥室	高度/mm	170	170	170	300	300	300	
	干燥通道/个	1	4	4	2	2	2	
干燥与贮藏室容量比		1:13	1:10.7	1:16.8	—	—	—	—
通风机	形式	轴流式	轴流式	轴流式	轴流式	轴流式	轴流式	轴流式
	风叶直径	380	480.380	480.380	480	480	480	—
	转速/(r/min)	1730	1000.130	1000.1300	1800	1800	1800	—
加热器	形式 燃料	油泵 煤油	油泵 煤油	油泵 煤油	煤油	煤油	煤油	煤油
	燃料消耗量/(L/h)	0.7～2	1.5～5.0	1.5～5.0	0.5～5.0	0.5～5.0	0.5～5.0	2～6
	点火方法 燃料调节方法	手动 电磁泵	自动 电磁泵	自动 电磁泵	自动电器点火 自动流量调节			—

续表

技术指标	一心号 SM-121	一心号 SM-211	一心号 SM-3216	三菱 MNCD-17D	三菱 MNCD-20D	三菱 MNCD-30D	佐竹 MDR-405
装谷容量/t	1.4	2.8	4.2	2	3	4	5.5
电动机容量/kW	0.55~0.75	1.5	1.5	1.9	1.9	1.9	2.2
通风机风量/(m³/s)	0.45	1.0	1.0	—	—	—	—
热风温度/℃	40~50	40~50	40~64	35~40	35~40	35~40	—
每小时干减水/%	0.7~1.1	0.8~1.2	0.8~1.2	0.7~1.0	0.7~1.0	0.7~1.0	0.6~1.8
装谷全满时间/min	15	21	32	30~35	40~45	50~55	
排谷全清时间/min	30	34	49	30~35	40~45	50~55	
循环一遍时间/min	33	70	106	45~60	50~60	65~80	

二、圆仓式循环干燥机

该机为圆仓式，其结构如图 8-8 所示，由仓内的竖风筒、辐射配置的若干个水平角状风槽、扫仓搅龙、卸粮搅龙、提升机、上料搅龙、均布器、排气风机、热风炉及风机等组成。

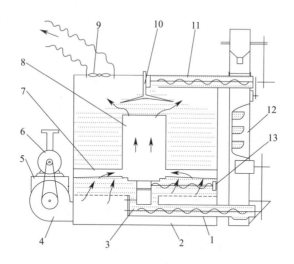

图 8-8 圆仓式循环干燥机结构示意

1—仓底出料装置；2—热风室；3—循环机构；4—通风机；

5—加热器；6—风机电机；7—水平风槽；

8—竖风筒；9—排气风扇；10—物料均布器；

11—仓顶进料装置；12—斗式提升机；13—公转出料装置

工作时，谷物在仓内缓缓下降，当谷物越过角状管式风槽时，则谷物受到由底板下面送来的热风而加热，经加热的谷物连续地被"扫仓搅龙"运至底板中心卸粮孔，由该孔流入卸粮搅龙并经升运器、进料搅龙等又回到仓内，以此循环地进行干操。穿过谷层的废气进八角状管式风槽并流向竖风管，经仓顶部的排气风机排出。

该机为逆流循环干燥，其仓内有较大的缓苏容积，干燥时热利用率较高，但由于热风温度较低，为 50℃ 左右，其每次循环的降水幅度较小。

第三节　竖箱直流式谷物干燥机

竖箱直流式谷物干燥机的机型有横流式、混流式、顺流式三种。

一、横流式干燥机（塔）

我国参考美国样机贝力克 930 型干燥机自行设计了 5HZ-2/4 大型柱式干燥机（塔），该机结构及工艺流程如图 8-9 所示，其主要结构由热风室、冷风室、两室间的隔板、内外层编织网、废气室、排料器、卸粮搅龙、提升机、煤气炉及热风机与冷风机等所组成，在谷物加热层（加热粮柱）中部设有谷物流换层器，以使内外谷层交换位置，改善谷物水分的均匀性。

该机的加热段与冷却段的谷层厚度较大，为 480mm，以利于热能充分利用。热介质穿过谷层（粮柱）后向废气室集中，其上部废气的相对湿度较大而温度较低，由废气室的顶部排出，其下部废气相对湿度较小，温度较高些，由吸气风道将其吸入煤气炉供热系统，对其余热加以利用。5HZ-2/4 型谷物干燥机的主要技术数据如表 8-4 所示。

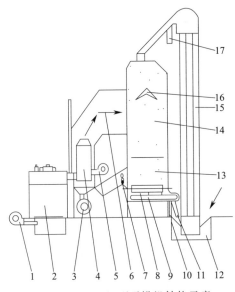

图 8-9　5HZ-2/4 型干燥机结构示意

1——次风机；2—煤气炉；3—主风机；4—燃烧室；
5—二次风机；6—热风道；7—冷风机；8—排料轮；
9—刮板输送器；10—出粮溜槽；11—循环溜槽；
12—进料口；13—冷却段；14—干燥段；15—提升机；
16 均布器；17—溢流三通

二、混流式干燥机

我国北方的大型高温干燥机有很多为混流式干燥机，是参考俄罗斯同类机型的工艺和参数自行设计的，由于是用户或设计部门自行设计的，并且结构多是砖、水泥与金属相结合的形式，因此国内尚无统一规格。一般生产率为 10～20t/h，降水 5% 左右。

表 8-4　5HZ-2/4 干燥机的技术特性与参数

结构	项目		单位	技术参数
	1		2	3
整机	外形尺寸(长×宽×高)		mm	4500×2280×9660
	安装占地尺寸(长×宽)		m	7.98×5.06
	配套总动力		kW	18.6
	燃料种类		—	烟煤
	燃料消耗量		kg/h	70
	单位热耗量		kJ/kg H_2O	7611.6
	小时水分蒸发量		kg/h	230
	干燥能力:食用玉米		t·% H_2O/h	20
	种用玉米		t·% H_2O/h	10
主机	外形尺寸		mm	2550×2280×7715
	透风板	进风面	孔形		矩形
			单孔尺寸(长×宽)	mm	20×2.5
			开孔率	%	44.32
		排风面	单孔尺寸(长×宽)	mm	18.4×2.5
			开孔率	%	34.16
	上干燥段	高度	m	2.04
		容积	m^3	1.67
		通风面积	m^2	2×2.61
		梁柱断面尺寸(长×宽)	mm	1280×420
	下干燥段	高度	m	1.53
		容积	m^3	1.63
		通风面积	m^2	2×1.96
		梁柱断面尺寸(长×宽)	mm	1280×420
	冷却段	高度	m	1.53
		容积	m^3	1.645
		通风面积	m^2	2×1.96
		梁柱断面尺寸(长×宽)	mm	1280×420
主机	主风机	型号		Y-5-47,双向,No.5
		电机型号		JO-132M-2
		功率	kW	10
		转速	r/min	2206
		风量	m^3/h	7950～18065
		风压	Pa	1029.7～1559.2
	冷却风机	型号		30K-11,No.6
		功率	kW	3
		转速	r/min	1450
		风量	m^3/h	16500
		风压	Pa	284.4

结构	项目		单位	技术参数
	1		2	3
煤气发生炉	炉体尺寸(内径×外径×高)		m	1×1.44×1.265
	炉排面积		m²	0.785
	煤气出口尺寸		m	0.26×0.13
	一次风机	型号		8-18-101, No. 3.5
		电机		JO₂-21-2
		功率	kW	1.5
		转速	r/min	2860
燃烧室	高度		m	1.5
	体积		m³	0.86
	断面积		m²	0.57
	防爆面积		m²	0.044
燃烧室	二次风机	型号(风机)		4-72-11, No. 2.8
		电机		JO₂-21-2
		功率	kW	1~5
		转速	r/min	2860
		风量	m³/h	330~2490
		风压	Pa	951.2~538.3
提升机	高度		m	10.51
	生产率		t/h	11.3
	电机型号			
	功率		kW	1.5
	转速		r/min	960

现以同类型的俄罗斯生产的 C3C-2 型竖箱混流式干燥机为例（图 8-10），介绍该机的一般构造。

该干燥机（塔）主要结构由角状管式（通风槽）加热器、冷却室、上料升运器、排料器、出料升运器、炉灶、热风机及热风配风室（扩散器）、冷风机及冷风配风室等组成。在加热室和冷却室内，都有多层配置的角状管式通气槽，如图8-11所示。谷物从通气槽之间的通道流过时，由于进气槽（以＋号表示）与出气槽（以－号表示）都是上、下层间隔配置，谷物必受到热气流或冷气流的穿过，从而使其升温去水或冷却。

对于大型干燥机，一般都配置有两组加热室及冷却室，两者并列，在两者之间设配气室。角状管式干燥机属顺流及逆流干燥相结合形式，故称其为混流干燥。该机的热介质穿过谷层较薄，一般为 200mm；干燥均匀性较好，使用和管理也比较方便。

俄式几种大型角状管式干燥机的生产率为 8~32t/h，降水 5％。有关的技术资料如表 8-5 所示。

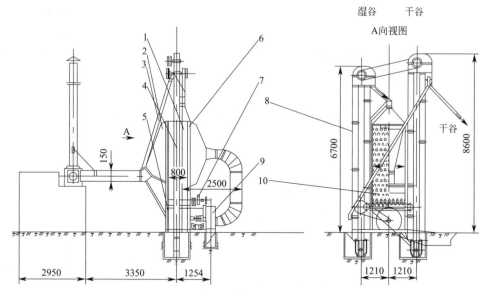

图 8-10 BMCXOMC3C-2 竖箱混流式谷物干燥机总图

1—竖箱；2—进气扩散器；3—卸载管；4—干谷升运器；5—支架；6—排气扩散管；

7—传动机构；8—湿谷升运器；9—通风机；10—排谷机构

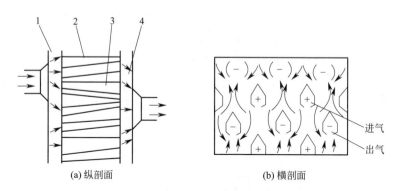

图 8-11 角状管式干燥室原理

1—进风室；2—进风管道；3—排风管道；4—排风器

表 8-5 竖箱式谷物干燥机技术经济指标（商品粮及饲料）

指标	型号	固定式							移动式
设计生产能力（t/h）		12	16	24	32	20	10	8	8
竖箱尺寸	长/m	3.25	3.25	3.25	3.25	3.2	3.2	1.63	3.24
	宽/m	1.0	1.0	1.0×2	1.0×2	1.0×2	0.8×2	0.8×2	1.0×2
	高/m	12.6	12.23	12.6	12.1	8.9	3.36	5.27	1.56

续表

指标 \ 型号		固定式							移动式
谷物容量	干燥室/t	11.9	13.8	23.9	26.9	20.0	—	5.41	4.15
	降温室/t	6.4	6.4	12.9	12.8	12.9	—	1.77	1.42
谷物停留时间	在干燥室/min	59	52	60	50	60	—	40	31
	在降温室/min	32	24	32	24	38	—	13	10
角状管距离	垂直距离/mm	200	200	200	200	200	200	200	290
	水平距离/mm	200	200	200	200	200	170	200	210
谷层厚度/mm		200	200	200	200	200	170	220	110
通过谷物最小距离/mm		90	80	90	80	90	68	70	80
电动机功率	通风机/kW	33	43	48	80	44	—	—	—
	排谷结构/kW	1.7	1.7	3.4	3.4	3.4	—	—	—
	燃烧炉/kW	1.7	1.7	2.8	2.8	2.8	—	—	—
	输送机构/kW	9.0	9.0	9.0	12.4	12.4	—	—	—
	总功率/kW	45.4	55.4	66.6	98.6	62.6	34.6	32.5	31.6
单位电耗/(kg/t)		3.78	3.46	2.77	3.08	3.13	3.46	4.06	3.95
燃烧室	炉算面积/m²	2.9	2.9	5.8	5.8	5.8	—	1.54	1.40
	炉膛面积/m²	8.0	8.0	16.0	16.0	16.0	—		2.3
煤耗/(kg/t)		12.2	12.2	12.2	12.2	12.2	15.3	—	10.8
竖箱除水能力/[kg/(m³·h)]		20.5	28.1	24.2	28.4	24.2	40.7	40.6	47.2~53.4

我国参考丹麦西勃利亚公司的 CE-8 型样机自行设计了 5HT-3 型角状管式全金属结构的干燥机，其结构示意如图 8-12 所示。

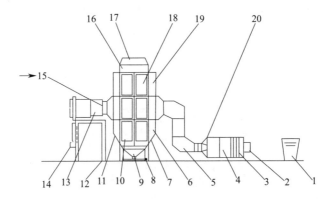

图 8-12 5HT-3 型干燥机结构示意

1—操作台；2—燃料器；3—入风口；4—燃烧室；5—热风道；6—调节门；7—冷风门；
8—底座；9—卸粮装置；10—主体；11—排风室；12—支架；13—排风筒；14—除尘器；
15—节风板；16—缓冲仓；17—塔顶；18—清理门；19—热风室；20—调温风门

该机的工艺流程与结构与图 8-10 所示的情况相似，所不同处有两点，其一是该干燥机的风机设在排气出口之后，即利用风机的吸气作用使干燥室和冷却室内处于负压状态，有利于谷物水分的蒸发；其二是该干燥机的风机为"旋风机"，是混流式与离心式风机的结合体，即在混合风机的周围增设了一个小型离心风机，使引入风机的废气中的灰尘能自动进入离心风机后，经旋风沉降器沉降下来，以利于清除灰尘，改善环境。

5HT-3 型干燥机的生产率为 3.3t/h，降水 5% 左右；有关该机的技术数据见表 8-6。

表 8-6　5HT-3 型谷物干燥机技术性能与参数

项目		单位	技术参数
整机装后外形尺寸（长×宽×高）		mm	10237×1370×5880
主机装后外形尺寸（长×宽×高）		mm	2550×1320×5880
燃烧炉外形尺寸（长×宽×高）		mm	2550×1230×1260
排风同外形尺寸（长×宽×高）		mm	2240×1370×1030
主机重量			4
风机	型号		旋风机
	叶轮直径	mm	670
	风压	Pa	1103
	风量	m³/h	9600～15300
配电机	型号		JO₂-132M-4
	功率	kW	11
	转速	r/min	1400
装谷量	稻谷	t	4
	玉米	t	5.56
	小麦	t	5.86
	大麦	t	5.26
热风温度		℃	40～120
生产率(降水 5%)		t/h	3.3

三、顺流式干燥机

美国"约克"公司研制了一种顺流式干燥机，该机通过漏斗式进风槽向机内吹进热风，该热风与向下流动的谷物汇合成为顺流加热，它允许风温较高（200～300℃），由于热风首先与最湿的谷层相接触而很快被湿粮升温和蒸发水分所吸收，其温度很快下降，并在继续穿过加热谷层后缓慢下降到废气温度（30～40℃）后从角状管式出风槽排出，由于其热风温度高而粮温又较低（45℃以下），因而具有效率高和干燥质量好的优点。我国在 20 世纪 80 年代研制成功了三级顺流式谷物烘干机，对烘干高水分玉米有较好的效果，该机一次降水幅度约为 10%，其构造示意图如图 8-13 所示。

黑龙江八一农垦大学自行设计了多级顺流干燥工艺，即谷物的流动方向与热风的流动方向相同，高温热风首先与较湿的谷物接触，使谷物中的水分迅速蒸发，但谷物的温度升高较慢，因此，不仅可以采用较高的热风温度（160～180℃），提高干燥的效率，同时可以保证干燥的品质。采用这种工艺及最佳参数的烘干机，性能及结构都较为优越，用户反映较好，普遍认为该机实用、方便、可靠程度高，是当今国内最先进的粮食干燥设备之一。黑龙江八一农垦大学研制的 5GSH-16 型五级顺流式干燥机构造示意如图 8-14 所示。

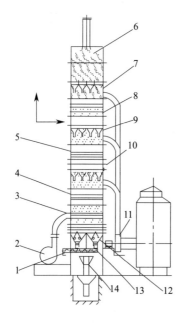

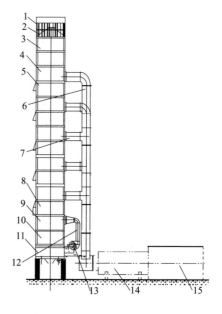

图 8-13　三级顺流式干燥机

1—出料口；2—冷风机；3—冷风进风槽；

4—冷风出风槽；5—热风出风槽；6—储粮箱；

7——级热风；8—一级排风槽；9—二级热风槽；

10—三级热风槽；11—热风机；12—排粮轮；

13—排粮搅龙；14—上粮升运器

图 8-14　五级顺流式干燥机

1—进料口；2—检修护栏；3—储粮段；

4—热风段；5—缓苏段；6—热风通道；

7—热风支管；8—五级排风槽；9—冷风段；

10—冷缓苏段；11—冷风管道；12—排粮段；

13—冷风机；14—卧式换热器；15—热风炉

其工作过程为：首先用潮粮充满整个烘干机的容积，并调整供热系统和通风系统，使其达到工作状态，并对机内潮粮进行预热，待预热完毕，则开动整个粮食输送设备。在工作初始阶段，首先应将机内的潮粮用自循环的方法将其干燥到安全水分，即关闭成品粮插板打开回粮插板，使得成品粮搅龙排出的粮食进入提升机，再提到烘干机顶部分别进行加热、缓苏、加热、缓苏、加热、缓苏、加热、缓苏、冷却等五次顺流加热、五次缓苏和一次冷却的工作过程，一直到机内谷物达到安全水分为止。然后进入外循环工作过程，即干粮通过排粮装置不断排出，湿粮通过提升机不断进入烘干机。

第四节　干、湿粮混合干燥机

干、湿粮混合干燥机又称分流循环干燥机。其工作原理是利用热风和干谷物作为干燥介质，对湿谷物进行热、湿交换和固体间的热、湿传导，使谷粒内部水分能迅速扩散和蒸发。

这种干燥方法，目前只有俄罗斯和我国采用，欧洲一些国家和日本正在对它进行研究。我国经过试验研究摸清了该干燥方法的机理并掌握了干燥高水分玉米的最佳参数，已在生产中得到了验证，现正在应用推广中。这种干燥方法的主要特点是：

① 通过调整干、湿粮混合比可使高水分谷物（35％以上）一次干燥到安全水分（14％）；

② 谷物受热温度低（35～38℃），干燥质量好，能保持较好的品质；

③ 有节能30％左右的效果；

④ 便于实现自动化管理。

其典型的机型有以下三种。

一、气流输送式干、湿粮混合干燥机

该干燥机的结构（图8-15）由高温气流输送管道、缓苏仓、冷却室、风机及排料机构等所组成。

其工作过程是湿粮与循环的干粮一同进入高温（300℃以上）气流输送管道，在输送中进行加热，加热时间很短，为几十秒钟，加热后的干、湿粮进入缓苏仓进行湿热交换，然后分别流向两个冷却室。其中之一是最终冷却室（为角状管式），谷物经该冷却室后由下部排出，作为干后粮入库。另一个冷却室为循环冷却室，谷物经该室冷却后，由排料口排入气流输送管道，与湿粮一道又重新被加热和送入缓苏仓，依此循环不停进行干燥。

二、直流型干、湿粮混合干燥机

该机结构如图8-16所示，由加热室、缓苏仓、循环冷却室与排料器、提升机及冷、热风机等组成。其工作过程与气流输送

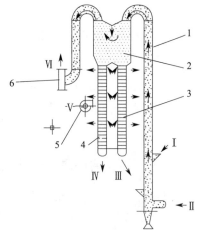

图8-15　气流输送式干、湿粮混合干燥机
1—热风输送管道；2—缓苏仓；3—循环冷却室；
4—最终冷却室；5—冷风机；6—热风机；
Ⅰ—湿粮；Ⅱ—热风；Ⅲ—循环干粮；
Ⅳ—干粮；Ⅴ—空气；Ⅵ—热风介质

干燥机基本相同，仅是用提升机代替了气流输送，在冷却室的上部增设了一个加热室。该加热室为逆流加热式，内部设有许多阻碍谷物迅速下落的钢管，加热时热风由下方向上方流动，形成逆流加热。

该干燥室的加热时间为 5～8min，采用的热风温度为 200℃ 左右。其干燥效果与前者相同。

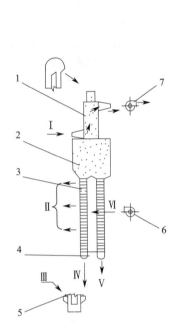

图 8-16　直流型干、湿粮混合干燥机
1—加热室；2—缓苏仓；3—循环冷却室
4—最终冷却室；5—提升机；6—冷风机；
7—废气；Ⅰ—热介质；Ⅱ—循环冷却室；
Ⅲ—循环干粮；Ⅳ—干粮；Ⅴ—冷风；
Ⅵ——级冷却

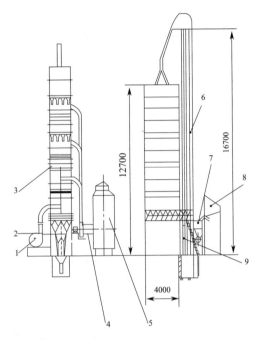

图 8-17　5HGS-15 热干粮循环式干湿粮混合干燥机
1—冷风机；2—排料器；3—干燥机主机；4—热风机；
5—热风炉；6—提升机；7—进料斗；
8—初清机；9—出料器

三、热干粮循环式干、湿粮混合干燥机

我国在开展对干、湿粮混合干燥机理与工艺研究的基础上，研制并开发了系列干湿粮混合干燥机"5HGS"，该系列采用热干粮循环，具有更显著的节能效果。共有 6 个机型，其生产率为 2.5t/h、3.5t/h、8t/h、15t/h、30t/h 及 45t/h。采用二级混流式及二级顺流式干燥机结构。现以其典型的 5HGS-15 型（图 8-17）为例对其结构和工艺流程介绍如下。

该机由初清机、进料斗、提升机、烘干机主机、排料器、热风机、冷风机及热风炉等组成。工作中，湿粮经初清机 8 清选后流入湿粮进料斗，由该斗下方的排料

轮排入提升机接受斗，与从烘干机内部排出的热干粮混合一道被提升机 6 送至烘干机顶部，混合粮靠重力自上而下地缓慢流动。首先经预混室（流经时间 25min）、一级顺流加热室（15min）、一级缓苏室（30min）、二级顺流加热室（15min）、一级缓苏室（30min），然后分成热粮通道及冷粮通道；经冷粮通道的粮食经逆、顺流冷却（30min）后由出料器 9 排出机外，经热粮通道的粮食进行三次加热（15min）及缓苏室（15min）后流入提升机接受斗，参与循环干燥。该机全流程时间根据外界温度状况可调，一般为 2～2.5h。混合粮的降水幅度为 4%，可最大限度满足湿粮降水幅度的要求，但需适当调节干湿量混合比 n。例如湿粮降水幅度为 16%，则其干、湿粮混合比为 3，可使湿粮由水分 30% 一次降至 14%。该机的一级热风温度为 125℃，二级、三级热风温度为 85℃，粮食受热温度为 35～37℃。

该机热风温度自控、粮食温度有跟踪显示系统及险情报警系统。5HGS 系列现有黑龙江八一农垦大学工程学院、东北农业大学、黑龙江省农业仪器设备厂及哈尔滨烘贮设备厂等四家工厂生产，其机型的规格如表 8-7 所示。

表 8-7 5HGS 系列谷物烘干机规格及性能

项目 机型	生 产 率/(t/h)				小时水的蒸发量/(kg/h)	能 耗	
	降水 5%	降水 10%	降水 15%	降水 20%		耗电/kW	耗煤/(kg/h)
5HGS-45	45	22.5	15	12	2600	230	1000
5HGS-30	30	15	10	7.5	1750	150	660
5HGS-15	15	7.5	5.0	4.0	872	92	380
5HGS-8	7.5	3.75	2.5	2.0	436	65	190
5HGS-3.5	3.5	1.75	1.17	1.0	200	30	80
5HGS-2.5	2.5	1.25	0.8	0.6	150	20	60

第五节 典型谷物干燥机的应用技术

一、高低温顺混流干燥机

5HSH 型系列粮食干燥机是黑龙江八一农垦大学工程学院与哈尔滨东宇农业工程机械有限公司根据多年研究成果，结合物料干燥特性及谷物自身具有的水分扩散转移规律，采用顺、混流干燥加缓苏的复合干燥工艺原理和方法，设计发明的一种新型干燥机。其主要特点是：造型美观，结构紧凑，单位热耗低，干燥后物料水分均匀一致，爆腰增率低。该机主要用于水稻、黄豆等热敏感性强的谷物的商品粮或种子的烘干，同时适用于玉米、小麦粮食作物的烘干。适用于农场、粮库、种子加工厂、粮食处理中心等对粮食进行集中化管理的单位使用。

1. 型号的组成及其代表意义

```
5H    SH  -  25
                    ┐
                    ├── 生产率(t/h),降水幅度 4％
                    ├── 顺、混流烘干方式
                    └── 农机具产品型号中粮食烘干机的代号
```

2. 使用环境条件

该机使用的外界环境温度为：－40～45℃；工作环境湿度为：20％～99％RH。

3. 工作条件

该机要求工作电源为：380V 三相（－7％～＋7％），50Hz。

（一）基本结构与工作原理

1. 总体结构及工作原理

水稻是热敏感性很强的谷物，这类谷物在烘干过程中很容易产生爆腰和破碎，影响烘后稻谷的品质。为确保烘后稻谷品质，根据谷物干燥原理，采集大量原始数据，进行计算机模拟，创造出多级顺流高温烘干→缓苏→混流低温烘干→缓苏→冷却的复合工艺原理。

（1）总体结构　5HSH-25 型粮食干燥机是由储粮段、分粮段、顺流烘干段、缓苏段、混流烘干段、冷却段、排粮段、高低温供热系统、电控装置等部分组成（如图 8-18 所示）。

（2）工作原理　其工作原理为：顺流干燥段中的热风与谷物的流向相同，湿稻谷首先与最热的 85℃左右空气接触，热风温度随谷物向下流动而下降，由于最热的空气与湿稻谷是瞬时接触，所以高温对稻谷品质影响甚微；顺流烘干后的稻谷经过一段时间的缓苏，使其芯部的水分向外部转移，降低稻谷内部的水分梯度，然后进入混流烘干段烘干，在混流烘干段中的热风与谷物既有横流、逆流，又有顺流，呈混合流向状态，以低温 45℃左右空气接触稻谷。经过几次的烘干、缓苏后，有效地预防稻

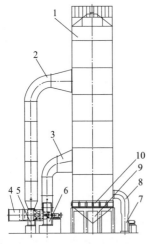

图 8-18　粮食干燥机总体结构示意
1—主塔；2—高温风道；3—低温风道；
4—汇合管；5—高温热风机；6—低温热风机；
7—冷风机；8—冷风管；9—出粮斗；10—排粮段

谷爆腰率的增加。烘后稻谷经冷却段冷却后，由排粮段排出。

（3）工作特性

① 采用顺、混流干燥加缓苏的复合干燥工艺。

② 干燥过程中，采用不同介质温度，并设有多次缓苏过程，符合谷物干燥过程中降水规律，节能效果明显，单位热耗低。

③ 烘干段、缓苏段采用双层带保温结构，热损失小，并且物料干燥过程中受热温度和受热时间相等。

④ 在顺流、混流烘干段及缓苏段上，均设有可拆卸角盒，打开可拆卸角盒，操作人员可进入机器内部进行清理。

⑤ 该机采用了六叶轮排粮机构。为保证物料均匀一致下落，在排粮叶轮上方安装有分粮板，保证了物料干燥降水幅度的均匀一致性。

⑥ 在排粮段六叶轮上方设有清理孔，用于清理漏进烘干机内的大块硬物，避免损坏排粮轮，造成排粮不均的现象。

⑦ 出粮方式用出料斗汇集至出口，避免了因机械出料引起的谷物破碎。

⑧ 采用特殊的风温/风量控制装置，实现了由一个热源供给烘干机所需的不同风压、不同风温、不同风量的热空气。

⑨ 集中控制，全部电控集中到一个电控柜中，各种仪表分别显示介质温度、排粮速度、电压、电流等。

2. 排粮部件的结构及其工作原理

（1）排粮段结构 如图 8-19 所示。

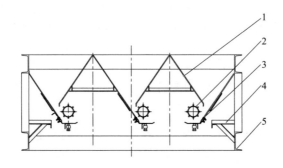

图 8-19 排粮段结构示意

1—粮板；2—排粮轮；3—侧分粮板；4—排粮斗支架；5—框架焊合

（2）排粮段作用 将烘干机内粮食均匀排出机器外部。

（3）排粮段工作原理 烘干后的稻谷，靠自流进入排粮段，通过排粮段的分粮板，将稻谷均匀地分布在排粮六叶轮上，随排粮轮的转动，将稻谷带入排粮斗汇集至出口。

3. 主要参数

5HSH-25 型粮食干燥机的工作参数如表 8-8 所示。

表 8-8　5HSH-25 粮食干燥机性能参数

指标	参数	指标	参数
长×宽×高/mm	14630×5600×24340	水分蒸发量/(kg H_2O/h)	1163
生产率/(t/h)	25	总供热量/(10^4 kcal/h)	300～360
降水率/%	4	破碎率/%	1
容积/m³	293	爆腰增率/%	≤3
电机总容量/kW	151.5	干燥介质温度/℃	顺流段<95
			混流段<60

（二）安装与调整（调试）

1. 设备基础、安装条件及安装的技术要求

（1）设备基础及安装条件

① 设备基础必须严格按照土建图纸进行施工。

② 设备基础必须经过养生期。

③ 20t 以上吊车一台。

（2）安装的技术要求

① 安装时各烘干段、缓苏段之间，在直角处应垫有 10mm 厚泡沫垫，以防漏风。

② 安装后，应在各段内、各风道内用快干腻子将缝隙堵严。

③ 保证主塔安装后垂直度不大于 10mm，主塔不扭斜，对角线误差小于 2mm。

④ 商标板位置要求安装在主塔上方第一缓苏段上。

2. 安装程序、方法及注意事项

（1）安装程序、方法

① 首先按运输清单核对运到现场的零、部件，并进行验收。

② 用水平仪校正干燥机基础。

③ 根据图纸的要求，依次将冷却段、缓苏段、混流烘干段、顺流烘干段按照技术要求进行组装。

④ 将排粮段吊装到基础上，摆正校平后，将机座与基础上的予埋板焊为一体。

⑤ 按图纸要求，依次将冷却段、缓苏段、混流烘干段、顺流烘干段吊装到位。

⑥ 将各连接层之间连接好后，安装储粮段和塔顶。

⑦ 连接烘干机隔板、堵板。

⑧ 连接高温风道系统、低温风道系统。

⑨ 安装冷、热风机和风温/风量调节装置，使之连接到风道系统上。

⑩ 安装减速箱和调速电机。

⑪ 安装链轮、链条（如图 8-20 所示）。

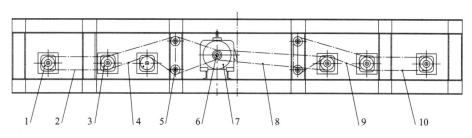

图 8-20　排粮传动机构

1—排粮单链轮；2,4,8～10—链条；3—排粮双链轮；5—托链轮；

6—电机链轮；7—调速减速电机

（2）安装电控系统。

① 在高、低温风道的上方安装热电偶。

② 在分粮段的上方和下方分别安装上、下料位器。

③ 将热电偶、上下料位器、双吸风机、冷风机、高温热风机等连线，分别接到电控柜中的介质温度显示表、上下料位报警器、排粮速度表及有关电压、电流表上。

（3）注意事项　烘干机组装时，要注意顺流烘干段、混流烘干段、缓苏段的角盒方向，确保人能从活动角盒，自上到下进出烘干盒、缓苏盒进行清塔。

3. 调整、程序、方法及注意事项

（1）排粮速度调整　根据出塔稻谷的水分情况，调整排粮速度，以控制稻谷在塔内的烘干时间。具体做法是：调整电机的转速，从而达到调整排粮速度的目的。

（2）低温风道的调整　在烘干水稻稻谷时，要求低温风道的热风温度不得超过 60℃，当温度过高时，可通过调整低温风道上的风量调整阀门，以及掺冷风的风门，达到温度调整的目的。具体做法是（参见图 8-21）：

搬动把手 3 调整风门的开启位置，图中箭头方向为风门开启小，当把手 3 到达垂直位置时，风门关闭。关小风门，开大冷风进口风门，使温度降低；反之亦反。

（3）高温风道的调整　在烘干水稻稻谷时，要求高温风道的热风温度不超过 95℃，当温度过高时，可通过调整高温进风道上的风门开启量，调整进风量。具体做法同低温风道的调整方法相同。

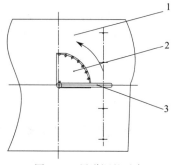

图 8-21　风道调整示意

1—风道；2—定位牌；3—把手

4. 试运行前的准备、 试运行启动、 试运行

（1） 试运行前的准备

① 检查烘干机状态是否良好。

② 准备试运行需要的稻谷量 150t。

③ 将烘干机装满稻谷。

④ 检查各种信号指示是否齐全，检测仪器是否完好。

⑤ 各转动部件转动方向是否正确，灵活。

（2） 试运行启动

① 首先启动高温热风机。

② 待风机工作平稳（约需 50s）后，启动低温热风机。

③ 在两风机正常运转后，开启高温管道阀门到适当位置（以干燥机角盒中无谷物吹出为宜），然后开启低温管道阀门到适当位置（以干燥机角盒中无谷物吹出为宜）。

（3） 试运行

① 转换热风炉烟气阀门，使换热器处于工作状态。

② 观察高温风道风温指示，当风温达到指定温度时，应通知司炉工保持炉中火势；此时，低温热风温度可能会高于指定温度，调小风量阀门，开大双吸进风道中左右两侧风道上的冷风门，使低温热风达到预定的烘干温度。

③ 20min 后，启动排粮电机，开始排粮，开启电磁调速电机控制器开关，调至所需转速，此时电机已进入工作状态，第一次干燥作业时，采用自循环即将排出的谷物再提升到干燥机内的方式，一般机内循环一次大约 6h。

④ 在干燥水稻等热敏感强的谷物时，当外界环境温度高于 0℃时，在一个循环结束前半小时，开启冷风机，冷却谷物，如果外界环境温度在 0℃以下时，不开启冷风机。

⑤ 在一个循环结束（即出塔谷物含水率达到要求）时，开始向塔内加入新的潮湿原粮；在此后 3～5h 内，测试出塔谷物水分，常常会出现谷物干燥过干现象，但不要急于加快排粮速度或降低温度，此为自循环过程后的波动现象。待 5～6h 过后就会达到稳定状态。排粮装置将谷物排除后，通过其他设备将谷物送出，在干燥作业时，要时刻注意各运转部件的运转情况，经常观测，检查介质温度和电机温度。干燥稻谷时，介质温度波动范围要控制在±5℃之内；干燥其他谷物时温度波动范围要小于±7℃。

5. 燃煤热风炉的使用、 操作

（1） 使用前的准备和检查

① 将所需的配套设备（如清粮机、皮带输送机、提升机等）调试好以保证连

续作业。

② 干燥谷物的含杂率不大于 2%，含水率不均匀度不得大于 2%。

③ 检查各零、部件之间连接是否完好，有无松动、缺件等现象。传动部件是否运转灵活，各润滑处是否润滑良好，发现问题及时处理。

④ 检查电控柜内元件是否有松动、脱线等现象，检查保护元件是否起作用。

⑤ 将高、低温热风机的风量/风温调节装置中风道阀门闭死。

⑥ 闭合电源总开关，检查三相电源是否有缺相现象，检查温控仪工作是否正常，温度显示是否准确，有故障予以排除。

⑦ 检查调速电机工作是否正常，调速仪表指针反应是否灵敏、准确，有故障予以排除。

⑧ 启动提升机，开始向机内进粮，进粮同时检查有无偏塔现象，如有此现象及时调整，保证塔两侧进粮一致，粮满电控柜内上料位指示灯亮时，停止进粮。

⑨ 启动燃煤热风炉，进行炉膛升温的准备工作，预热过程中，烟道气不经过换热器而直接排入烟囱中。

(2) 启动及运行过程中的操作程序、方法、注意事项

① 启动的操作程序

a. 启动高温热风机，待风机工作平稳（约需 50s）后，启动低温热风机，在两风机正常运转后，开启高温管道阀门到适当位置（以干燥机角盒中无谷物吹出为宜），然后开启低温管道阀门到适当位置（以干燥机角盒中无谷物吹出为宜）。

b. 转换热风炉烟气阀门，使换热器处于工作状态。

② 运行过程中的操作程序、方法

a. 观察高温风道风温指示，当风温达到指定温度时，应通知司炉工保持炉中火势；此时，低温热风温度可能会高于指定温度，调小风量阀门，开大双吸进风道中左右两侧风道上的冷风门，使低温热风达到预定的烘干温度。

b. 20min 后，启动排粮电机，开始排粮，开启电磁调速电机控制器开关，调至所需转速，此时调速电机已进入工作状态。第一次烘干作业时，要采用自循环方式：即将排出的谷物再提升回到烘干机内，一般机内循环一次 4~5h。

c. 在烘干水稻稻谷等热敏感强的谷物时，当外界环境温度高于 0℃时，在一个循环结束前半小时，开启冷风机，冷却谷物，如果外界环境温度在 0℃以下时，不开启冷风机。

d. 在一个循环结束（即出塔谷物含水率达到要求）时，开始向塔内加入新的湿原粮；在此后 3~5h 内，测试出塔谷物水分，常常会出现谷物干燥过干现象，但不要急于加快排粮速度或降低温度，此为自循环过程后的波动现象。待 6h 过后就会达到稳定状态。排粮装置将谷物排除后，通过其他设备将谷物送出，在烘干作业时，要时刻注意各运转部件的运转情况，经常观测，检查介质温度和电机温度，干燥水稻时，介质温度波动范围要控制在±5℃之内，干燥其他谷物时温度波动范围

要小于±7℃。

③ 注意事项

a. 调速电机时，必须先将调速钮旋至零位，然后切断控制器开关，最后按电机"停"的按钮。启动时先启动电机，后开控制器开关。

b. 热风机启动时，必须先关闭风量调节阀门后，再启动电机。

c. 任何时候提升机不得在粮斗内有粮情况下进行启动。

d. 连续作业时，要求电压波动范围在（380±5）V 范围内为宜。

e. 上料位灯不亮，即谷物不满。干燥作业时，要确保粮层处于上、下料位之间，否则会出现热风泄漏现象。因漏风会产生热源损失和干燥能力明显下降的结果。所以作业时，要确保满塔作业。

f. 经常检查角盒上是否挂有麻绳、草棍纤维类长形物，如有，可从储粮箱上打开可拆卸角盒，进入干燥段内进行清理。

g. 每干燥作业一段时间（一般烘干 5000t 稻谷）以后，要将干燥机主塔内及两侧塔中间风道室隔板上的稻谷排尽，以便将水稻芒和颖壳排放干净，否则将影响干燥的均匀性。

h. 进入干燥机待干燥的谷物，必须进行予清理，除去大部分粉尘和颖壳，尤其是要除去 φ14mm 以上大杂物，否则极易造成排粮机构的损坏。

i. 双吸风机定期加注润滑油（约工作 140h）。

j. 随时观察高压风机轴承润滑箱内油面及箱上面两个温度指示表，表温一般不超过 80℃。

k. 高水分谷物不能在烘干机内长期贮存，也不能一次入机谷物数量不够时，存放在烘干机内，如遇上述情况，均要采用自循环方式，进行循环，否则会出现塔内下半部分粮食排空，而上半部分粮食砘住的现象，及可能造成烘干机倒塌。

④ 停机的操作程序、方法及注意事项

a. 在干燥作业结束前 1～1.5h，应先停止向热风炉供入燃料，炉膛开始降温，在炉膛降温过程中，应随温度变化，逐渐降低排粮转速。

b. 炉膛温度已明显下降，热风温度小于 40℃时，停止排粮，关闭冷风机。停止排粮 10～15min 后，关闭炉底鼓风机，打开炉底冷风门，将排烟道改换到直接排入烟囱（不通过换热器）。

c. 关闭炉底风机约 5min 后，关闭干燥机上两个热风机。

d. 关闭总电源，清扫场地。

二、双向通风混流干燥机

5HST 系列型粮食干燥机是黑龙江八一农垦大学工程学院与佳木斯天盛机械有限公司联合开发的干燥机型。根据高湿物料干燥特性及谷物自身具有的水分扩散转移规律，采用组合式双向混流送风形式，增加对等规则角状管布置结构，以及新型推送热风的供热技术。形成在此脱水进程中，确保谷粒受热的概率等同性，及全方位脱水的均衡性。5HST-10 干燥机的工艺示意，如图 8-22 所示。该机主要特点是：造型美观，结构紧凑，单位热耗低，干燥后物料水分均匀一致，爆腰增率低。该机主要用于水稻等热敏感性强的谷物的商品粮或种子的烘干，同时适用于玉米、小麦粮食作物的烘干。适用于农场、粮库、种子加工厂、粮食处理中心等对粮食进行集中化管理的单位使用。

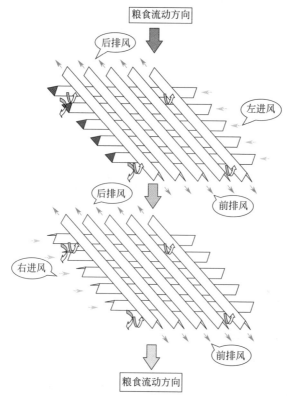

图 8-22　5HST-10 干燥机热风走向示意

1. 干燥工艺及工作原理

5HST-10 干燥机以竖向式箱体为基本框架，组合增添规则性角状管对等密步方位结构，生成特有的连续式烘干、组合混流的双向送风脱水工艺。既确保谷物受热脱水的均衡性，又省耗减能、缩短工艺用时，适宜我国严寒北方区域的普及应用。5HST-10 型连续混流脱水设备的纯装机可达 $93m^3$ 容积，主体机重 20t 左右，机体可满载约 70t 玉米。该机针对玉米能达到 15% 降水幅度，生产能力达到 200t/d 的日产量。整机主要构造有：谷粮提升机、螺栓衔接镀锌板材质的塔体（上、中、下部位分别分储粮装置，外侧密布角状管的进、排气风装置，携有排粮辊的排粮装置）、燃煤供热的热风炉等。提升机装粮满载塔体时，烘干塔体两侧热风室供给的热炉气，分等温同步两股逆向流经角状管层与粮流相遇，而塔体前后由风机排放的冷风，亦分等量两股经前、后排风室，携带出粮流的干燥废气。双向流体达到均衡混流，谷粮高效脱水的目的。冷热风在塔体的流经走向趋势，可见图 8-23。

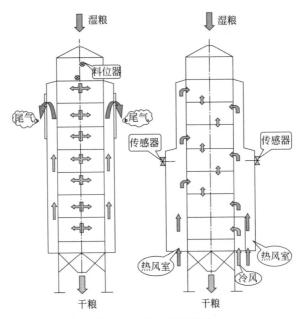

图 8-23　双向送风结构

2. 自适应控制系统

玉米北方连续混流双向干制送风机的控制系统，普遍由输出、输入、调频按键等及相应控制电路构成的核心八进制 AT 89C52 处理器。其系统控制如图 8-24 所示。

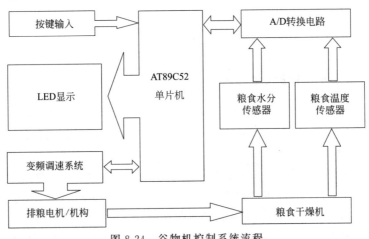

图 8-24　谷物机控制系统流程

干燥系统作业时，安装在储粮段和排粮段的单翅片射频电容型水分传感器和电流型灵敏集成 AD590 温度采集器分别读取成品粮的湿温模拟输入信号，并通经 AD7714 达到 AD 切换数据，进而直达单片机，进行模控处理输出指控指令，排粮芯片依照指令发送 SPWM 波，最终达到变频排粮调速的目的。LED 可显示当下作业调频幅度，进而通过按键输入按钮再次调控预期合理数值。对于 5HST-10 型连续混流双向组合送风设备，需要独立设置一个清洁的控制室，内置整机操控板。方便工艺作业人员，随时勘测谷物干制情况，及时调控干制参数。操控板上安置 EST800A 型变频调速器，针对炉排、排粮装置进行调试，从而客观控制干制炉温与干制周期等工艺因素。热风炉温、送风温度、粮流热度等谷物干燥的关键调试参数，可通过控制板自主调控达到预期工艺实效。控制板上镶嵌各种开关、预警等控制按键，便于科学勘测谷物干制整轮周期。谷物混流 5HST-10 型双向干燥机的操控板见图 8-25。

图 8-25　5HST-10 型双向干燥机的操控板

3. 混流双向通风干燥工艺特点

（1）混流双向送风技术　北方谷物脱水工艺普遍采用续双向混流干制送风技艺。为满足北方粮产的逐年提高、WTO 入会后的国际谷粮贸易、经济稳定必备的国粮库存，北方主粮产区对谷物集储量亦同步激增。可见谷物脱水作业需选取大型烘干设备，兼具高产率的烘干技艺，且要考虑谷物相应结合水分的均衡脱离方式，北方高寒产区普遍择取角状管交错规律叠置的双向送分脱水作业模式。这一新增配置弥补了以往单向角管送风的梯度气流温湿差，所诱导的谷物脱水失衡性能。谷物双向供热送风即是，将烘塔中的待干制粮流分上、下两部分，上部分风室安置是左进风，右排风；下部分风室安配位置正相反，左右侧依次安放排风室、送风室。这样粮流烘干下滑时，上下部分的降水幅度差值得以全面均衡，省能减耗的同时达到谷物干制作业进程中的均衡失水性。

角状管依其截面图形区分为：三角、五角、五角菱形角状管，具体横截构造见图 8-26。角状管尺寸型号与干制环境、烘干效率存在一定关联。谷物高产干制率的大型设备角管构造尺寸较大，北方产区普遍应用长达 700mm、74°顶角的五角形标格角状管。

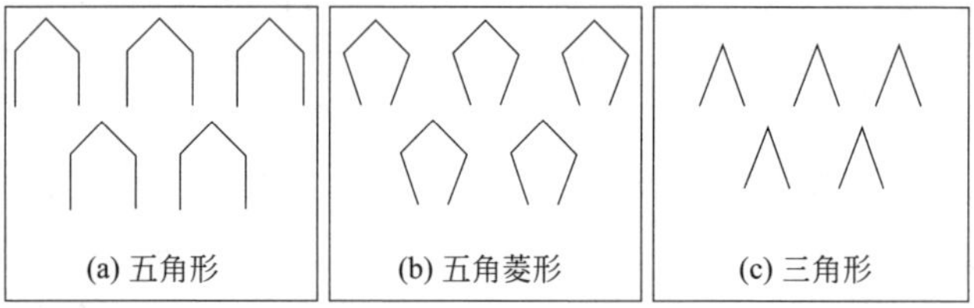

图 8-26 角状管截面图

（2）避免谷粮分级及换向机构 玉米籽粒内部相对密度差异及轻微携杂等因素，致使提升机携粮入塔时，自动呈现分级散落现象。相对密度较小、质粒饱和度不足的玉米粒，经粮流下滑分散偏甩至储粮段的四周区域，相对饱和度充足、相对密度扎实的谷粒，伴随粮流的自重下滑直接集中散落至烘塔中心区域。如若谷粮分级后加以烘干作业，分步烘干塔外围区域的玉米籽粒，其相对密度较小，接触热风流速较早，高密集、大相对密度分布中心区域的谷粒触热吸收较慢，此不同步的吸热程度，致使玉米形成显著脱水失衡状态，为达到塔心谷粒的彻底干制，极易造成外围籽粒部分焦煳。所以需在谷粮烘塔的入粮口安设落料分散装置，极大缩了减玉米下滑落料所现的自动分级概率，大幅均衡了干制玉米的失水性。

落料分散的安置，虽极大地避免了玉米入料分级自动化，但仍有个别分级籽粒斜甩至储粮塔段外围。兼有双向烘干机角状管结构的内置排气口，易受高湿大气的温差梯度影响而致排口结露，无意增添此处粮流湿度，加大粮流内外侧湿度梯差高达 4%。可见玉米干制收尾段，宜安置交叉滑粮板亦或是漏斗加流管机构，以达到均匀混粮均衡失水的目的。

（3）节省能耗的干燥技术 能源的合理高效率使用，不仅节省谷物干制的成本投入，亦提高谷物干制品的贸易潜在增值。而从能源耗用自身来看，亦是推动能源多元化的二次开发，对于能源日渐枯竭的今天，全球化节能省耗的趋势势在必行。主要体现在合理调试干制参数和高效冲分的能源利用两大方面。

① 合理调试干制参数 由于我国谷物脱水工艺起步较晚，当今全国普遍处于引进国外机型，结合国情特点、本国谷物固有属性深入研讨并加以扩展研发组装新型谷物干制机时期。尤其是研发的新型机，是否符合北方高寒谷物作业，针对北方谷物干制的因素调试范围是否合理，干制工艺脱水步骤是否有纰漏，这一系列待解疑题，均需人为亲身操控设备得以科学客观加以处理。因此谷物干制调试选取的合理热风流层速率、热风炉热、粮流内温、排粮设定转速、谷物降水幅度及谷物比容等各调试关键参数相互协作，影响叠加整合作用在干制谷物的品质优劣。需要科研

人员运用数统筹相关软件，合理节选制约谷物品质的关键工艺参数。

② 能源充分利用技术　煤粉热风炉应普及替换链条式热风炉，弥补链式热炉燃煤不充分、煤耗较大且供热量不足的缺点。由输送搅龙周期传送定量煤粉入炉，煤粉、空气的立体 360°方位充分碰触，可确保煤粉 100％全面燃尽，达到恒稳炉膛热度，充分提升燃煤率，便于普及炉温自主快捷调控的运作模式。热炉烟气亦可二次回流，余热回收配套换热器可前置于引烟风机口处，以正压二次回流送风方式发挥其残留温热。谷物干制后的直排废气，温热较高且热量发挥饱和度欠佳，可利用深加工对其沉降处理，达到干制废气无限循环施热的目的。沉降处理一次，二次干制周期即可省 5％的热量，经费角度上来看，值得全国普及。

第九章 白瓜子干燥技术与机型设计

第一节 真空微波组合干燥技术

一、真空微波干燥技术特点

微波真空组合干燥技术是近年来发展起来的一种新型的干燥工艺技术，即在真空的环境下，利用微波对物料独特的加热技术方法，既提高了干燥速度，又降低了干燥温度，能较好地保留食品、药品等被加工物料原有的品质，从而实现快速干燥的技术效果。采用真空的方法其实是利用水的沸点随大气压力的降低而降低的原理，适当地降低真空度，能够加快物料中水分的蒸发，提高干燥效果。但过高的真空度也容易发生微波在干燥室内点火的现象。

微波技术与真空技术相结合的微波真空干燥技术具有它们共同的特点，其加热机理独特，节约能源，干燥速度快，且有很高的色、香、味及热敏性成分的保留率，得到较好的干燥品质，能够快速提高经济效益。该技术特别适用于食品、药品、生物制品等热敏性物料的干燥，且设备成本、操作费用较低。对于高黏度物料的微波真空干燥，物料中的水分直接吸收微波能而变成水蒸气，水蒸气很容易逸出，几乎不存在传热和传质阻力，因此微波真空干燥高黏度物料，与其他干燥方法相比，具有独特的优势。

二、微波真空干燥装置的特性

目前国内的真空干燥试验设备种类多样、大小不一，干燥室结构形状和空间大小也各不相同，但工作原理基本相同。一般是由微波发生器、物料干燥腔、物料盘机构及控制等系统组成。一般设备的主要部件均采用不锈钢制造，符合生产设备 GMP 标准。整机采用模块化设计，清洗、装拆和检修均方便。其主要技术参数见表 9-1。

表 9-1 微波真空干燥设备主要技术参数

技术参数	规格	技术参数	规格
整机功率	≥10kW	工作环境湿度	≤80%(不结露)
微波输出功率	0~5kW	冷却水流量	15L/min

续表

技术参数	规格	技术参数	规格
微波频率	(2450±50)MHz	外形尺寸	1320mm×1040mm×1870mm
真空度	−0.08～−0.04MPa	电源电压	380V(+5％～10％)
工作环境温度	0～40℃	电源频率	50Hz

三、智能控制系统

1. 控制系统的原理

微波真空干燥设备的控制系统采用基于 Windows XP 的嵌入式工控软件 Turing Control 控制；西门子 S7-200 系列可编程控制器（简称 PLC）作为控制单元；国内先进的红外测温仪实现系统温度的监测。

通过计算机显示控制，设定的各个工艺参数，微波管启、停、工作状态、系统的总功率等均在操作界面上操作完成，方便、直观、可靠。此操作系统不仅显示系统状态，输出高温报警和故障信号，还可以保存、调取历史温度曲线。PLC 可以根据用户设置调节微波输出功率的大小，操作简单，方便安全，并保证系统性能稳定，寿命长，故障率低。控制系统操作主界面如图 9-1 所示。

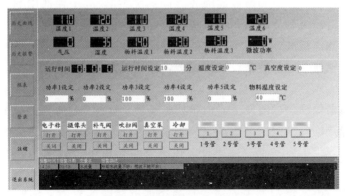

图 9-1　控制系统操作主界面

2. 干燥性能参数的智能调节

（1）单位质量微波功率的调控　微波功率是干燥试验中最重要的一个性能参数，其大小可以通过与微波真空干燥试验设备相连的计算机软件调控，本试验采用单位质量微波平均功率（以下简称微波功率），单位为 W/g：

$$单位质量微波功率 = \frac{微波功率}{初始物料质量} \tag{9-1}$$

（2）干燥温度　本试验的干燥温度是物料在干燥过程中干燥室所达到的最高温度，通过调控与微波真空干燥试验设备相连的计算机软件，可设定不同大小的干燥温度，单位为℃。

（3）真空度　真空度是被测对象的压力与测量地点大气压的差值，即低于当地大气压力的压力值。在实际情况中，真空泵的绝对压力值介于 $0\sim1.01325\times10^5\,Pa$ 之间，数值用真空表可读出。在没有真空的状态下（即常压时），表的初始值为 0。当测量真空时，它的值介于 $0\sim-1.01325\times10^5\,Pa$ 之间（真空度一般用负数表示，但为了表述和解题方便，在本章全部用正数表示）。通过调节微波真空干燥试验设备中调压阀的开启程度，可控制干燥室内真空度的大小，单位为 MPa。

3. 干燥设备特性

（1）加热迅速均匀　该设备筒体通过矩形优化设计，顶盖选用正六边形结构，过度处采用斜六边形连接，从而使磁控管的排布更加均匀，磁控管柜口的方向可灵活调整，无论物料的各部位形状、距离如何，都能使物体表里同时均匀渗透微波而产生热能。另外，平面结构更有利于焊接加工，可有效提高腔体的密封和耐压，视觉效果美观大方。

（2）物料与微波源距离自动调节　物料盒、电子秤、信号采集器和信号传输器均设置在封闭的场腔中，物料盒可上下移动，微波发生器位置固定，这样可以方便地研究"微波物料间距离和微波能吸收之间的关系"，电子秤选用侧重于高精度和高耐温性，针对高灵敏性特点，设有缓冲装置，保证传输数据的准确性。电子秤外表通过屏蔽罩隔离微波，避免了微波能和电磁波之间的干扰，这样采集的信号不会失真。所有传输线都进行屏蔽设计和保护，保证数据真实可靠的同时，安全性也得到较大的提升。

（3）变压器保护　微波发生器由微波磁控管及微波变压器组成。其特点是功率选择灵活、加热均匀、操作简便；磁控管为松下公司生产，寿命长；微波变压器采用油浸水冷式，维护容易且故障率低。微波发生器由多个独立供电的控制电路组成，每个磁控管均由一个独立的短路、过载保护装置控制，可根据用户需要分别工作。真空干燥腔由不锈钢加工而成，是一个能够防爆的真空密闭腔体，符合国家GMP卫生标准。真空系统选用防爆型真空泵，保证设备的安全运行。

第二节　白瓜子真空微波干燥的优化试验研究

一、试验条件

1. 试验材料

试验中所用白瓜子取自新鲜南瓜，均购于农贸批发市场，新鲜、无腐烂、无损伤，形状和大小相近、成熟度基本一致。

2. 仪器设备

DGG-9070B 电热恒温鼓风干燥箱（上海森信实验仪器有限公司）；JD300-3 电子天平（沈阳龙腾电子有限公司）；S400 近经外产品品质测定仪（上海棱光技术有限公司）；HK-06A 手提式粉碎机（广州旭朗机械设备有限公司）。实验设备采用自行研制的 HWZ-5B 型微波真空干燥试验装置，见图 9-2。

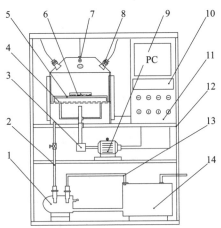

图 9-2　HWZ-5B 微波真空干燥试验装置

1—循环水泵；2—管路和阀；3—真空规；4—升降机构；5—称量平台；6—物料盘；7—温度传感器；
8—磁控管；9—电机；10—计算机；11—控制面板；12—框架；13—回水管；14—水箱

3. 主要试剂

1％硫酸铜溶液、浓硫酸溶液、40％氢氧化钠溶液、2％硼酸溶液、0.05mol/L 盐酸溶液、无水乙醇、90％乙醇溶液、0.01mol/L 氢氧化钾溶液和 1％酚酞指示剂。

二、试验方法

1. 制作工艺

工艺流程：　新鲜南瓜—清洗—挖瓤—取籽—预处理—挑选—微波真空干燥

操作要点：选择成熟且形状大小大体一致的南瓜，进行一系列的清洗、去皮、挖瓤和取籽后，进行预处理。预处理的过程是将取出的白瓜子用干净的纸巾轻轻擦去表面的瓜肉，并放入物料盘中 10min，待表面微干后，选择大小基本一致、均匀饱满的白瓜子放入微波真空干燥设备内进行干燥。

2. 试验方法

首先取预处理后的白瓜子 100g，用烘箱法测出其初始含水率、蛋白质含量及脂肪酸含量。再取等量的白瓜子在不同微波功率、干燥温度和真空度组合情况下，将白瓜子干燥到国家果蔬干制品入库贮藏标准（干基含水率 8％），定时记录物料剩余质量和最终的干燥时间，测定最终干制品的蛋白质含量、脂肪酸含量以及耗电量，计算出干制品蛋白质保存率（Y_1）、脂肪酸保存率（Y_2）和单位耗电量（Y_3），分析单因素和多因素试验变化过程及结果。试验中的含水率一律用干基含水率来表示。每个处理过程均重复 3 次，取其平均值。

三、指标测定

1. 白瓜子含水率的测定

物料初始含水率按 GB 5496—1985 标准采用烘箱法测定。首先用电子天平称取三个耐高温玻璃皿，编好顺序 1、2、3 并记录各自重量 A_1、A_2、A_3；再向每个玻璃皿中平铺满预处理后的白瓜子若干，称重并记录 B_1、B_2、B_3；将三个装有白瓜子的玻璃皿放入电热恒温鼓风干燥箱进行烘干，温度设为 105℃，烘干时间为 6h，取出快速测其重并记录 C_1、C_2、C_3；最后计算出三组玻璃皿中白瓜子的干基含水率，取平均值。干基含水率用 Q_g 表示，其计算公式如下：

$$Q_g = (G_s - G_g)/G_g \times 100\%$$ (9-2)

式中　G_g——干制品质量，g；

　　　G_s——干制前试样质量，g。

通过上述方法测量，得到白瓜子的初始含水率为 72.3％。测量数据见表 9-2。

表 9-2　含水率测量的数据

编号	A	B	C
1	55.949	156.764	114.46
2	62.885	162.617	120.701
3	72.321	172.565	130.568

2. 蛋白质含量的测定

蛋白质含量采用凯氏定氮法测定。凯氏定氮法是测定化合物或混合物中总氮量的一种方法。即在有催化剂的条件下，用浓硫酸与样品发生反应，将有机氮都转变成无机铵盐，然后在碱性条件下将铵盐转化为氨，随水蒸气馏出并为过量的酸液吸收，再以标准碱滴定，就可计算出样品中的氮量。由于蛋白质含氮量比较恒定，可由其氮量计算蛋白质含量。蛋白质保存率 Q_f 按公式(9-3) 计算：

$$Q_f = X/Y \times 100\%$$ (9-3)

式中　X——干制品蛋白质含量，mg/g；

　　　Y——干制前试样蛋白质含量，mg/g。

凯氏定氮的实现方法是在浓 H_2SO_4 和强热作用下，有机物中的胺根与 $CuSO_4$

发生反应后，在凯氏定氮器中与碱作用，通过蒸馏释放出 NH_3，并收集于 H_3BO_3 溶液中，再用已知浓度的 H_2SO_4（或 HCl）标准溶液进行滴定，根据 H_2SO_4（或 HCl）消耗的量计算出氮的含量，最后再乘以相应的换算因子，即得蛋白质的含量。测量蛋白质的主要试剂有：硫酸铜、浓硫酸、2%硼酸溶液、40%氢氧化钠溶液、0.025mol/L 硫酸标准溶液（或 0.05mol/L 盐酸标准溶液）以及混合指示剂。以上试剂均用不含氨的蒸馏水配制。

3. 脂肪酸含量的测定

脂肪酸含量按 GB/T 15684—2015 法测定。即在室温下用无水乙醇溶解谷物制品中的脂肪酸，然后进行离心分离，用氢氧化钾溶液滴定上清液，计算脂肪酸值，结果用消耗的氢氧化钾量表示。脂肪酸保存率 Q_p 按式(9-4) 计算：

$$Q_p = M/N \times 100\% \tag{9-4}$$

式中　M——干制品脂肪酸含量，mg/g；

　　　N——干制前白瓜子脂肪酸含量，mg/g。

脂肪酸测定的实现方法是将研磨好的白瓜子与一定量的无水乙醇混合，过滤后加入适量酚酞指示剂，最后用氢氧化钾-乙醇溶液滴定。测量脂肪酸的主要试剂有：无水乙醇、1%酚酞-乙醇溶液、0.01mol/L 氢氧化钾-95%乙醇溶液、0.01mol/L 氢氧化钾-乙醇溶液标定。

蛋白质和脂肪酸的含量首先通过以上化学方法进行测定，并计算各自的平均含量，然后根据所测数据在 S400 近红外产品品质分析仪上建模。以后蛋白质和脂肪酸的含量只需通过品质分析仪即可测定。

4. 单位耗电量的计算

决定物料单位耗电量的因素有：单位质量微波输出功率和物料被干燥的时间，单位耗电量用 Q_e(J/g) 表示，其计算公式如下：

$$Q_e = PT \tag{9-5}$$

式中　P——单位质量微波输出功率，W/g；

　　　T——干燥时间，h。

四、判定干燥终点

干燥终点的判定根据上述干基含水率的式(9-2) 及物料在干燥前后干物质的质量保持不变推导可知。

$$\begin{cases} G_g' = G_g'' \\[2mm] Q_g' = \dfrac{G_s' - G_g'}{G_g'} \times 100\% \\[2mm] Q_g'' = \dfrac{G_s'' - G_g''}{G_g''} \times 100\% \end{cases} \tag{9-6}$$

式中 G'_g——干燥前物料中干物质的质量，g；

　　　G''_g——干燥后物料中干物质的质量，g；

　　　Q'_g——物料的初始含水率；

　　　Q''_g——物料干燥后的含水率；

　　　G'_s——干燥前物料的总质量，g；

　　　G''_s——干燥后物料的总质量，g。

由式（9-6）可推导出：

$$G''_s = \frac{1+Q''_g}{1+Q'_g} G'_s \tag{9-7}$$

因为白瓜子的初始含水率 Q'_g 在前面已经求出，其值为 72.3%，而本试验每次所选物料的质量为 100g 并要求得到的干制品含水率 Q''_g 在 8% 以内，所以试验干燥到终点时的质量 G''_s 应满足以下条件。

$$G''_s \leqslant \frac{1+0.08}{1+0.723} \times 100 \approx 62.7 \text{（g）}$$

但在实际的试验过程中，由于真空泵抽真空后物料会因干燥室内空气稀薄而出现失重现象，这时就要考虑白瓜子在干燥室内的失重率，失重率的计算见式（9-7）。物料在不同真空度下的失重率是不同的，所以物料在一定真空度下干燥终点的质量要比常压下小，其质量应满足式（9-7）。

$$\eta = \frac{G_常 - G_空}{G_空} \times 100\% \tag{9-8}$$

$$G_终 = \frac{G''_s}{1+\eta} \leqslant \frac{62.7}{1+\eta} \tag{9-9}$$

式中　η——物料失重率；

　　　$G_常$——常压下物料的实际质量，g；

　　　$G_空$——真空条件下物料的质量，g；

　　　$G_终$——真空度下物料干燥终点的质量，g。

根据式（9-8）可计算出不同真空度下物料的失重率，表 9-3 是 100g 白瓜子在不同真空度下的失重率。

表 9-3　100g 白瓜子在不同真空度下的失重率

真空度/MPa	真空下质量/g	失重率/%
−0.04	99	1.01
−0.05	98.5	1.52
−0.06	98	2.04
−0.07	97	3.09
−0.08	96	4.17

五、单因素试验与分析

1. 微波功率对干燥特性的影响

将预处理后干基初始含水率为 72.3％、质量 100g 的白瓜子放入干燥温度为 60℃、真空度为 60kPa 的干燥室，选取的微波干燥功率分别为 6W/g、7W/g、8W/g、9W/g、10W/g 进行干燥。不同微波功率对试样的干燥速率有明显的影响，如图 9-3 所示。

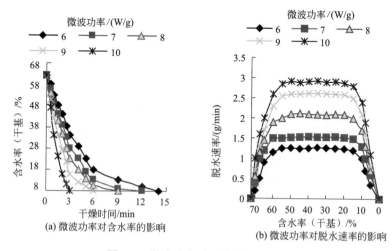

图 9-3　微波功率对干燥特性的影响

由图 9-3 可知，白瓜子干燥速率随着微波干燥功率的升高而加快。在初始含水率相同的前提下，微波功率越大，物料所需的干燥时间越短。当微波功率为 6W/g，物料干燥到含水率为 8％时需要 14min；当微波功率为 10W/g 时，将其干燥到含水率为 8％只需 3min。从图中进一步分析得出，微波功率大于 9W/g 时，物料快速吸收大量微波能，从而导致物料表面的水分蒸发速度不及其内部水分扩散迁移速度，使内部水分远低于表面水分，降低了微波能的吸收利用率，进而可能出现物料内部糊化的现象。因此，从干燥特性图形来看，干基初始含水率 72.3％、干燥温度 60℃的白瓜子放入真空度为 60kPa 的干燥室进行干燥，微波功率在 7～9W/g 范围内比较合适。

从干燥特性图来看，在干燥前期，由于物料中的水分从吸收微波热能到转化为水蒸气排出需要一个过程，脱水速率相对较小，但物料在微波真空干燥室内升温很快，脱水速率逐渐加快。到干燥中期，由于微波加热完全用于水分的蒸发，物料的绝大部分水分在此期排出，干燥速率相对稳定。在干燥末期，随着水蒸气不断地从干燥室排出，物料含水率减少到一定程度，水分吸收微波的能力降低，温度上升减慢，进而脱水速率开始下降。因此从以上分析可知，白瓜子微波真空干燥的整个过程分为加速干燥、恒速干燥和降速干燥 3 个阶段，并且物料失水过程主要处于恒速阶段。

2. 干燥温度对干燥特性的影响

将 100g 预处理后初始含水率 72.3% 的白瓜子置于微波功率为 8W/g、真空度为 60kPa 的干燥室内，干燥温度分别选取 40℃、50℃、60℃、70℃、80℃，测得不同干燥温度对白瓜子干燥特性的影响，如图 9-4 所示。

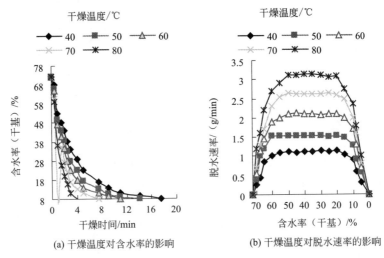

(a) 干燥温度对含水率的影响　(b) 干燥温度对脱水速率的影响

图 9-4　干燥温度对干燥特性的影响

由图 9-4 可知，物料干燥速率随着微波干燥温度的升高而加快。物料的干燥温度在 80℃时干燥到含水率 8% 所需干燥时间 4min，但在 40℃时干燥到含水率 8% 需 17.5min。从图中进一步分析可知，在相同试验条件下，干燥温度过高，物料不仅内部受到损伤，而且表面易变黄。干燥温度过低，干燥时间太长。因此，从干燥特性图形来看，干基初始含水率 72.3%、微波功率为 8W/g 的白瓜子放入真空度为 60kPa 的干燥室进行干燥，干燥温度在 50～70℃ 范围内比较合适。

3. 干燥室真空度对干燥特性的影响

将 100g 预处理后初始含水率 72.3% 的白瓜子置于微波功率为 8W/g、干燥温度为 60℃的干燥室内，真空度分别选取 40kPa、50kPa、60kPa、70kPa、80kPa，测得不同干燥室真空度对白瓜子干燥特性的影响，如图 9-5 所示。

由图 9-5 可知，物料干燥速率随着干燥室内真空度的升高而加快。这主要是由于液体的沸点随真空度升高而降低的缘故。当干燥室真空度为 40kPa 时，白瓜子含水率降至 8%，需干燥时间为 21min。当真空度升高至 80kPa 时，干燥时间为 5min。进一步分析可知，干燥室真空度对干燥速率有很大影响，真空度越高，干燥初期干燥速率上升越快，恒速干燥时的干燥速率越大，所需干

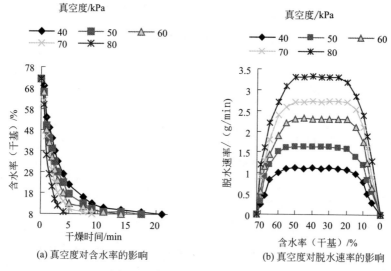

(a) 真空度对含水率的影响　　　　　(b) 真空度对脱水速率的影响

图 9-5　真空度对干燥特性的影响

燥时间越短。但真空度越高，所需抽真空的能耗大大增加，干燥成本就会明显提高。因此，从干燥特性来看，初始含水率为 72.3% 的白瓜子放入微波功率为 8W/g、干燥温度为 60℃ 的干燥室进行干燥，干燥室的真空度在 50～70kPa 范围内比较合适。

六、二次回归正交旋转组合优化设计

1. 试验设计

白瓜子作为一种健康的休闲食品，深受人们的喜爱，然而干燥业在世界各地都是一项高能耗行业，近年来，我国的干燥能耗占全部工业能耗的 12% 左右。"节能减排"是保障我国能源安全、发展经济和保护环境的基本国策。根据不同的生产条件，科学选用烘干工艺和设备，对节约能源，减少原材料浪费，降低生产成本，提高经济效益，以及增强企业市场竞争力具有非常重要的意义。

根据上述单因素试验结果及分析，了解到微波功率（X_1）、干燥温度（X_2）和干燥室真空度（X_3）在白瓜子干燥过程中起到非常积极的作用，把它们作为试验因素，并将蛋白质保存率（Y_1）、脂肪酸保存率（Y_2）和单位耗电量（Y_3）为评价指标，在倡导节约能源的大前提下，从白瓜子干制的品质方面进行试验研究。微波功率范围 7～9W/g、干燥温度 50～70℃、真空度 50～70kPa 对各试验因素进行编码 [见式(9-10)]，通过三元二次回归正交旋转组合试验设计，建立相应的数学模型，并对试验结果进行优化分析。微波真空干燥白瓜子正交试验因素水平如表 9-4 所示。

$$\begin{cases} X_{0j} = \dfrac{1}{2}(X_{1j} + X_{-1j}) = \dfrac{1}{2}(X_{\gamma j} + X_{-\gamma j}) \\ \Delta_j = \dfrac{X_{\gamma j} - X_{0j}}{\gamma} = \dfrac{X_{0j} - X_{-\gamma j}}{\gamma} \\ Z_j = \dfrac{X_j - X_{0j}}{\Delta_j} \end{cases} \qquad (9\text{-}10)$$

式中　　X_{0j}——X_j 的零水平；

X_{1j}，X_{-1j}——X_j 的上水平和下水平；

$X_{\gamma j}$，$X_{-\gamma j}$——X_j 的上星号臂和下星号臂；

　　　Δ_j——X_j 的变化间距；

　　　Z_j——X_j 的编码值；

　　　γ——星号臂长度，通过查表得 $\gamma = 1.682$。

表 9-4　微波真空干燥白瓜子正交试验水平因素表

编码 Z_j	因　　素		
	微波功率/(W/g) X_1	干燥温度/℃ X_2	真空度/kPa X_3
$+(\gamma = 1.682)$	9	70	70
$+1$	8.6	66	66
0	8	60	60
-1	7.4	54	54
$-\gamma$	7	50	50
Δ_j	0.6	6	6

　　根据三元二次回归正交旋转设计安排试验，可进行 20 次试验，试验结果如表 9-5 所示。

表 9-5　三元二次回归正交试验结果

试验编号	X_1/(W/g)	X_2/℃	X_3/kPa	Y_1/%	Y_2/%	Y_3/(kJ/g)
1	7.4(−1)	54(−1)	54(−1)	83.0	81.3	5.912
2	7.4(−1)	54(−1)	66(+1)	80.4	78.7	7.482
3	7.4(−1)	66(+1)	54(−1)	82.6	80.9	5.120
4	7.4(−1)	66(+1)	66(+1)	81.3	79.6	7.004
5	8.6(+1)	54(−1)	66(+1)	79.6	77.9	7.113
6	8.6(+1)	54(−1)	54(−1)	80.9	79.2	5.512
7	8.6(+1)	66(+1)	66(+1)	78.3	76.7	6.502
8	8.6(+1)	66(+1)	54(−1)	77.8	76.2	3.214
9	7(−γ)	60(0)	60(0)	80.4	78.7	8.069
10	9(+γ)	60(0)	60(0)	76.5	74.9	4.125
11	8(0)	70(+γ)	60(0)	79.1	77.5	4.531
12	8(0)	50(−γ)	60(0)	81.7	80.0	6.828
13	8(0)	60(0)	50(−γ)	75.2	73.6	3.316
14	8(0)	60(0)	70(+γ)	71.7	70.2	6.723

续表

试验编号	X_1/(W/g)	X_2/℃	X_3/kPa	Y_1/%	Y_2/%	Y_3/(kJ/g)
15	8(0)	60(0)	60(0)	91.2	89.3	3.420
16	8(0)	60(0)	60(0)	90.3	88.5	3.617
17	8(0)	60(0)	60(0)	91.1	89.2	3.325
18	8(0)	60(0)	60(0)	90.9	89.0	3.394
19	8(0)	60(0)	60(0)	90.2	88.4	3.567
20	8(0)	60(0)	60(0)	91.2	89.3	3.842

根据表 9-5 正交试验结果，利用 SAS 软件求解出各指标回归的数学模型，见式(9-11)～式(9-13)。并对试验结果进行方差分析，通过 F 检验得出各指标回归方程在各自因素水平上的显著性，如表 3-5 所示。

$$Y_1 = -1323.079 + 159.687X_1 + 10.128X_2 + 16.217X_3 - 0.170X_1X_2$$
$$+0.011X_2X_3 + 0.108X_1X_3 - 9.878X_1^2 - 0.079X_2^2 - 0.149X_3^2 \quad (9\text{-}11)$$

$$Y_2 = -1295.724 + 156.604X_1 + 9.874X_2 + 15.896X_3 - 0.163X_1X_2$$
$$+0.108X_1X_3 + 0.011X_2X_3 - 9.709X_1^2 - 0.078X_2^2 - 0.146X_3^2 \quad (9\text{-}12)$$

$$Y_3 = 343.804 - 43.99X_1 - 2.8X_2 - 2.591X_3 - 0.057X_1X_2 + 0.05X_1X_3$$
$$+0.007X_2X_3 + 2.701X_1^2 + 0.023X_2^2 + 0.016X_3^2 \quad (9\text{-}13)$$

根据表 9-6 的 F 检验及失拟性检验结果可知，三元二次回归方程的回归结果是极显著的，试验中选取的因素对指标影响显著或极显著，回归方程与实际情况拟合较好。

表 9-6　F 检验结果

指标	F	显著性检验	$F(X_1)$	$F(X_2)$	$F(X_3)$	显著性检验
Y_1	12.87(**)	$F_{0.01}(9,10)=4.94$	9.21(*)	5.59(*)	18.70(**)	$F_{0.01}(1,10)=10.00$
Y_2	12.93(**)	$F_{0.05}(9,10)=3.02$	9.27(*)	5.57(*)	18.82(**)	$F_{0.05}(1,10)=4.96$
Y_3	21.10(**)		19.46(**)	14.03(**)	18.70(**)	

通过检验各指标的回归系数，得到影响蛋白质保存率的主次顺序为微波功率（显著）＞干燥室真空度（显著）＞干燥温度（极显著）；影响脂肪酸保存率的主次顺序为微波功率（显著）＞干燥室真空度（显著）＞干燥温度（极显著）；影响单位耗电量的主次顺序为微波功率（极显著）＞干燥室真空度（极显著）＞干燥温度（极显著）。

2. 确定最优工艺参数

为了获得最优的干燥工艺参数，利用多目标非线性的优化方法，采用各项指标的综合性能指标来评价。首先计算出三个指标在每组试验中的隶属度，根据指标的重要程度进行加权后，计算出三个指标的综合指标评价值，通过综合指标与试验因素之间的对应关系，用 SAS 软件求解出综合指标 Y 的回归模型。指标隶属度的计算公式见式(9-14)。

$$指标隶属度\ Y' = \frac{指标值-指标最小值}{指标最大值-指标最小值} \tag{9-14}$$

通过计算指标的隶属度,解蛋白质、脂肪酸保存率的最大值和单位能耗的最小值问题就转化为求 Y_1'、Y_2' 和 Y_3' 综合最大值的问题。综合评分的计算式见式(9-15)。

$$\begin{cases} Y_{综}' = \lambda_1 Y_1' + \lambda_2 Y_2' + \lambda_3 Y_3' \\ \lambda_1 + \lambda_2 + \lambda_3 = 1 \\ \lambda_i > 0, (i=1,2,3) \end{cases} \tag{9-15}$$

式中　$Y_{综}'$——加权后的综合指标评价值;

　　　Y_1'——加权后的蛋白质保存率评价值;

　　　Y_2'——脂肪酸保存率评价值;

　　　Y_3'——单位能耗评价值;

　　　λ_i——加权值。

由于白瓜子的干燥首先要保证品质,其次考虑节能,所以取 $Y_1' = 0.35$,$Y_2' = 0.35$,$Y_3' = 0.3$。指标隶属度计算值和综合指标评价见表9-7。

表 9-7　指标隶属度计算值和综合指标评价

指标评价值			综合评价系数
Y_1'	Y_2'	Y_3'	$Y_{综}'$
0.579487	0.581152	0.555716	0.573
0.446154	0.445026	0.879094	0.576
0.558974	0.560209	0.392585	0.509
0.492308	0.492147	0.780639	0.579
0.405128	0.403141	0.80309	0.524
0.471795	0.471204	0.473326	0.472
0.338462	0.340314	0.67724	0.441
0.312821	0.314136	0	0.219
0.446154	0.445026	1	0.612
0.246154	0.246073	0.187642	0.229
0.379487	0.382199	0.271267	0.348
0.512821	0.513089	0.744387	0.582
0.179487	0.17801	0.021009	0.131
0	0	0.72276	0.217
1	1	0.04243	0.713
0.953846	0.958115	0.083007	0.694
0.994872	0.994764	0.022863	0.703
0.984615	0.984293	0.037075	0.700
0.948718	0.95288	0.072709	0.687
1	1	0.129351	0.739

$$Y = -28.988 + 3.012X_1 + 0.189X_2 + 0.422X_3 - 0.01X_1X_2$$
$$+ 0.007X_1X_3 + 0.001X_2X_3 - 0.188X_1^2 - 0.001X_2^2 - 0.004X_3^2 \tag{9-16}$$

利用单目标优化模块从而根据 SAS 软件的结果分析可知，当微波功率为 7.7W/g，干燥温度为 57.8℃，真空度为 60.2kPa 时，综合指标 Y 达到最大值。经试验得，蛋白质保存率为 91.0%，脂肪酸保存率为 89.0%，单位耗电量为 5.84kJ/g，综合评分为 0.698。因此，确定该工艺参数组合为最佳工艺参数。获得了白瓜子微波真空干燥工艺的最优参数组合，即干燥温度为 57.8℃，微波功率为 7.7W/g，真空度为 60.2kPa。

第三节　白瓜子微波真空干燥设备的设计

一、白瓜子微波真空干燥设备的结构

本课题所设计的白瓜子微波真空干燥设备，主要由微波系统和真空系统两大系统组成，具体包括进料装置、输送装置、出料装置、微波装置、真空装置、微波真空干燥室和控制与信息采集装置。物料加热干燥过程为：首先打开设备冷却装置，启动真空泵抽真空，使真空干燥室内产生指定的真空度，并凭借真空截止阀来维持干燥室内的真空度。此时物料经进料口通过进料装置被输送到微波真空干燥室，然后启动微波源，开始对物料进行微波真空干燥加工，干燥过程中输送装置可促使物料在微波真空干燥室内缓慢上下径向移动和旋转横移，所以物料能均匀地吸收微波能，干燥过程结束后，物料通过出料装置输出，直至卸料完成。图 9-6 为微波真空干燥设备的组成简图。

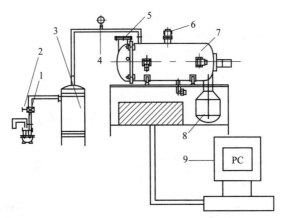

图 9-6　白瓜子微波真空干燥装置设计简图

1—真空泵；2—真空蝶阀；3—真空冷凝器；4—压力表；5—进料口

6—微波装置；7—干燥室；8—出料罐；9—计算机控制装置

按照图 9-6 的结构和以上工作过程，对白瓜子微波真空干燥试验设备的各个重要组成装置进行相应的设计。所设计试验设备的主要技术参数如表 9-8 所示。

表 9-8　设备的主要技术参数

技术参数	设计规格	技术参数	设计规格
微波输出功率	6kW(2450MHz±50MHz)	生产能力	10kg
真空度	≤−0.09MPa	进出料容积	40L
干燥温度	0～60℃	均料器出料速度	0～40L/h
干燥室外形尺寸	0.3m×1.2m($r×l$)		

二、白瓜子微波真空干燥设备关键装置的设计

1. 微波真空设备干燥腔体的设计

干燥腔体中除微波发射器外还应包含照明、室温测定仪、物料温度测定仪、进排气阀、冷却管道和输送设备等。干燥腔体的设计和选用是整个微波真空干燥设备中最重要的部分，合理的设计不但能节约空间、保证安全、使用简便，而且可以极大地提高干燥效率，保证干制品品质。

（1）干燥室的设计　根据干燥白瓜子及其加热要求来选择设计微波加热器。在真空条件下，由于真空度的降低，空气的击穿场强也会降低，使气体分子易被电场电离，从而产生气体击穿、拉弧放电现象，该现象易在腔体内场强集中和微波馈能耦合口的地方发生，不但会消耗微波能，而且会损坏零部件并发生较大的微波反射，从而缩短了磁控管使用寿命。在微波功率和真空度给定的范围条件下，应合理地设计微波真空干燥室的型式和尺寸，使干燥室内的空气击穿场强在一定的安全范围内。还应考虑谐振腔主模式和多种模式对结构的要求，以及物料系数、设备材料及加工因素等方面，保证微波真空干燥室内微波场强的均匀，从而避免物料介质一部分因为场强很强而过热，另一部分却因为弱电场而受热不足，并且微波真空干燥室的结构还应满足压力容器的设计规范和要求。根据上述设计原则，确定农产品微波真空干燥室的主要结构和尺寸参数。因为圆柱形腔体谐振腔内的磁力线分布比较集中，物料升温迅速，同时圆柱形结构易满足压力容器的设计要求。因此，微波真空干燥室常采用圆柱形谐振腔。

①确定微波总功率　若确定干燥室中微波的总功率，根据实际生产能力计算出物料干燥过程需要的热量。其中物料干燥所需热量包括两部分：物料本身升温需要的热量与物料内部水分升温及蒸发需要的热量。物料所需吸收热量计算式见式(4-1)，总功率的计算公式见式(9-18)。

$$Q_r = M[4.18X_1(T_2-T_1)+C(1-X_1)(T_2-X_1)+H_r(X_1-X_2)]/1000 \tag{9-17}$$

$$P_t = Q_r/(t\eta_1\eta_2) \tag{9-18}$$

式中　M——被干燥的物料质量，g；

X_1——干燥前物料的初始含水率（湿基），%；

X_2——干燥后物料的终了含水率（湿基），%；

T_1——干燥前物料的温度，K；

T_2——干燥后物料的温度，K；

C——物料不含水时的比热容，kJ/(kg·K)；

H_r——汽化潜能，kJ/kg。

t——微波作用时间，s；

η_1——加热效率，%；

η_2——微波转换效率，%。

② 确定干燥室的尺寸　干燥室的最小体积由室中微波总功率和工作负载的最大功率耗散密度决定，其计算公式见式(9-19)。

$$V_{\min} = \frac{P_t}{P_{\max}} \tag{9-19}$$

式中　P_t——干燥室总功率，kW；

$P_{\max}$——最大功率耗散密度，kW/m³。

由上式确定干燥室的最小体积后，应从设备的功率密度、物料系数及微波场均匀性等因素考虑，去确定干燥室的主要技术参数。在干燥室输入微波功率不变的前提下，干燥室中出现的模式会随腔体尺寸的变大而增多，由于不同模式的电场相互叠加的原因，使得叠加后的总电场在整个腔体内比较均匀一致。品质因数是干燥室的另一个重要参数，其值大小表示了谐振腔的质量高低，即决定了微波效率利用率的高低，品质因数的计算见式(9-20)。

$$Q = V/(S \times \delta) \tag{9-20}$$

式中　S——干燥室表面积，m²；

δ——内壁集肤效应，m；

V——干燥室体积，m³。

按照每小时可干燥 10kg 白瓜子进行设计来选定总功率。由确定的工艺参数可知，白瓜子的初始干基含水量和最终干基含水量分别为 72.3%、8%，真空度为 0.089MPa。比热容为 3.38kJ/(kg·K)，初温定为 20℃，终了温度设为 60℃，H_r=2418.4kJ/kg，将这些参数代入式(9-17)可得 Q_r=9708.98kJ。若设备的传热效率 η_1=80%，微波转换效率 η_2=70%，再代入式(9-18)计算得总功率为 P_t=4.82kW，所以确定微波设计总功率为 P 为 6kW。由于设备的真空度范围要求不超过 0.095MPa，得知最大功率耗散密度 $P_{\max}$=136kW/m³。将微波总功率 P_t 和最大功率耗散密度 $P_{\max}$ 代入式(9-19)，得到 $V_{\min}$=0.035m³。

考虑微波真空干燥室结构参数设计的其他因素，如微波场均匀性和品质因数等，确定干燥室半径 r=0.3m，干燥室长度 l=1.2m。故得干燥室设计体积为 V=0.34m³。

微波真空干燥室属于压力容器范畴，应按照 GB 150—2011《压力容器》的设计要求。其最高工作压力不超过 0.095MPa，因此取设计压力为 0.09MPa，公称半

径 R 为 $0.3m$，设计温度 T 为 $100℃$。在外压圆筒没有加强圈的情况下进行压力分析试验。腔壁的设计压力应小于许用外压力，计算公式见式(9-21)：

$$P_s < [P] = \frac{B}{D_o/\delta_t} \qquad (9\text{-}21)$$

式中　P_s——设计压力，MPa；

　　　$[P]$——许用外压力，MPa；

　　　B——相关系数；

　　　D_o——圆筒外直径，m；

　　　δ_t——圆筒计算壁厚，m。

设圆筒的计算壁厚为 $0.004mm$，圆筒的计算长度为 $1.3m$。通过查有关压力容器设计手册可得各参数，将其代入式(9-21)，最后计算得许用外压力 $[P] = 0.24MPa$，因此设计压力 $P_s < [P]$，满足设计要求。

（2）干燥腔封头的设计　封头是微波真空干燥腔的重要组成部件之一，封头内径应与腔体内径相同。它不同于传统的干燥室封头，既要防微波泄漏，将微波泄漏量控制在安全标准范围内，又要防气体泄漏，使真空度还要达到相应的设计要求，所以需要同时进行微波真空的双重密封。封头和筒体的连接通过法兰来固定，封头法兰和筒体法兰连接的疏密程度是发生微波泄漏和真空泄漏多少的关键所在。筒体法兰和封头法兰上各设有两凹槽，用于填充微波密封材料和真空密封材料。筒体法兰与封头法兰连接密封结构见图 9-7。用双层镍铜合金丝网围绕圆形氯丁橡胶编织而成的导电金属丝网，由于具有高导电性、良好的弹性和拉伸强度等优点，同时氯丁橡胶芯料也具有良好的可压缩性和回弹能力，所以经常作为微波密封材料。这种材料成本低、可以重复使用且不易变形和损坏，适合封头经常打开和关闭的需要。

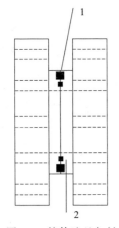

图 9-7　筒体法兰与封头法兰密封结构
1—真空密封材料；
2—微波密封材料

（3）干燥室耦合口的设计　耦合口是微波传输系统与微波真空干燥室的连接位置，也是场强相对比较集中的地方，此处易出现气体被击穿、打火和拉弧放电的现象。为了降低耦合口处的场强，采用多微波源馈入口的输入方式，即用多个微波源输入，每个微波源通过各自的耦合口把微波能输入到干燥室内，该种馈入方式提高了干燥室内微波场分布的均匀性。

耦合口的位置选择很重要，适当的位置会使激励场取不相干的极化方向，微波源相互耦合的程度也会最小。干燥室内计算出的模式数，只是腔内可能存在的模式数，其能否被激发，要取决于波导口的耦合情况，只有耦合情况好，才能实际得到这些模式。如果耦合不当，就会使一些模式得不到激发而不存在，这些未得到激发的模式称为禁戒模式。发生禁戒模式的条件是激励口与该模式场的时空对称性相反

（即一个对称，另一个反对称），因此在设计波导口方位时，就应使波导口处在需要激发的模式强场区和可能存在的寄生模式的弱场区。

根据上述理论，选择在不同方位的圆柱腔壁上均匀开六个馈入口，相邻两个耦合口距 0.18m，这样有利于腔体内模式的耦合和使腔内场均匀分布。干燥室耦合口的位置如图 9-8 所示。

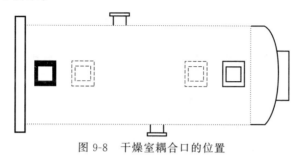

图 9-8 干燥室耦合口的位置

2. 微波装置

微波装置由微波发射装置和微波传输装置组成。微波发射装置能连续稳定地输出微波功率，微波传输装置将微波发射装置提供的微波功率以最低损耗传输到微波真空干燥室，同时又不影响微波发射装置的稳定工作。为了防止干燥室出现气体被击穿、拉弧放电现象，应适当降低耦合口处的功率密度，微波装置采用多馈入口的形式独立输入微波能。微波功率源系统的结构见图 9-9。

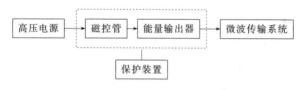

图 9-9 微波功率源组成框图

微波功率源系统的关键器件是磁控管。工业上常用的磁控管为连续波磁控管，频率一般为（2450±50）MHz。磁控管由磁钢（或电磁铁）和管芯组成。管芯的结构由阳极、阴极、能量输出器和磁路系统等四部分组成。阳极由多个翼片分割成截面为扇形的铜质圆筒制成，阴极材料可用敷钍钨丝制成。阴阳两极同心安装，每一个扇形的阳极空间构成一个谐振腔，它的振荡频率就是磁控管的工作频率。每个翼片上都有一个小孔，使每个谐振腔中的微波能量耦合成一个整体。在阳极一头有根环状的金属线连到管子的天线，构成耦合环，从阳极腔内吸取微波能量馈送至天线，耦合环和天线组成能量输出装置，通过它将磁控管产生的微波能量输出供使用。磁控管的工作原理是基于电子在电磁场中的运动原理。磁控管灯丝两端接上几伏直流电压预热后，在阳极和灯丝之间接上几千伏的直流高压。由于高压电场作用，阴极不断向阳极发射电子产生持续阳极电流。阳极的外壳上嵌套着一对环形的永久磁钢，利用它产生的磁场控制阳极腔内微波振荡的能量。环形磁钢的作用是向阳极腔内施加一个垂直于电场方向的恒定磁场，阴极发射的电子按圆周轨迹飞向阳极，不断地把由电场中获得的能量转化为各个小谐振腔中高频振荡所需的能量，最终在各个小谐振腔中激起了振荡。谐振腔促使振荡频率不断增高，产生超高频率的连续微波，微波通过天线，最终以波导形式传递给微波真空干燥室。

3. 进出料装置

进料装置由进料罐和均料器组成，采用进料罐间歇进料和均料器连续进料结合的方式。进出料罐容积根据实际需要定制，40L左右最好，采用上下开口方式。均料器最大出料速度为40L/h。进料罐两端可连接挡板阀来实现连续进料，关闭下挡板阀，打开上挡板阀，物料进入进料罐，再关闭上挡板阀，打开下挡板阀，物料由进料罐进入到微波真空工作室进料端，再由均料器均匀喂入进行干燥，均料器驱动采用电动方式实现连续均料。出料装置采用出料罐上下开口连接挡板阀的方式实现连续出料，工作原理与连续进料方式相同。进出料装置应具备较好的密封性来防止微波和真空泄漏，各法兰连接处均设有微波和真空双重密封。通常，真空密封材料采用橡胶密封圈，微波密封材料采用具有良好导电性和抗压缩性的导电橡胶条。

输送装置可保证物料在微波场中做相对运动，以改善由场强分布不均匀造成的物料受热不均，从而能够提高产品品质。该输送系统采用滚筒刮板结构来输送物料，使物料在微波真空干燥室内可缓慢横向移动和上下径向转动，能均匀接收到微波能。由于物料在滚筒内部，所以滚筒要选择微波穿透力强的材料，材料既不吸收微波能，也不会对微波产生反射作用。

滚筒材料可采用ABS树脂，ABS树脂是五大工程塑料之一，不仅具有其他塑料的一般性能，而且还具有力学性能、热学性能、电学性能和环境性能。正是由于其具有良好的介电性能，不反射微波，透波能力强，微波可以直接穿透ABS树脂被物料吸收，从而微波能损失很少，能量利用率高，同时ABS树脂还可满足食品卫生的要求。物料在滚筒旋转时被刮板向前推动并能实现上下翻动，使物料受热均匀，同时有利于干燥时蒸发的水蒸气从两端排出。滚筒半径、长度应小于干燥室半径长度，半径为0.2m，长度为1m，滚筒完整叶片为11片，驱动采用电机带动，转速能够实现无极调节，以保证物料的干燥时间，其结构采用花键联轴器与滚筒轴连接。

输送装置应采用独立式可拆卸装置，便于清洗，拆装简便，直接将滚筒从微波真空干燥室抽出即可，而且还易更换其他型式的输送装置，以适合不同物料干燥工艺的要求，如带式输送等装置。物料输送装置如图9-10所示。

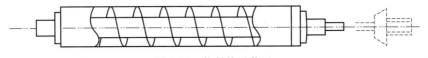

图 9-10　物料输送装置

4. 真空装置

真空装置的组成包括真空泵、压力表、真空蝶阀和真空冷凝器。真空蝶阀安装在真空泵抽气口处，通过真空管与冷凝器气口相连，冷凝器进气口用真空管与微波真空干燥室的真空接管连接，压力表安装在该真空管处。在微波真空干燥室内，物料干燥过程中产生的蒸汽通过接管（真空）沿着真空管进入冷凝器，部分可凝结气体在瞬间凝结成液态，通过冷凝器排出，而另一部分不可凝结气体则通过真空连接管吸进真空泵，最终通过真空泵排入大气。

真空装置的真空度要求不能超过 0.095MPa，既能保证物料在低温条件下进行干燥，最大限度保留物料原有的色香味及营养成分，同时还可避免物料在干燥过程中产生氧化反应。所以真空泵的选择也很关键，要选择噪声小、抽真空能力强的真空泵，抽气速度在 6～12L/s 为宜。

5. 控制装置

控制装置是微波真空干燥设备上一个重要的部分，它的作用主要是对微波功率源、真空泵开关的启闭，干燥温度、时间的设定，干燥过程的监测，设备的冷却、保护，真空干燥室的抽真空和补气等。具体控制的过程是通过计算机软件来实现的，软件通常采用可编程控制器 PLC 进行自动控制，程序易于修改，能方便地重复使用，各个部分通过按钮控制，便于相互独立进行操作。

根据上述设计研究，本章对白瓜子微波真空干燥设备及各装置进行了设计，包括干燥室设计、微波装置设计、进出料装置设计、输送装置设计、真空装置设计和控制装置设计。确定了其总体方案、主要装置和关键零部件的设计要求和尺寸，为将来白瓜子微波真空干燥设备的设计生产提供了技术支持和理论参考。

第十章

典型农产品干燥中心设计与应用

第一节 谷物干燥中心的设计

一、谷物干燥中心的任务

谷物干燥中心又称谷物处理中心或粮库,其任务是:接受从田间收获来的湿粮或农户交来的湿粮,进行检斤化验、(水分和杂质)初清、干燥、复清和入库(储粮仓),并根据出粮的任务要求同时或经过一段贮存时间后,将储粮以散装或袋装的方式装车运出。在储粮过程中,根据粮仓中的粮食温度和水分情况,能进行倒仓"出风"(经过再次复清)或再次干燥处理。

谷物干燥中心从接受湿粮到入仓贮存的全过程实行机械化连续作业,所谓"粮食不落地";不管是阴天雨天都能照常作业,即"全天候"作业。全部作业程序的管理,主要由中央控制室集中控制,设有电子模拟屏显示工艺流程和险情报警。

谷物干燥中心按干燥能力的大小,可分为大、中、小三种类型。日烘干湿粮 300t 以下的"粮中"为小型,日烘干 300~600t 湿粮的"粮中"为中型,日烘干 600t 以上湿粮的"粮中"称为大型。其机械化和自动化程度,因诸方面条件限制,各有所不同。

二、谷物干燥中心的作用

谷物干燥中心的建立完全摆脱了单纯依靠阳光自然热能干燥的局面,工厂化处理可以全天候进行谷物干燥作业,不再受天气条件限制。在商品粮基础建设项目中,明确了"粮中"的规划任务,建立了"粮中"不同规模系列的工艺流程总体设计和标准化设备的配套方案,为"粮中"实施管理标准化制订出整套操作规程,使"粮中"逐步走上规范化、现代化的发展建设的道路。"粮中"的作用如下:

① 抗灾能力强,减少粮食损失;

② 可以提前收获,加快收获进度,促进收获技术的开发与应用,提高单产;

③ 提高了粮食的品质；

④ 提高了劳动生产率；

⑤ 减轻了劳动强度；

⑥ 减少了占地面积；

⑦ 经济效益显著。

三、设计方案与工艺选择

（一）给予设计的基本条件

① 主要处理作物：水稻；

② 生产率：300t/d；

③ 选择干燥工艺配备干燥机（对干燥机进行主要设计与计算），对附属部件进行选型。

（二）谷物干燥中心应具有的设备

1. 地中衡（检斤用）和谷物水分及杂质化验设备

粮食在进入或运出粮食处理中心时必须进行检斤称重，送粮人员一般应下车同检斤人员办理检斤手续。

检验部分由化验室及化验设备组成，常用的检验仪器有取样器、分样器、样品筛、容重仪、水分速测仪、天平、烘干箱、粉碎机、样品皿、样品袋等。

化验室可以进行粮食含水率、含杂率、容重、破碎率、水稻破壳率、爆腰率、裂纹率、面筋质以及种子发芽率等检测和实验。

化验室是粮食处理中心的质量监督部门，化验员是国家最基层的粮食检验人员，应该认真、严格地按照国家有关粮食标准对进出粮食处理中心的粮食进行化验和检查，尤其对烘干后长期贮存的粮食的含水率及粮食温度等更应严格把关，以防粮食在仓内贮存过程中变质。

2. 卸粮坑及其升运设备

卸车接收部分由平台、液压装置、粮坑、提升机、防雨棚等组成。

粮食经过检斤化验后，粮车开上平台，平台采用液压升降装置，卸车时操纵液压装置将平台及平台上的粮车侧向倾斜 24°～27°，打开车厢，粮食则从车上自动滑下，进入粮坑，遇有水分过大的粮食稍做辅助即可将粮食卸净。

3. 干燥前初清机及干燥后复清机

在现代化的粮食处理中心中，粮食清理作业是一道很重要的工序，如粮食中的杂质清理不净，不仅会影响后续的干燥作业，同时还会降低粮食的等级。

粮食处理中心的清理部分包括谷物初清机、谷物复清机或粮食清粮机，以及粮坑上的编织筛网等。

粮坑上面的筛网主要用来清除在粮食中较大的石块、棍棒以及麻袋绳子等，以免损坏其他设备。

初清机设计有多种筛片，随机只带有比较通用的筛片三种，用户可根据粮食种类进行更换，如果原机配套的筛片仍不能满足用户的需要，可以单独向厂家购买需要的规格筛片，以求得良好的筛选效果。

复清机主要用来清除粮食中的小杂及碎粒。

4. 干燥机（单台或双台并、串联作业）

干燥部分主要由干燥机、供热设备等组成。

干燥机由储粮段、干燥段、冷却段、排粮装置、控制系统等组成。粮食在干燥段与热风接触，进行湿热交换，将粮食中的水分蒸发带走。干燥部分是粮食处理中心的核心部分。

5. 干燥前暂存仓（其容量可供干燥机 12h 以上作业用粮）

暂存仓用作暂时存放初清后来不及干燥的湿粮，也叫湿贮仓。仓内设有通风装置，可以对仓内湿粮送风，保证湿粮在三日内不会霉变。

6. 储粮仓的仓群

谷仓内装有料位器和多点测粮温系统，仓的顶部装有进粮用的刮板式输送器，仓的下部设有出粮用的皮带输送机。

7. 出粮仓

出粮仓一般设两个。一是散装装车用的高架仓，二是袋装用的低架仓。

8. 有若干台皮带机和提升机供各换节间的工序连接之用

输送及提升部分包括倾斜皮带输送机、移动式倾斜皮带输送机、螺旋输送机（搅龙）、斗室提升机、溜管、风管等。

输送部分主要用来完成粮食处理中心各单机间的工艺输送任务，实现流水作业。移动式皮带输送机主要用来完成出仓装车及晒场上的粮食输送等用。

斗式提升机是输送提升部分的主要机械。整个过程采用多台，最高的提升高度达 30 余米，是整个粮食处理中心的最高设备。

9. 电气控制操作室

粮食处理中心的控制部分主要集中在电控室内，是粮食处理中心的操纵控制中

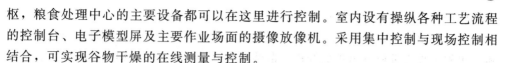

枢，粮食处理中心的主要设备都可以在这里进行控制。室内设有操纵各种工艺流程的控制台、电子模型屏及主要作业场面的摄像放像机。采用集中控制与现场控制相结合，可实现谷物干燥的在线测量与控制。

电控室内设有受电柜、馈电柜、动力配电柜、模拟操作台、烘干机主控柜、自耦减压起动器等。在各车间单机附近还设有分控箱，操作工作可以根据自己负责的设备工作情况直接进行控制。

（三）粮食干燥机及干燥工艺的选择与确定

1. 根据不同干燥原理，选择干燥机和干燥工艺

一般来说干燥介质温度低，保证粮食品质有好处，但是，干燥生产率低，尤其是产地收获时间集中，谷物含湿量高，收获量大，干燥的及时性要求高。如此，必须结合实际情况，在保证粮食质量的前提下，达到高限的许可加热温度。

为解决稻谷烘干后的爆腰率问题，一般采用低温烘干-缓苏工艺，稻谷温度低于50℃；限制干燥速率，一次烘干降水率每小时不大于1.5%～2%，缓苏降低谷粒内部水分梯度，可以减少爆腰增值率。保持稻米食味品质，一般稻谷越是含水分高越要用低温干燥，稻谷烘干水分最好控制在15%～16%，食用品质好。

不同原理的粮食干燥机有不同的结构和干燥工艺，相同原理的烘干机也有结构上的差异。为此，必须从多个方面不同角度考虑利用不同原理干燥机的优缺点，选择配套燥机和确定干燥工艺的方案和方法。

2. 设计计算与装备选型

粮食处理中心设计中，谷物干燥设备的选型、设计是关键。随着干燥技术的不断推广，不重视粮食品质和环境污染、不考虑制造质量和外观质量的干燥机及粗放的干燥方式将不受用户的欢迎，取而代之的是保证粮食干燥品质和种子发芽率的环保型和节能型的一机多用型的干燥机。

（四）基本参数

1. 谷物干燥中心的主要工艺流程

根据谷物干燥中心的任务，其主要工艺流程如下：

（1）湿粮水分较大的清理、干燥和贮存流程　其工艺流程为：湿粮进粮车→检斤→化验→卸粮坑→输送机→初清机→烘前暂存仓→谷物干燥机→复清机→存粮提升机→存粮输送机→中央存粮提升机→仓群刮板输送器→存贮仓群。

（2）湿粮水分较小的清理及储粮流程　其工艺流程为：湿粮进粮车→检斤→化验→卸粮坑→输送机→初清机→烘前暂存仓→复清机→储粮提升机→储粮输送机→

储粮中央提升机→仓群刮板输送器→存储仓群。

（3）存粮调出以散装方式装车流程　其工艺流程为：某贮存仓排粮→仓下皮带机→出粮中央皮带机→出粮提升机→散装粮仓（高架式）→出粮车。

（4）储粮由储粮仓倒出进行出风、复烘再装入另一储粮仓的流程　其工艺流程为：某储粮仓出粮→仓下输送皮带→出粮中央皮带机→出粮提升机→初清机→烘前暂存仓→烘干机→复清机→储粮提升机→储粮中央皮带机→储粮中央提升机→仓群刮板输送器→流入另一贮存仓。

除上述工艺流程外，可根据任务要求改变成各种工艺路线，如要求由储粮仓调出存粮"出风"以袋装的方式装车出粮；或要求由某储粮仓调出存粮经"出风"后倒到另一存粮仓等。总之，粮食干燥中心的总体设计应做到能适应各种工艺流程的调换，并且路线较短、结构简单、使用方便。

根据谷物干燥中心的任务，选择第一种流程，也就是湿粮水分较大的清理、干燥和贮存流程。其工艺流程为：湿粮进粮车→检斤→化验→卸粮坑→输送机→初清机→烘前暂存仓→谷物干燥机→复清机→存粮提升机→存粮输送机→中央存粮提升机→仓群刮板输送器→存贮仓群。

一般来讲谷物的整个干燥处理过程经过清理、干燥、缓苏、通风冷却几个阶段。有高温、低温、通风或高低温组合干燥工艺流程，视具体情况需要选择。针对粮食初始含水量情况，决定一次或多次循环处理，以及视谷物干燥特性决定缓苏时间。若粮食含水分接近储粮标准在15%左右，就不需要进入烘干机烘干，只需进入清粮作业线。需要高低温组合式工艺流程，则粮食先进入高温干燥，到含水量降到17%～18%时，粮食干燥速率减慢，就进入低温段，通风干燥，直到储粮水分标准，然后冷却到接近环境温度进行储藏，提高粮食品质、降低能耗。工艺流程如图11-1所示。

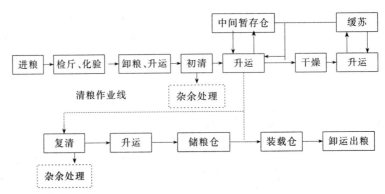

图11-1　粮食处理中心工艺流程

干燥处理工艺流程的研究，向全天候，工艺流程较完整的工厂化连续处理发展、自动化控制水平高，能耗低、质量好的方向发展。

2. 粮食处理中心的主要设备选定

根据设计要求和国内外谷物干燥中心技术发展的现状和水平，经计算分析特选定主要设备如下：

① 中型高效、节能谷物烘干机"5GSH-16"型一台。

② 中型钢板仓（500t）"TCZ07315" 7 个，按一线布置组成仓群。

③ 清选机（50t/h）"TQLZ100×150" 2 台，组成立体配置的清粮塔。

④ 不同长度的皮带机 6 台（50t/h）"DSG40"（代号为 $P_1 \sim P_6$）。

⑤ 斗式提升机（20t/h）"TDTG36×18" 4 台、"TDTG50×18" 1 台（代号为 $T_1 \sim T_5$）。

⑥ 刮板式输送机 2 台（50t/h）"TGSS20"（代号为 $G_1 \sim G_2$）。

3. 中型谷物干燥中心的总体配置方案

根据综合设计要求，确定的总体配置方案如图 11-2 所示。该方案的典型工艺流程用代号表示如下（对湿粮的清理、干燥和贮存工艺）：

送粮车→地中衡→化验→卸粮坑→P_1→T_1→初清机→T_2→暂存仓→P_2→T_3→谷物烘干机→T_4→复清机→P_3→T_5→G_1（或 G_2）→贮仓。

4. 中型谷物干燥中心的工程计算

（1）干燥系统的小时去水量（W_h）计算

$$W_h = G_1 \frac{M_1 - M_2}{100 - M_2}$$

$$W_h = 15000 \times \frac{19 - 14}{100 - 14} = 872 (\text{kg } H_2O/h)$$

（2）煤炉小时供热量（H_h）的计算

$$H_h = W_h R$$

式中　R——干燥机单位热耗，取 $R = 3270 \text{kJ/kg } H_2O$。

$$H_h = 872 \times 3270 = 2.85 \times 10^6 (\text{kJ/h})$$

（3）小时耗煤量（q_y）的计算

$$q_y = \frac{H_h}{H_{gw}}$$

H_{gw}——燃煤的高位发热值，取 $H_{gw} = 26595 \text{kJ/kg}$。

$$q_y = \frac{28.5 \text{MJ/h}}{26595 \text{kJ/kg}} = 107 \text{kg/h}$$

（4）耗电量（D）计算

$$D = D_{热风} + D_{冷风} + \sum D_{输} + \sum D_{清} + \sum D_{照} + D_{炉}$$

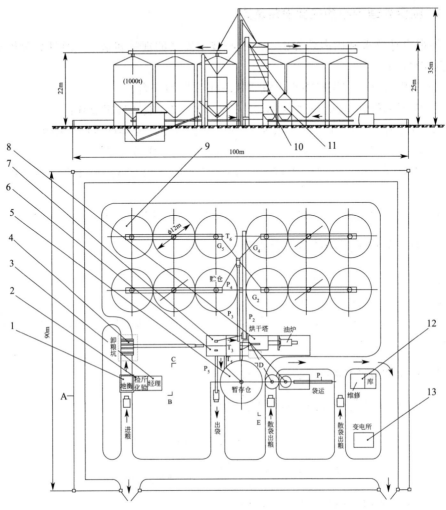

图 11-2　粮食处理中心布置

1—地中衡；2—检斤；3—化验室；4—卸粮坑；5—干前暂存仓；6—初清机；7—复清机；
8—烘干机；9—储粮仓群；10—散装出粮仓；11—袋装出粮仓；12—维修室；13—变电所

（5）干燥成本（B）分析　干燥成本以干燥 1t 粮降水 1‰（即 t·1‰H_2O 成本）计算，按耗煤费、耗电费、人工工资及设备折旧费 4 项费用核算为：

$$B = \phi_{煤} + \phi_{电} + \phi_{人工} + \phi_{折}$$

$$\phi_{煤} = 3\ 元/(t·1‰H_2O);\ \phi_{电} = 0.6\ 元/(t·1‰H_2O);$$

$$\phi_{人工} = 0.1\ 元/(t·1‰H_2O);\ \phi_{折} = 2.5\ 元/(t·1‰H_2O);$$

则总烘干成本为：

$$B = 3 + 0.6 + 0.1 + 2.5 = 6.2[元/(t·1‰H_2O)]$$

第二节　典型干燥中心的应用

一、日本自然烘干和贮藏中心

日本农业以水稻生产为主，水稻种植面积占粮食总面积的70%左右，稻谷产量占粮食总产量的90%以上。1925年，日本就开始人工干燥粮食的开发研究工作，已发展几十年，经历了自然干燥→半机械化干燥→机械化干燥→程控全自动化干燥等过程。1955年，结构简单的"平型静置式干燥机"研制成功，成为谷物干燥机的开端。到1960年，以手扶拖拉机为动力的犁耕、碎土和中耕机械得到普及推广，实现了机械动力取代人或畜力作业。与此同时，简易的卧式通风干燥机逐渐取代了自然晾晒干燥。到1966年，在全国推广干燥机就达107万台。1966年，开发出高效循环式缓苏干燥机，使稻谷干燥出现了划时代的进步，促成了乡村稻米中心（rice center）的建立。乡村稻米中心主要是从稻谷干燥、调制（砻谷、分选）到包装、发货等工序一揽子处理的共同干燥调制设施。为了使稻谷投进和排出干燥机容易，同时适应联合收割机的推广普及带来的大量湿谷处理的需要，在稻米中心配置了大量的稻谷贮藏仓，合称乡村粮仓（country elevator）。为了进一步加大稻谷干燥设施的年利用率和处理能力，自1975年起在乡村粮仓上配置了湿谷干燥贮藏仓，让湿谷在贮藏仓内缓慢地干燥，从而延长了干燥处理前的贮存时间，依此发展起来的干燥设施称为贮藏干燥设施，日本俗称干燥仓库（dry store）。它是干燥和贮藏在同一容器内连续进行的设施，在水稻生产规模较大的地方较普及。如佐贺罷省建成自然烘干处理量3750t的烘干工厂（图11-3），北海道建成自然烘干处理量10000t的烘干工厂。到1992年，日本RC约有3459个，处理面积38万公顷；CE有528处，处理面积16万公顷。日本在水稻产区基本实现了干燥机械化。

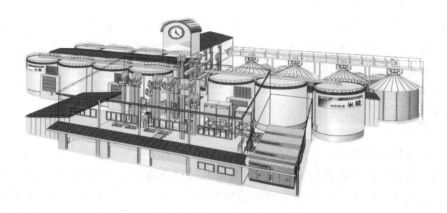

图11-3　自然烘干处理量3750t的烘干工厂

二、生物质能干燥中心

生物质能干燥中心利用资源回收再利用，把垃圾变黄金。例如，像稻谷碾米后剩下的稻壳，玉米脱粒后剩下的玉米穗轴，木材加工后剩下的下脚料，或是废树枝、椰子壳等，这些都是宝贵的燃烧能源，用来干燥谷物，很快就可以回收投资干燥机的成本。生物质能干燥中心通常由串联排的循环干燥机组成，如图 11-4 所示。

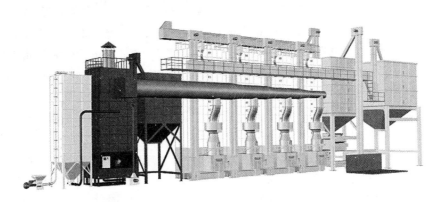

图 11-4　生物质能干燥中心

生物质能干燥中心以粗糠（稻壳）为干燥燃料，干燥设备由装糠桶、粗糠炉和四个循环式干燥机组成。装糠桶用来存放粗糠，粗糠炉用来烧粗糠，油箱连接粗糠炉用来点燃粗糠。鼓风机用来向炉内输送热空气，促进燃烧。炉内底部是粗糠燃烧区，粗糠炉左侧是灰烬桶，用来排出糠炉内燃烧的灰烬。装糠桶和粗糠炉顶部分别有排烟管道，向外排出烟尘。

粗糠（稻壳）干燥谷物的原理：粗糠通过抽风机进入装糠桶，由装糠桶的管道输送到粗糠炉里开始燃烧，经过热交换的干净热风送入干燥机内进行干燥，这就是利用烧粗糠来干燥的基本原理。

连排的循环干燥机工作原理：四个循环式干燥机连排干燥的过程和单台干燥机略有不同，它是通过外部的湿谷暂存桶进料，由送谷管进入升降机，通过一个共用的上部螺旋送料器运料，然后由入料阀分别进入每台干燥机的仓库层。干燥完毕后，稻谷先由每个循环干燥机出谷口进入到干燥链运机，然后运走，由同一个出口管道排出。这就是连排的循环干燥机工作中运用的干燥原理。

以下是生物质能干燥中心的整个运转过程。

（1）空炉入粗糠作业的操作过程　用抽风机的进谷口抽取粗糠，通过抽风管道的运输，使粗糠进入粗糠桶，进入粗糠炉前级控制系统。打开电源开关，开启风机按钮，先让风机把上一次干燥时残留的粗糠吹走，以便于本次入糠过程的顺利操作。经过一段时间后，再打开送料阀按钮，开始向粗糠炉内送料。在粗糠炉操作面板上，打开电源开关，按下空炉入粗糠按钮。此时，粗糠炉开始自动计时入粗糠。

粗糠经过管道，被输送到粗糠炉底部的燃烧区，经过一段时间入粗糠后，会自动停止入粗糠。

（2）入谷作业过程　在空炉入粗糠的同时，运料车将收割的湿谷带到干燥中心。从入料斗卸料，通过送料装置，由入谷管分别输送到湿谷暂存桶，然后经过粗选机，将夹杂物去掉。就可以将干净的谷物通过送谷管道送进干燥机，对谷物进行干燥。

注意事项：谷物收割后应及时干燥，因为谷物是有生命力的。收割后 1h 内干燥和放置 10h 或 20h 再干燥，干燥后的质量是不一样的。为了保证谷物的保鲜，要通过循环干燥机对谷物进行及时的干燥。

循环干燥机干燥谷物的操作步骤：在干燥机正下方的控制板上，按下入料闸门开按钮，此时便可以入谷。切入电源，当电源灯亮起，按下入谷按钮，入谷灯亮，开始入谷。这时，湿谷开始从送谷管进入升降机，通过上部螺旋运料器送料，从四个入料阀，分别进入到四台干燥机的仓库层。当仓库层达到满量时，按下入料闸门关按钮，立即停止入谷作业。

设定温度：首先把谷物选择设定在稻谷位置，然后进行温度设定。注意，不同谷物、不同环境，干燥温度各不相同，必须按照干燥说明书要求的标准温度进行设定。空气干燥时或夜间急剧寒冷时，应在日常温度设定的基础上，降低 3～4℃；因下雨等湿度高时，应以稍高 3～4℃进行干燥。在干燥过熟收割的稻谷和稻种时，要依据标准温度降低 3～4℃，预防稻谷断裂和预防稻种发芽率降低。

电脑水分计的选择设定在稻谷位置，若设定在稻谷以外的位置，会显示错误的水分值，不会完成期望的水分。电脑水分计的设定按钮定在要达到的水分值目标，我国对每一种谷物都制定了含水率的质量标准，如稻谷的含水率要在 14.5%，小麦是 12.5%，玉米是 14%。注意，收割期第一次的干燥或品种改变时，设定水分值比一般情况要提高 0.5%。

（3）粗糠炉燃烧作业　在完成干燥谷物的数据设定后，在粗糠炉操作面板上按下自动燃烧按钮，粗糠炉就开始自动点火燃烧运转，向干燥机内输送热风，并自动排出灰烬。

（4）干燥作业　按下干燥按钮，开始干燥。干燥过程中，热空气和稻谷接触产生的湿气，由排风机的排风管排出。电脑水分计开始测定水分，目的是使稻谷干燥到最佳质量的含水率。含水率越低，安全储存期越长。干燥过程中还应注意适度干燥，如果过度干燥，含水率低，会产生碎米，谷物的品质会下降，谷物重量也会降低。干燥不足会产生黄米和黄曲霉。机器在干燥过程中，还可以随时从螺旋口取出谷物，检验干燥程度。当达到测定水分时，代表干燥已经完成，干燥机就会自动停止干燥。当全部干燥机即将完成干燥时，在粗糠炉前级控制面板上，关闭风机和送料阀按钮，停止向粗糠炉送料。此时，烧粗糠作业已完成。

（5）排出谷物过程　按下排出按钮，排出灯亮，开始将干燥好的谷物排出。稻谷通过出谷管经干燥链运机排出到出谷口，干谷需要暂存时，可放入干谷仓进行存放。需要直接运走时，把干谷输送到出谷口的运料车上，最后由运料车运走。按下停止按钮，机器停止，切掉电源。

（6）粗糠炉清炉作业　按下粗糠炉控制面板上的清炉按钮，对炉内的灰烬进行全面清除。约 1h 后，等炉内灰烬清除完毕后，再按下粗糠炉控制面板上的停止按钮，即可停止清炉作业。

生物质能干燥的优点和前景：采用干燥机械化可以大幅度降低收割后的粮食损失，可以说是稳定粮食总量，减少霉变、发芽损失的主要途径。机械干燥占用场地小，无需投资修建永久性硬化晒场，节省大量宝贵的土地资源。也可以减轻劳动强度，节省劳动力，并可以根治较普遍的公路晒粮陋习，减少交通安全隐患，减少粮食污染。尤其目前已发展成熟的生物质能干燥技术，将谷物干燥后的废弃物，资源回收再利用，不但减少了环境污染问题，也减少了国家原油的消耗。这些再生资源可以说充分体现了垃圾变黄金的神奇效益。

我国农村有 2.4 亿多农户，每年储存粮食约占全国粮食总产量的 60%，是国家粮食安全的重要保障。由于现有粮食烘干设备的干燥处理能力严重不足，我国目前仍有 80% 左右的储粮无法达到质量标准。机械化干燥可以做到谷物不落地，减少土石杂物混入，确保粮食含水率及时达到国家质量标准，让全国人民享受更健康、营养、好吃的优质粮食，提升人民粮食使用的安全性与质量。

附　录

附录1　粮食干燥用燃料资料

一、燃料的种类和成分

我国用于谷物干燥的燃料按形状分有：固体、液体和气体三种；按来源分又有天然气和人工燃料之分。

固体天然燃料包括：木柴、褐煤、烟煤、无烟煤、谷壳、茎秆及玉米芯等；其人工燃料包括：木炭、焦炭、煤粉和煤球等。

液体天然燃料为石油，其人工燃料为汽油、煤油、柴油和重油等。

气体天然燃料为天然气，人工燃料有高炉煤气、焦炉煤气、发生炉煤气及裂化煤气等。

我国部分煤、油及气体燃料的分析资料如附表1～附表3所示。

附表1　我国部分煤质分析资料

项目 煤种	$W^y/\%$	$A^y/\%$	$C^y/\%$	$H^y/\%$	$O^y/\%$	$N^y/\%$	$S^y/\%$	H^y_{dw} /(kJ/kg)	$V^r/\%$
抚顺	13.00	14.79	56.90	4.40	9.10	1.23	0.58	22394	46.00
平庄	24.00	21.28	39.40	2.68	11.16	0.55	0.93	14566	44.00
鸡西	4.00	19.2	64.97	4.15	6.22	1.15	0.31	25114	34.00
大同	7.50	25.9	55.28	2.93	7.39	0.67	0.33	21975	31.00
山西	6.00	19.74	67.58	2.67	1.78	0.89	1.34	24696	16.00
开滦	7.00	23.25	58.24	3.63	5.86	1.05	0.97	22603	34.00
峰峰	7.00	14.9	69.50	3.52	3.20	1.10	0.78	26787	18.00
焦作	7.00	20.46	66.88	2.25	2.03	1.02	0.36	23859	7.00

附表2　我国部分原油和炼油厂燃料油油质分析资料

分析项目 油种	$W^y/\%$	$A^y/\%$	$C^y/\%$	$H^y/\%$	$O^y/\%$	$N^y/\%$	$S^y/\%$	$H^y_{dw}/(kJ/kg)$
大庆原油	0.03	0.02	81.45	13.31	3.90	0.15	0.1～0.3	43113
923原油	0.50	0.03	85.21	12.78	0.84	0.24	0.9～1.0	41271
大庆石化总厂燃料油	0.01	0.017	86.5	12.56	—	—	0.17	42192
胜利石化总厂燃料油	—	0.01～0.1	86.45	10.89	0.76	0.7～0.8	0.9～1.2	40602～41020

上述两表中：W、A、C、H、O、N、S 分别为燃料中的水分、灰分、碳含量、氢含量、氧含量、氮含量、硫含量，H_{dw} 为低位发热量，V 为挥发分。

附表3　我国部分气体燃料分析资料

分析项目 油种	$CO_2^y/\%$	$CO^y/\%$	$H_2^y/\%$	$N_2^y/\%$	$O_2^y/\%$	$CH_4^y/\%$	$C_mH_n^y/\%$	$H_{dw}^y/(kJ/m^3)$
高炉煤气	11.0	27.0	2	60.0	—	—	—	2683
发生炉煤气	5.3	26.3	10.0	57.3	0.2	0.9	—	4981
水煤气	1.5	30.5	52.5	5.5	—	1.0	—	10954
纳溪天然气	0.5	0.1	1.0	—	—	95.0	2.4	33574
泸州天然气	—	0.2	0.5	0.2	—	97.8	1.3	36140
糠煤气	9.1	12.6	9.3	61.49	6.6	0.61	0.3	2930

二、 燃料的发热量

对于固体和液体燃料来说，以1kg燃料完全燃烧时放出的热量称为发热量或发热值，发热量分高位发热量 H_{gw} 与低位发热量 H_{dw} 两种。所谓低位发热量是指燃烧产物（烟气）中水蒸气仍保持蒸汽状态，没有把蒸汽凝结成0℃水的放热量计算在内，而高位发热量则把蒸汽凝结成0℃水的放热量计入其中了。在谷物干燥中，由于燃烧中的水蒸气只是燃料中原有的水变成蒸汽时才吸热，燃料中的氢变成水蒸气时不需要吸热而放热，所以接近于燃料真正放出的全部热量，故一般在热平衡计算时采用高位发热量 H_{gw}。在工业锅炉的热计算中则惯用低位发热量 H_{dw}。

附录2 谷物干燥室内实验

基础性谷物干燥实验是谷物干燥理论教学的重要组成成分。通过实验既可验证已建立的谷物干燥理论，又可进一步拓展用以探索谷类农业物料在不同干燥条件下的干燥规律，对谷物干燥技术的深入研究及确立谷物干燥新工艺参数有重大意义。

本章将着重介绍与干燥理论密切相关的谷物水分的测定与校正、薄层干燥、深层干燥以及谷层阻力等实验意义、实验方法、数据采集与处理等内容。

实验一　谷物水分测定

一、实验意义

谷物的水分含量是确定谷物收获期、贮藏期、干燥参数以及粮食或种子贸易等级的主要因素，因此精确地测定谷物水分含量十分必要。

本实验旨在掌握各种粮食水分快速测定仪（电容或电阻式）的使用方法，并与标准的烘箱法相比较绘出仪器的校正曲线。

二、设备及样品

（一）设备

（1）JLS-3 型晶体管粮食水分测定仪或 SWS-5A 数字式粮食水分测定仪；

（2）天平（感量为 1/10g，称重为 100g 以上）；

（3）烘箱、温度计等。

（二）样品

用烘箱法所测得的五种不同水分（如其水分含量分别为 10％、15％、20％、25％、30％左右）的谷物样品各 100g。

三、实验方法

谷物水分含量的测定方法通常分为两种。

（一）直接测定法

用烘箱、蒸馏及远红外水分测定仪利用称重法测出谷物含水率，可用下列公式进行计算。

$$M_s = \frac{G_s - G_g}{G_s} = \frac{W}{G_s} \times 100\% \text{ 或 } M_g = \frac{W}{G_g} \times 100\%$$

式中　G_s——湿谷物质量，g；

　　　G_g——谷物干物质质量，g；

　　　M_s——湿基水分，％；

　　　M_g——干基水分，％；

　　　W——水分质量，g。

烘箱测定法，是一种精度较高的测定谷物水分的基本方法。但这种方法测试时间较长，有时不能及时地指导生产实践和试验研究。

我国对农作物的烘箱测定法一般采用在 105℃恒温条件下，将粉碎后谷物取样 5g 进行 5h 干燥或 135℃恒温下用 10g 整粒谷物进行 24h 干燥。

（二）间接测定法

间接测定法也叫仪器快速测定法。它根据谷物的水分含量在一定范围内其电特性即电容或电阻之间呈线性关系的特性，通过测定电容或电阻的大小间接而近似地测定出其水分含量。为避免因品种、产地及谷温导致电特性变化，一般在测试仪器中有温度、样品及水分范围等校准电路，仪器的具体调整与使用方法叮参见有关说明书。电测量法所需的时间较短，但存在测试范围受限制、测试精度不高等缺点，在测定水分过高或过低的样品时，往往会导致测定结果不准。因此应常对仪器进行校正。

四、数据采集与处理

（一）实验数据

将实验数据填入附表 4。

实验日期： 年 月 日 室内温度： ℃

品 种： 样品质量： g

附表 4 用仪器法所测得的样品水分实验数据

数据\样品	仪器法水分含量 X/%				烘箱法水分含量 Y/%			
	1	2	3	平均	玉米	小麦	水稻	
A								
B								
C								
D								
E								

（二）校正曲线

间接测定法具有使用方便、测定速度快的优点，但常由于受多方面的影响，其测量结果与实际水分相比有一定的误差，因此使用前必须用直接测定法加以标定。

绘制标定曲线可使用任何测量仪在一定湿度范围内的样品都能精确地确定其水分含量。绘制时要求先仔细地确定许多不同水分含量谷物样品的仪器测定法水分含量（可做 3～5 次重复实验，然后取平均值），并用同样样品确定其烘箱测定法的水分含量。应用线性回归法可写出其解析式并绘出其曲线（附图 1）。

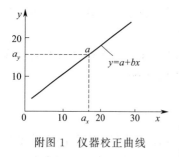

附图 1 仪器校正曲线

$$y = a + bx$$

式中 x——用仪器法所测得的水分含量（湿基），%；

y——用烘箱法所测得的水分含量（湿基），%；

a——常数项；

b——直线斜率。

根据标定曲线，已知仪器法所测得的水分含量可确定与它相对应的烘箱法水分含量。即先在图的横坐标上找到仪器法水分含量 a_x，然后从该点做垂直线与校正曲线相交点 a，从 a 点向纵坐标投影点 a_y 来确定它的真正的水分含量。

实验二　薄层干燥实验

一、实验意义

薄层干燥，是指被干燥谷物的每一部分都为相同的介质条件（速度、温度与湿度）所包围，此现象仅限发生于单粒或极薄一层谷物干燥中。

薄层干燥是分析深层干燥的基础，通过薄层干燥可以了解谷物在干燥过程中干燥速度的变化规律，确定其干燥常数 K 值；并能验证薄层干燥理论的基本方程式：$MR = e^{-k\tau}$。

二、设备及样品

（一）设备

（1）GHS-Ⅱ型谷物薄层干燥试验台（附图 2）；
（2）天平（感量为 1/10g，称重 200g）；
（3）温控仪；
（4）风速仪、通风干湿表、快速水分测定仪及秒表等。

（二）样品

含水量为 30％（湿基）左右的谷物 100g。

三、实验方法

（1）首先用快速水分测定仪来测定样品的原始含水率 M_s（％），借助通风干湿表来测定环境空气的干球温度 t_g℃、湿球温度 t_s℃及相对湿度 φ（％），用试验台上的天平分别称干燥盘重 G_p（g）和在干燥盘上摆满一层谷物（被测样品）后的总重量 G'（g）。然后，把干燥盘上的被测样品暂存在铝盒内，通过调整试验台的风量调节板用风速仪来测定不加热状态下的干燥盘上部的平均表现速度（此时，干燥盘上也要摆满一层谷物），速度范围一般为 $v > 0.2\text{m/s}$ 即可。然后接通电源，用温控仪来确定所需的干燥介质温度 t_H（℃）。

（2）当干燥介质的温度稳定在所需要的干燥温度时，把干燥盘从干燥筒中卸下，再将铝盒中已准备好的被测样品重新摆放在干燥盘内，并吊置于干燥筒中，同时用秒表记录干燥时间。

（3）在恒温、恒速下对样品累计干燥 90min，分两段进行。前半小时每隔 5min，后 1h 每隔 10min 称一下干燥盘的总重 G'_i（g）（称重时要停止供风并去掉称重所需要的时间），称重完毕后立即供风重复上述计时与称重过程。

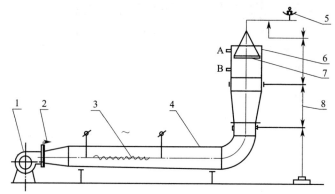

附图 2　GHS-Ⅱ型薄层干燥实验台结构示意

1—风机；2—风量调节板；3—加热器；4—风道；5—天平；

6—干燥筒；7—干燥盘；8—支架；A—接风速传感器；B—接温度传感器

四、数据采集与处理

（一）实验数据

实验记录与数据表见附表 5。

实验日期：　　　年　　　月　　　日　　　称盘盒重量：$G_p =$ 　　　(g)

样品：$M_0' =$ 　　　(%)；　　　重量：$G_1 =$ 　　　g；$G_2 =$ 　　　(g)；

环境状态：$t_g =$ 　　　(℃)；　　　$t_s =$ 　　　(℃)；$\varphi =$ 　　　(%)；

干燥介质：$t_H =$ 　　　(℃)；　　　$v =$ 　　　(m/s)。

附表 5　深层干燥实验记录与数据表

序号	干燥时间		G_t'/g	G_t/g	M_t/%	MR	$\ln MR$
	min	h					
1	0	0					
2	5	0.08					
3	10	0.17					
4	15	0.25					
5	20	0.33					
6	25	0.42					
7	30	0.50					
8	40	0.67					
9	50	0.83					
10	60	1.00					
11	70	1.17					
12	80	1.33					
13	90	1.50					

（二）数据处理

通过薄层干燥试验数据可以绘制出 M-τ 干燥曲线（或 MR-τ 曲线），根据水分比公式

$$MR = \frac{M - M_e}{M_0 - M_e}$$

式中　MR——水分比；

　　　M_0——谷物原始水分含量（干基），%；

　　　M_e——谷物平衡水分（干基），%；

　　　M——谷物现实的水分含量（干基），%。

可计算出水分比 $MR = 0.5$ 时的谷物现实水分含量 M 值。在实验得到的干燥曲线上（附图 3）可找出含水率 M 值相对应的干燥时间 τ 值，

这个 τ 值就是半个响应时间 $\tau_{\frac{1}{2}}$。

由薄层干燥理论公式：

$$MR = e^{-k\tau}$$

当 $MR = 0.5$h

$$k = -\frac{\ln MR}{\tau_{\frac{1}{2}}} = \frac{0.693}{\tau_{\frac{1}{2}}}$$

式中　k——干燥常数，h^{-1}；

　　　$\tau_{\frac{1}{2}}$——半个响应时间，h。

另结合实验结果，应用解析法、作图法求得干燥常数 k 值不再阐述。

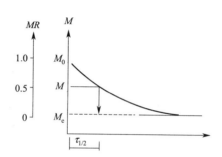

附图 3　M-τ（MR-τ）干燥曲线

附录 3　国际单位和基础参数

1. 压力单位换算

bar	Pa	at(kg·f/cm²)	atm	mmHg	mmH₂O
巴	帕	工程大气压	标准气压	毫米汞柱	毫米水柱
1	1×10^5	1.0197	9.8692×10^{-1}	7.5006×10^2	1.0197×10^4
1×10^{-5}	1	1.0197×10^{-3}	9.8692×10^{-6}	7.5006×10^{-3}	1.0197×10^{-1}
9.8067×10^{-1}	9.6784×10^{-4}	1	9.6784×10^{-1}	7.3556×10^2	1×10^4
1.0133	1.0133×10^5	1.0332	1	7.6000×10^2	1.0332×10^4
1.3332×10^{-3}	1.3332×10^2	1.3595×10^{-3}	1.3158×10^{-3}	1	1.3595×10
9.8067×10^{-5}	9.8067	1×10^{-4}	9.6784×10^{-5}	7.3556×10^{-2}	1

2. 功、热量、能量单位换算

kJ	kgf · m	kcal	kW · h	
千焦	千克力·米	千卡	千瓦·时	马力·时
1	1.0197×10^2	2.3885×10^{-1}	2.7778×10^{-4}	3.7767×10^{-4}
9.8067×10^{-3}	1	2.3423×10^{-3}	11.163×10^{-6}	3.7767×10^{-6}
4.1868	4.2694×10^2	1	1.163×10^{-3}	1.5812×10^{-3}
3.6007×10^3	3.671×10^5	8.5985×10^2	1	1.3596
2.6478×10^3	2.7005×10^3	6.3242×10^2	7.355×10^{-1}	1

3. 功率单位换算

W	kcal/h	kgf · m/s	马力
瓦	千卡/时	千克力·米/秒	马力
1	8.5985×10^{-1}	1.0197×10^{-1}	1.3596×10^{-3}
1.163	1	1.1859	1.5812×10^{-3}
9.8065	8.4322	1	1.3333×10^{-2}
7.355×10^3	6.3242×10^2	75	1

4. 其他单位换算

	W/m^2	$kcal/(m^2 \cdot h)$		$W/(m^2 \cdot K)$	$kcal/(m^2 \cdot h \cdot ℃)$
热流通量	1	8.5985×10^{-1}	导热系数	1	8.5985×10^{-1}
	1.163	1		1.163	1
对流换热系数 传热系数	$W/(m^2 \cdot K)$	$kcal/(m^2 \cdot h \cdot ℃)$	比热容	$kJ/(kg \cdot K)$	$kcal \cdot (kg \cdot ℃)$
	1	8.5985×10^{-1}		1	2.3885×10^{-1}
	1.163	1		4.1868	1
动力黏度	$kg/(m \cdot s)$	$kgf \cdot s/m^2$	运动黏度 导温系数	m^2/s	m^2/s
	1	1.0197×10^{-1}		1	3600
	9.8067			2.7778	1

注: 1. $1J = 1W \cdot s$, $1W = 1J/s$, $1kW = 1kJ/s$, $1kW \cdot h = 3600kJ$。

2. 国际单位制所用的温度单位为开(尔文)(K), 在工程技术上也可用摄氏温度(℃), 而每 1K 和 1℃ 的大小是相等的。摄氏温度与热力学温度之间的关系为:

$$T = 273.15K + t, \quad t = T - 273.15K$$

5. 各种作物种子发芽条件

作物名称	需水量/%	温度/℃		
		最低	适宜	最高
水稻	22.6	8～12	30～35	38～42
小麦	60.0	0～4	20～28	38～40
大麦	48.2	0～4	20～28	38～40
玉米	39.8	5～10	32～35	40～45

6. 热风干燥系统的热效率参考值

单位:%

季节	直接加热		间接加热	
	加热器(燃炉)	整机(干燥机)	加热器(燃炉)	整机(干燥机)
夏季	85	60	60	45
秋季	70	50	50	36
冬季	50	36	35	28

7. 在标准大气压力时干空气的物理参数

T	y	C_g	$\lambda \times 10^2$	$\alpha \times 10^6$	$\mu \times 10^6$	$y \times 10^6$	
℃	kg/m³	kJ/(kg·K)	W/(m·K)	m²/s	kg/(m·s)	m²/s	Pr
−50	1.584	1.013	2.035	12.7	14.61	9.23	0.728
−40	1.515	1.013	2.117	13.8	15.12	10.04	0.728
−30	1.453	1.013	2.198	14.9	15.69	10.80	0.723
−20	1.395	1.009	2.279	16.2	16.18	11.79	0.716
−10	1.342	1.009	2.361	17.4	16.67	12.43	0.712
0	1.293	1.005	2.442	18.8	17.16	13.28	0.707
10	1.247	1.005	2.512	20.1	17.65	14.16	0.705
20	1.205	1.005	2.593	21.4	18.14	15.06	0.703
30	1.165	1.005	2.675	22.9	18.63	16.00	0.701
40	1.128	1.005	2.756	24.3	19.12	16.96	0.699
50	1.093	1.005	2.826	25.7	19.61	17.95	0.698
60	1.060	1.005	2.896	27.2	20.10	18.97	0.696
70	1.029	1.009	2.966	28.6	20.59	20.02	0.694
80	1.000	1.009	3.047	30.2	21.08	21.09	0.692
90	0.972	1.009	3.128	31.9	21.48	22.10	0.690
100	0.946	1.009	3.210	33.6	21.87	23.13	0.688
120	0.898	1.009	3.388	36.8	22.85	15.45	0.686
140	0.854	1.013	3.489	40.3	23.73	27.80	0.684
160	0.815	1.017	3.640	43.9	24.51	30.09	0.682
180	0.779	1.022	3.780	47.5	25.30	32.49	0.681
200	0.746	1.026	3.931	51.4	25.99	34.85	0.680
250	0.674	1.038	4.268	61.0	27.36	40.61	0.677
300	0.615	1.047	4.605	71.6	29.71	48.33	0.676
350	0.566	1.059	4.998	81.9	31.38	55.46	0.674
400	0.524	1.068	5.210	93.1	33.05	63.09	0.676
500	0.456	1.093	5.745	115.3	36.19	79.38	0.678
600	0.404	1.114	6.222	138.2	39.13	96.89	0.699
700	0.362	1.135	6.710	163.4	41.78	115.4	0.706
800	0.329	1.156	7.176	188.8	44.33	134.8	0.713
900	0.301	1.172	7.629	216.2	46.68	155.1	0.776
1000	0.277	1.185	8.071	245.9	49.03	177.1	0.719
1100	0.257	1.197	8.501	276.3	51.19	199.3	0.722
1200	0.239	1.210	9.153	316.5	53.45	223.7	0.724

8. 在标准大气压力时湿空气的物理性质

空气温度 /℃	1m³ 干空气			饱和湿空气 的水蒸气分 压力/Pa	饱和湿空气的水蒸气含量		
	重量 /kg	0℃时与 t℃ 时的比 1+β t(m³)	t℃时与 0℃时的比 1/[1+βt(m³)]		1m³ 湿空气 中量/g	1kg 湿空气 中量/g	1kg 湿空气 中量/g
−20	1.396	0.927	1.079	123.590	1.1	0.8	0.8
−18	1.385	0.934	1.071	148.788	1.3	0.9	0.9
−16	1.374	0.941	1.062	174.386	1.5	1.1	1.1
−14	1.363	0.949	1.054	206.516	1.7	1.3	1.3
−12	1.353	0.956	1.046	244.113	2.0	1.5	1.5
−10	1.342	0.963	1.038	279.044	2.3	1.7	1.7
−8	1.332	0.971	1.030	193.984	2.7	2.0	2.0
−6	1.322	0.978	1.023	383.435	3.1	2.4	2.4
−4	1.312	0.985	1.015	449.030	3.6	2.8	2.80
−2	1.303	0.993	1.007	525.424	4.2	3.2	3.20
0	1.293	1.000	1.000	613.283	4.9	3.8	3.80
2	1.284	1.007	0.993	706.875	5.6	4.3	4.30
4	1.276	1.015	0.986	812.867	6.4	5.0	5.00
6	1.265	1.022	0.979	932.990	7.3	5.7	5.82
8	1.256	1.029	0.972	1068.846	8.3	6.6	6.69
10	1.248	1.037	0.965	1221.900	9.4	7.5	7.64
12	1.239	1.044	0.958	1394.152	10.6	8.6	8.69
14	1.230	1.051	0.951	1587.603	12.0	9.8	9.91
16	1.222	1.059	0.945	1804.652	13.6	11.2	11.33
18	1.213	1.066	0.938	2047.432	15.3	12.7	12.93
20	1.205	1.073	0.932	2318.610	17.2	14.4	14.61
22	1.197	1.081	0.925	2620.985	19.3	16.3	16.60
24	1.189	1.088	0.919	2957.624	21.6	18.4	18.81
26	1.181	1.095	0.913	3331.460	24.2	20.7	21.20
28	1.173	1.103	0.907	3746.493	27.0	23.4	24.00
30	1.165	1.110	0.901	4206.055	30.1	26.3	27.03
32	1.157	1.117	0.598	4714.147	33.5	29.5	30.41
34	1.150	1.125	0.889	5274.901	37.3	33.1	34.23
36	1.142	1.132	0.884	5892.983	41.4	37.0	38.58
38	1.135	1.139	0.878	6573.061	45.9	41.4	43.35
40	1.128	1.147	0.872	7320.200	50.8	46.3	48.64
42	1.121	1.154	0.867	8139.999	56.1	51.6	54.25
44	1.114	1.161	0.861	9037.925	61.9	57.5	61.04
46	1.107	1.169	0.856	10020.245	68.2	65.0	68.61

空气温度 /℃	1m³ 干空气			饱和湿空气的水蒸气分压力/Pa	饱和湿空气的水蒸气含量		
	重量 /kg	0℃时与 t℃时的比 1+β t(m³)	t℃时与 0℃时的比 1/[1+βt(m³)]		1m³ 湿空气中量/g	1kg 湿空气中量/g	1kg 湿空气中量/g
48	1.100	1.176	0.850	11092.957	75.0	71.1	76.90
50	1.093	1.183	0.845	12263.261	82.3	79.0	86.11
52	1.086	1.191	0.840	13537.956	90.4	87.7	86.62
54	1.080	1.198	0.835	14924.776	99.1	97.2	108.22
56	1.073	1.205	0.830	16431.186	108.4	107.3	121.06
58	1.067	1.213	0.825	18065.852	118.5	119.1	135.13
60	1.060	1.220	0.820	19837.173	129.3	131.7	152.45
65	1.044	1.220	0.808	24923.956	160.0	168.9	203.50
70	1.029	1.238	0.796	31076.518	196.6	216.1	275.00
75	1.014	1.257	0.784	38482.578	239.9	276.0	381.00
80	1.000	1.293	0.773	47281.856	289.7	352.8	544.00
85	0.986	1.312	0.763	57734.065	350.0	452.1	834.00
90	0.973	1.330	0.752	70046.522	418.8	582.5	1396.00
95	0.959	1.348	0.742	84485.338	498.3	757.6	3110.00
100	0.947	1.367	0.732	101325.025	589.5	1000	∞

9. 各种农作物的颗粒尺寸、容重、千粒重和内外摩擦角

名称	颗粒尺寸 (长×宽×厚)/mm	容重 /(kg/m³)	千粒重/g	内摩擦角 /(°)	外摩擦角/(°)		
					木材	钢板	混凝土
小麦	7×4×3	750～800	30	33	29	22	32
大麦	11×4×3	610～650	34	38	30	22	31
燕麦	12×3×2.5	500～550	25	40	30	21	31
稻谷	8×3.5×3	560～580	26	40	33	23	36
荞麦	6×4×3	600	21	31	27	20	29
小米	3×2.5	780	7	26	24	20	28
玉米	9×8×6	750～800	250	32	27	23	34
豌豆	6×5.5	800	150	26	22	18	26
大豆	7×6×5	720～760	150	31	24	19	25
大米	7×3×3.5	800～820	21	30	28	23	30
高粱	4.5×3	770	30	34	23	20	27
蚕豆	—	840	900	38	24	20	26
棉籽	8.8×5.2×4.5	500	—	—	—	—	—
花生	15×11(仁)	240	—	—	—	—	—
荞子	4×3×2.5	630				12	
砂石	4.3×2.5×2.3	1200	55				

10. 常用材料的物理性质

材料名称	重度 $\gamma/(kg/m^3)$	热导率 $\lambda/[W/(m \cdot K)]$	比热容 $C/[kJ/(kg \cdot K)]$
钢筋混凝土	2400	1.55	0.837
混凝土板	1930	0.79	—
轻混凝土	1200	0.52	0.754
土坯墙	1600	0.70	1.047
草泥	1000	0.35	1.047
普通黏土砖墙	1800	0.81	0.879
水泥砂浆	1800	0.93	0.837
石灰砂浆	1600	0.81	0.837
混合砂浆	1700	0.87	0.837
泥土(潮湿地)	—	1.26~1.65	—
泥土(干燥地)	—	0.50~0.63	—
泥土(普通地)	—	0.83	—
耐火土	—	0.42~1.05	—
耐火砖	—	1.05	—
水垢	—	0.58~2.33	—
烟渣	—	0.058~0.1163	—
木锯末	250	0.093	2512
密实刨花	300	0.1163	2512
木纤维板	600	0.163	2512
木材	550~800	0.17~0.41	2512
软木板	250	0.070	2093
胶合板	600	0.17	2512
钢(含碳 0.5%~1.5%)	7800	36.05~53.50	0.461
普通灰口铸铁	7200	41.87~50.25	0.461
玻璃棉	200	0.06	0.837
窗玻璃	2500	0.76	0.837
沥青或焦油纸毡	600	0.17	1.465
矿渣棉	350	0.07	0.754
石棉	200	0.07	0.754
松散珍珠岩	44~288	0.042~0.078	—
聚氯乙烯光泡沫塑料	70~200	0.048	—
松散稻壳	127	0.12	0.754
软泡沫塑料板	41~62	0.043~0.056	—
硬泡沫塑料板	29.5~56.3	0.041~0.048	—

11. 大气条件折算系数 K_Q 表（间接加热）

$T_0/℃$ \ $\varphi_0/\%$	50	55	60	65	70	75	80	85	90	95	100
	1.225	1.227	1.229	1.233	1.236	1.239	1.242	1.244	1.248	1.251	1.254
3	1.206	1.209	1.212	1.216	1.219	1.221	0.225	1.228	1.231	1.235	1.238
4	1.189	1.192	1.195	1.199	1.201	1.205	1.208	1.212	1.214	1.219	1.221
5	1.172	1.175	1.177	1.182	1.185	1.189	1.192	1.196	1.200	1.203	1.207
6	1.155	1.158	1.161	1.165	1.169	1.173	1.176	1.179	1.183	1.187	1.191
7	1.138	1.140	1.144	1.148	1.152	1.157	1.161	1.164	1.169	1.173	1.176
8	1.121	1.124	1.129	1.132	1.136	1.141	1.145	1.149	1.153	1.158	1.162
9	1.104	1.108	1.113	1.117	1.122	1.125	1.130	1.134	1.139	1.143	1.148
10	1.088	1.092	1.097	1.101	1.106	1.111	1.116	1.121	1.125	1.130	1.135
11	1.073	1.077	1.082	1.086	1.091	1.097	1.102	1.107	1.112	1.117	1.122
12	1.057	1.061	1.066	1.072	1.077	1.082	1.088	1.093	1.098	1.104	1.109
13	1.041	1.046	1.052	1.056	1.062	1.068	1.073	1.079	1.085	1.090	1.097
14	1.027	1.032	1.037	1.043	1.049	1.055	1.061	1.067	1.037	1.079	1.085
15	1.011	1.016	1.023	1.029	1.035	1.042	1.048	1.054	1.060	1.067	1.073
16	0.977	1.003	1.009	1.016	1.023	1.030	1.036	1.043	1.050	1.056	1.063
17	0.982	0.989	0.996	1.003	1.009	1.016	1.023	1.030	1.038	1.045	1.052
18	0.968	0.975	0.982	0.989	0.996	1.004	1.011	1.019	1.026	1.035	1.042
19	0.955	0.962	0.970	0.977	0.985	0.993	1.000	1.008	1.015	1.025	1.033
20	0.941	0.949	0.956	0.965	0.973	0.981	0.990	0.998	1.007	1.016	1.024
21	0.923	0.936	0.944	0.952	0.961	0.970	0.979	0.988	0.996	1.006	1.015
22	0.915	0.924	0.932	0.942	0.951	0.960	0.970	0.979	0.989	0.999	1.009
23	0.903	0.911	0.920	0.930	0.940	0.950	0.960	0.969	0.980	0.991	1.001
24	0.891	0.900	0.909	0.920	0.930	0.941	0.951	0.963	0.973	0.985	0.996
25	0.879	0.889	0.899	0.910	0.921	0.932	0.943	0.954	0.966	0.978	0.990
26	0.867	0.877	0.888	0.899	0.911	0.923	0.934	0.946	0.959	0.971	0.984
27	0.856	0.867	0.878	0.891	0.903	0.915	0.928	0.941	0.954	0.968	0.981
28	0.845	0.857	0.869	0.882	0.895	0.908	0.921	0.935	0.949	0.963	0.978
29	0.835	0.847	0.860	0.873	0.866	0.901	0.915	0.930	0.944	0.960	0.976
30	0.824	0.838	0.851	0.866	0.879	0.894	0.910	0.925	0.942	0.958	0.975
31	0.814	0.828	0.842	0.858	0.873	0.889	0.905	0.922	0.939	0.958	0.975
32	0.804	0.819	0.835	0.850	0.866	0.884	0.901	0.918	0.936	0.956	0.975

12. 大气条件折算系数 K_Q（柴油直接加热）

$T_0/℃$ \ $\varphi_0/\%$	50	55	60	65	70	75	80	85	90	95	100
2	1.261	1.263	1.260	1.270	1.272	1.275	1.278	1.281	1.285	1.288	1.291
3	1.241	1.244	1.247	1.251	1.254	1257	1.261	1.264	1.267	1.271	1.274
4	1.224	1.226	1.229	1.233	1.236	1.240	1.243	1.247	1.250	1.254	1.257
5	1.206	1.209	1.211	1.216	1.220	1.224	1.226	1.231	1.234	1.238	1.242
6	1.188	1.191	1.195	1.199	1.203	1.207	1.209	1.214	1.218	1.222	1.226
7	1.170	1.173	1.177	1.181	1.185	1.190	1.195	1.199	1.202	1.206	1.211
8	1.153	1.156	1.161	1.165	1.169	1.174	1.178	1.182	1.186	1.191	1.195
9	1.135	1.139	1.144	1.148	1.153	1.157	1.163	1.167	1.172	1.176	1.182
10	1.119	1.123	1.128	1.132	1.137	1.142	1.148	1.153	1.157	1.162	1.167
11	1.103	1.107	1.112	1.117	1.122	1.129	1.134	1.139	1.144	1.149	1.155
12	1.086	1.091	1.096	1.102	1.107	1.112	1.119	1.124	1.129	1.135	1.141
13	1.070	1.075	1.081	1.086	1.092	1.098	1.104	1.110	1.116	1.122	1.128
14	1.055	1.060	1.066	1.073	1.079	1.085	1.091	1.097	1.104	1.110	1.117
15	1.040	1.044	1.052	1.058	1.064	1.071	1.077	1.083	1.090	1.098	1.104
16	1.025	1.031	1.037	1.044	1.051	1.058	1.065	1.072	1.080	1.086	1.094
17	1.009	1.016	1.023	1.030	1.037	1.045	1.052	1.060	1.067	1.074	1.082
18	0.995	1.002	1.009	1.017	1.024	1.032	1.040	1.048	1.056	1.064	1.072
19	0.981	0.988	0.996	1.004	1.013	1.021	1.028	1.037	1.045	1.054	1.063
20	0.967	0.975	0.983	0.992	1.000	1.008	1.018	1.026	1.035	1.045	1.054
21	0.953	0.961	0.970	0.978	0.987	0.997	1.006	1.016	1.025	1.034	1.044
22	0.940	0.949	0.958	0.968	0.977	0.986	0.997	1.007	1.017	1.028	1.038
23	0.927	0.936	0.916	0.955	0.966	0.977	0.987	0.996	1.007	1.019	1.030
24	0.915	0.925	0.934	0.945	0.956	0.967	0.978	0.990	1.000	1.013	1.024
25	0.902	0.913	0.924	0.935	0.946	0.958	0.970	0.982	0.993	1.006	1.018
26	0.890	0.901	0.913	0.923	0.936	0.948	0.960	0.973	0.986	0.999	1.013
27	0.879	0.890	0.902	0.915	0.927	0.940	0.954	0.967	0.980	0.996	1.009
28	0.867	0.880	0.893	0.906	0.919	0.933	0.947	0.961	0.975	0.991	1.006
29	0.856	0.869	0.883	0.896	0.910	0.925	0.940	0.956	0.971	0.987	1.004
30	0.845	0.860	0.874	0.889	0.903	0.919	0.935	0.951	0.968	0.985	1.003
31	0.836	0.850	0.865	0.881	0.896	0.914	0.930	0.948	0.966	0.985	1.003
32	0.825	0.840	0.857	0.873	0.890	0.908	0.926	0.944	0.963	0.983	1.004

13. 普通温度区的湿度计算图

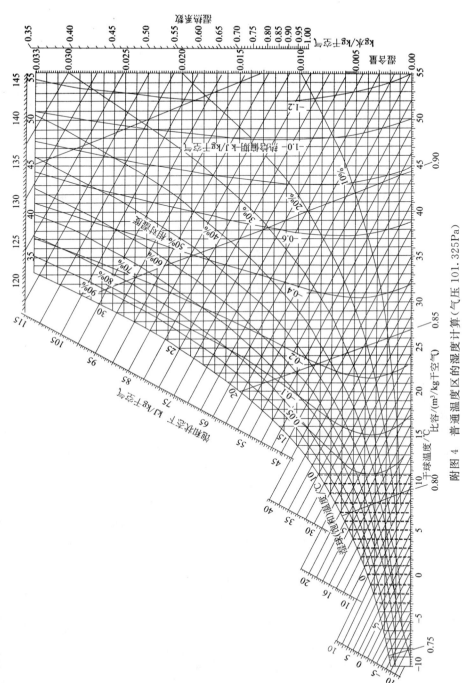

附图 4　普通温度区的湿度计算（气压 101.325Pa）

参 考 文 献

[1] 刘道波，王立，张安云. 谷物干燥基础理论讲义 [M]. 广州：广东省农业机械研究所，1981.

[2] [美] R.B. 基伊. 干燥原理及其应用 [M]. 王士蕃，等，译. 上海：上海科技文献出版社，1987.

[3] [丹麦] 格林斯，等. 谷物干燥 [M]. 大连：大连理工大学出版社，1992.

[4] 李笑光 农作物干燥与通风 [M] 天津：天津科学技术出版社.1989.

[5] [美] 布鲁克 D B，阿克马 F W，等. 谷物干燥 [M]. 周清澈，译. 北京：中国农业机械出版社，1984.

[6] 邵耀坚，等. 谷物干燥机的原理与构造 [M]. 北京：机械工业出版社，1985.

[7] 中国农业机械化科学研究院. 农业机械学 [M]，下册. 北京：机械工业出版社，1990.

[8] 李宝筏. 农业机械学 [M]. 北京：中国农业出版社，2003.

[9] 李国昉，毛志怀. 粮食干燥过程的先进控制 [J]. 第十届全国干燥大会论文集，2005：604-609.

[10] 曹崇文. 对我国稻谷干燥的认识和设备开发 [J]. 中国农机化，2000，03：12-14.

[11] 奚和滨. 高粱顺流烘干工艺的研究 [C]. 全国谷物干燥情报网学术年会论文，1993.

[12] 李长友，等. 小麦干燥机理的研究 [J]. 农业工程学报，1993 (1) .

[13] 奚河滨，等. 新型多级顺流烘干机的性能分析 [J]. 现代化农业，1993 (7) .

[14] 李业波. 谷物间歇干燥工艺的模拟和实验研究 [D]. 北京：北京农业工程大学，1993.

[15] 王炳健. 水稻物理特性及水稻干燥工艺 [J]. 现代农业，1992 (11) .

[16] 曹崇文，等. 水稻干燥模型与干燥机性能预测 [J]. 北京农业工程大学学报，1995，15 (2) .

[17] 张建东，多级顺流干燥中谷物缓苏过程的计算机模拟 [J]. 北京农业工程大学学报，1992，12 (4) .

[18] 赵海瑞，等. 谷物干燥机械化技术装备现状与发展 [J]. 江苏农机化，2007 (1)：22-24.

[19] 曹崇文，等. 适合谷物干燥条件的几种干燥机型分析 [J]，现代化农业，2002 (1)：40-43.

[20] 赵锡. 谷物干燥机械化的探索 [J]，广东省农机研究所，2002 (4)：20-21.

[21] 王登峰，等. 影响玉米薄层干燥速率的诸因素研究 [J]. 农业工程学报.1993，9 (2) .

[22] 胡景川. 农产物料干燥技术 [M]. 杭州：浙江大学出版社，1990.

[23] 孙正和. 稻米爆腰机理与碎米率 [J]. 农业工程学报，1995，11 (3) .

[24] 郑先哲. 高低温组合干燥工艺及最佳工艺参数的试验研究 [D]. 哈尔滨：东北农业大学，1996.

[25] 陈立. 湿小麦与干湿小麦混合三级顺干燥工艺最佳参数的试验研究 [D]. 哈尔滨：东北农业大学，1995.

[26] 汪春. 干湿粮混合加热干燥工艺的试验研究 [D]. 哈尔滨：东北农业大学，1987.

[27] 李业波. 稻谷颗粒内部传质及其应用 [J]，农业工程学报，1993，9 (11) .

[28] 应火东. 水稻在吸湿环境中裂纹生成研究进展及应用 [J]. 农业工程学报，1994 (2) .

[29] 王鸽生. 水稻收割时期、干燥速度与产生裂纹米的关系 [J]. 湖北农业科学，1996 (1) .

[30] 板仓达雄. 谷物干燥及干燥机概论 [J].94 全国干燥技术研讨会论文，1994.

[31] 高焕文. 农业机械化程序编制及应用 [J]. 北京农业机械化学院学报，1984 (1) .

[32] 谷物干燥机械编写组. 谷物干燥机 [M]. 北京：中国农业机械化科学研究院，中国农业机械出版社，1988：256.

[33] 王成芝，等. 谷物干燥原理与谷物干燥机设计 [M]. 哈尔滨：哈尔滨出版社，1997：215.

[34] 徐中儒. 农业试验最优回归设计 [M]. 哈尔滨：黑龙江科学技术出版社，1988.

[35] 岑海堂，等. 干燥工艺设备的现状与发展 [J]. 农业机械，1991 (1) .

[36] 牛兴和，等. 谷物干燥节能技术 [J]. 农业工程学报，1990，6 (3) .

[37] 斯美绮，谷物干燥中的"安全温度"[J]. 北京农业机械化学院学报，1984 (2) .

[38] 蔡学坚. 谷物浸水规律的探讨 [J]. 粮食干燥技术，1991 (4) .

[39] 李长龙，赵华海．日本的谷物干燥技术发展趋向［J］．中国农机化，1997（S1）：22-29．

[40] 孙启嘉．我国谷物干燥机械现状及其发展方向［J］．农业化研究，1993（4）．

[41] 王剑平．干湿谷物混合干燥工艺模型、模拟和中子法测量动态谷物水分的研究［D］．哈尔滨：东北农业大学，1994．

[42] 中国农业机械化科学研究院．农业机械设计手册［M］．北京：中国农业科学技术出版社，2007．

[43] 王志杰，等．谷物烘干机基本参数的设计计算［J］．黑龙江八一农垦大学学报，1992（2）．

[44] 朱谷君．传热传质学［M］．北京：航空工业出版社，1989．

[45] Nellist M E. Drying wheet in the UK. NIAE Report［R］．1998．

[46] 车刚．牧草保质干燥理论与配套设备的研究［D］．沈阳：沈阳农业大学．2006．

[47] Baooker D B Bakker Arkema F W. Drying and storage of gain and oilseeds［Z］，1992．

[48] Kunze O R. Fissuring of the rice grain after heated air drying［J］．Trans of the ASAE, 1979：1197-1207．

[49] Kunze, et al. Grain fissuring potentials in harvesting and drying of rice［J］。Trans of the ASAE, 1978：361-366．

[50] Zuriti, et al. Desorption isotherms of rough rice from 10℃ to 40℃［J］．Trans of the ASAE，1979，22（2）：433-436．

[51] Terry J, Siebenmorgen, et al. Effcts of moisture adsorption on the head rice yield of long-grain［J］．Trans of the ASAE, 1986, 29（6）：1767-1771．

[52] Sarwar G, et al. Ralative humidity increases that cause stress cracks in corn［J］．Trans of the AsAE, 1989, 32（5）：1937-1734．

[53] Mbanaszek M. et al. Adsorption equilibriuvm moistvre contents of Long-grain rough rice［J］．Trans of the ASAE, 1990, 33（1）：247-252．

[54] Siebnmorgen, et al. Kernel moisture content varition in equilibrated rice samples［J］．Trans of the ASAE. 1990, 33（6）：1979-1983．

[55] Banaszek M M. et al. Head rice yield reduction rates caused by moisture adsorption［J］．Trans of the ASAE, 1990, 33（4）：1263-1269．

[56] Walker L P, Bakker-Arkema F W. Energy efficiency in concurrent flow rice drying［J］．Trans of the ASAE, 1981, 24（5）：1544-1552．

[57] Bakker-Arkema F W, Fontana C, Brook R C, et al. Concurrent-flow rice drying［J］．Drying Technology, 1984, 1（2）：171-191．

[58] Baugham G R, et al. Experimental study and simulation of concurrent flow Dryers［J］．Trans of the ASAE. 1973, 890-895．

[59] Sabbah M M, et al. Effect of tempering after drying on cooling shelled．Corn［J］．Trans of the ASAE. 1972, 15（4）：763-765．

[60] Steffe J F, et al, Theoretical and practial aspects of rough rice tempering［J］．Trans of the ASAE, 1980, 23（3）：775-782．

[61] Sohhansang M M, et al. Theoreticl analysis of the tempering phasa of a cyclic drying process［J］．Trans of the ASAE, 1981, 24（6）：1590-1594．

[62] Sokhansanj S, Raghavan G S V. Drying of gain and forages（A brief review of recent advances）［J］．Drying Technology, 1996（6）：1369-1377．

[63] 程卫东，柏雪原，王相友，等．干燥过程中谷物水分在线测量系统［J］．农业机械学报，2000，31（2）：53-55．

[64] 杨荣辉．电容式水分仪的研究［D］．沈阳：沈阳大学，2003．

［65］　丁英丽. 基于电容式传感器的粮食水分检测仪［J］. 传感器技术, 2003, 22 (4)：54-56.

［66］　张赤军, 张劲南. 用电容作传感器的谷物水分在线测试仪［J］. 长春理工大学学报, 2004, 27 (1)：19-21.

［67］　邱禹, 李长友, 徐凤英, 等. 基于平板结构的电容式粮食水分检测仪的设计［J］. 农机化研究, 2013, 1：78-82.

［68］　杨柳, 毛志怀, 董兰兰. 电容式谷物水分传感器平面探头的研制［J］. 农业工程学报, 2010, 26 (2)：185-189.

［69］　杨柳, 杨明浩, 董兰兰. 主动屏蔽式平面探头水分在线传感器研究［J］. 农业机械学报, 2010, 41 (1)：77-80.

［70］　杜先锋, 张永林. 粮食干燥过程中的在线水分测量方法［J］. 粮食加工与食品机械, 2004, 8：51-53.

［71］　滕召胜, 周光俊, 童调生. 粮食的导电浴盆效应与新型水分的检测方法的研究［J］. 中国粮油学报, 1999, 14 (1)：59-62.

［72］　李长友. 稻谷干燥含水率在线检测装置设计与试验［J］. 农业机械学报, 2008, 39 (3)：56-59.

［73］　刘宏亮, 王旺平. 电阻式粮食水分检测仪的研制［J］. 轻工科技, 2014, 7 (188)：72-73.

［74］　伟利国, 张小超, 胡小安, 等. 微波在线式粮食水分检测系统［J］. 农机化研究, 2009, 6：145-147.

［75］　Okabe T, Huang M T, Okamura S. A new method for the measurement of grain moisture content by the use of microwaves［J］. J agric Engng Res, 1973, 18：59-66.

［76］　McLendon B D, Branch B G, Thompson S A, et al. Density-independent icrowave-measurement of moisture content on static and flowing grain［J］. American Society of Agricultural Engineers, 1993, 36 (8)：827-835.

［77］　Trabelsi S, Nelson S O. Unified microwave moisture sensing technique for grain and seed［J］, Measurement Science and Technology, 2007, 18：997-1003.

［78］　Trabelsi S, Nelson S O, Lewis M. Microwave moisture sensor for grain and seed［J］, Biological Engineering, 2008, 1 (2)：195-202.

［79］　雷铭. 我国传感器的现状和未来展望［J］. 山东工业技术, 2015 (5)：241-123.

［80］　陆寿茂, 冯辉. 再谈传感器［J］. 传感器与微系统, 2007, 26 (7)：1-3.

［81］　刘恩鹏, 杨占才, 李燕杰, 等. 欧美传感器发展趋势［J］. 测控技术, 2014, 33 (11)：1-4.

［82］　邱禹, 李长友, 徐凤英, 等. 基于平板结构的电容式粮食水分检测仪的设计［J］. 农机化研究, 2013, 1：78-82.

［83］　伟利国, 张小超, 胡小安, 等. 微波在线式粮食水分检测系统［J］. 农机化研究, 2009, 6：145-147.

［84］　McLendon B D, Branch B G, Thompson S A, et al. Density-independent icrowave-measurement of moisture content on static and flowing grain［J］. American Society of Agricultural Engineers, 1993, 36 (8)：827-835.

［85］　Trabelsi S, Nelson S O. Unified microwave moisture sensing technique for grain and seed［J］, Measurement Science and Technology, 2007, 18：997-1003.

后　　记

　　近几年来，我国在典型农产品加工干燥工艺与设备研究方面取得了阶段性成果。独立解析"多级顺流保质干燥工艺理论""双向通风干燥工艺理论""干湿粮混合干燥工艺理论"，基于上述理论研制出的 5HSS 系列谷物干燥机和 WRFL 系列热风炉处于国内同类产品领先水平，在全省范围内广泛地推广应用。"典型农产品干燥关键技术及工艺研究"课题从 2006 年开始进行，重点进行多级顺流保质干燥工艺、水分在线测量、气相旋转换热器及余热回收装置的设计和研究，并在以后的十年多时间内进行了大量系统而充分的研究工作，在竖箱式干燥机设计、高水分物料物性参数测定及干燥工艺参数优化、太阳能负压谷物干燥工艺等方面具有创造性，在国家核心刊物上发表论文多篇。研制的 5HSS 系列型粮食保质干燥机，具有穿流、双向进风和余热回收功能，适应多种高水分农产品物料干燥的迫切需要。其结构简单新颖，使用可靠，通用性强，处于国内领先水平。近五年依托国家农业部典型农产品干燥研究中心设施设备建设项目，推广应用典型农产品烘干技术处理量 60 万吨/年，减少农产品霉烂损失 10%，节本增效 6000 万元以上。

　　本书是在多年的教学和科研基础之上完成的。在这里，要感谢农业工程学科科研项目的支持和对我的学术锻炼和培养。在理论与实践课题的研究过程中，得到了中国农业大学刘相东教授、华南农业大学工程学院李长友教授、黑龙江省农垦科学院汪春院长和八一农大衣淑娟教授、张伟教授等多位老师的支持和鼓励，在计算机方面得到了黑龙江八一农垦大学信息学院朱景福教授的大力支持，在谷物生理实验方面得到了左豫虎教授的帮助，在控制技术方面还得到黑龙江省农业机械研究院温海江工程师的指导，在此一并向他们致以诚挚的谢意。尤其是华南农业大学博士生导师李长友教授和中国农业大学刘相东教授兢兢业业的敬业精神和严谨的治学态度让我受益终身，在此表示衷心感谢！还要深深感谢父母和家人在完成项目研究和书稿写作过程中给予的鼓励与支持，特别要感谢我的爱人万霖教授对我科研工作的全力支持，在本书完成过程所给予的巨大帮助。

　　再次向所有给予我巨大支持和帮助的各位表示衷心的感谢！

车　　刚

2017 年 3 月